湛庐CHEERS

与最聪明的人共同进化

HERE COMES EVERYBODY

未来学家·游戏女神
JANE MCGONIGAL
简·麦戈尼格尔

游戏化趋势第一人

2001 年，简 · 麦戈尼格尔在加州大学伯克利分校修读博士学位，主攻绩效研究和游戏可持续开发。她先是在自己的专业内研究数字游戏，但随着视角的深入，也为了弄清各种游戏的奥妙，她把心理学、认知科学、社会学、经济学、政治学、绩效理论等多方面的理论成果整合到了一起。最终，她发现了游戏如何改变人们的日常思考及生活方式，以及人们可以怎样利用游戏解决现实问题。她成为全世界第一个因此而获得博士学位的人。

在研究过程中，简 · 麦戈尼格尔发现，人类历史上早就有人利用游戏来解决现实生活中的问题了。古希腊历史学家希罗多德在《历史》中就记载了这么一个故事：曾经有一个王国发生了严重的饥荒，为了节省食物，国王下令全国隔天才能吃饭，而饿肚子的那天人人都要玩骰子游戏，利用游戏忘却饥饿；就是靠着玩骰子游戏，整个国家撑了 18 年。

按照希罗多德的观点，游戏是一种介入社会危机的有效方式。在此基础上，简 · 麦戈尼格尔提出了一个更具体的办法，那就是平行实境游戏。具体来讲，就是把现实世界的重大问题当作游戏的主题，通过游戏化方式解决这些切实的生活问题。

在 2009 年经历脑震荡之后，简 · 麦戈尼格尔就为自己设计了一款简单的康复游戏，也就是后来的《超好》(SuperBetter)。到目前为止，这款游戏已经帮助 50 多万人获得个人成长，解决过 10 000 多个独特挑战。

简 · 麦戈尼格尔揭示了游戏赋予个人和社会的正面意义，即如果善用游戏的力量，不仅可以改变世界，而且能帮助你成为更好的自己，拥抱幸福的人生。

现实世界的“头号玩家”

简·麦戈尼格尔通过梳理游戏的运作机制，比如全情投入当下的参与机制、实时反馈的激励机制以及与陌生人结盟、创造更强大社群的团队机制等来将游戏的力量注入现实。她呼吁并帮助来自六大洲30多个国家的大型企业和组织以游戏设计思路作为创新战略，其中包括世界银行、国际奥林匹克委员会、美国心脏协会、美国国家科学院、美国国防部、麦当劳、英特尔、耐克、迪士尼、微软和任天堂等。

2007年，简·麦戈尼格尔接受了奥运会全球赞助商麦当劳和国际奥委会的邀请，加入位于旧金山的数字创意机构AKQA，提前一年为2008年北京奥运会预热、造势。她和一支50多人的创意开发团队一起，花了整整一年时间，把2008年北京奥运会变成一款普通游戏玩家也可以玩的数字游戏《丢失的指环》(The Lost Ring)。

作为世界顶级的未来趋势智库“未来研究所”的游戏研发总监，简·麦戈尼格尔制作过很多旨在动员游戏玩家关注现实生活的平行实境游戏，如《没有石油的世界》(World Without Oil)、《超构结构》(Superstruct)。虽然这些游戏已经下线，但我们仍可感受到简·麦戈尼格尔用游戏改变世界的雄心壮志。她也曾提到，自己的一大梦想就是见证某个游戏开发员获得诺贝尔和平奖。

关注度超过比尔·盖茨的TED大会演讲人

简·麦戈尼格尔是TED大会新锐演讲者，到目前为止，她已经三度登上TED大会。她在TED上做的演讲，观看次数已近两千万次。

2010年，基于当时对《魔兽》的研究，简·麦戈尼格尔在她的《游戏让世界更美好》的演讲中分享了很多不同常人的观察结果。她相信游戏本身可以带来很多益处，比如，积极乐观地处理问题的态度，培养默契、信任和协作的社会关系，通过虚拟网络形成特别、有意义的价值观等。这个演讲的影响力很大，不少媒体将她奉为“游戏界的捍卫者”。在另外一个TED演讲《能让你多活10年的游戏》中，她围绕着游戏让我们重新思考生命的价值和意义这一主题，讲述了可以帮助我们提升生理、心理、情绪和社交4方面复原力的游戏《超好》，《游戏改变人生》介绍了将这款游戏应用到生活中的具体方法。

简·麦戈尼格尔的第三次演讲是一次现场互动游戏，她在几分钟内就将容纳千人的会场的气氛活跃了起来，完美展现了游戏的力量。

到目前为止，简·麦戈尼格尔获赞无数，被《商业周刊》誉为“十大最重要创新人士之一”，被世界顶级媒体《快公司》评为“全球百位创意商业人士之一”，被《福布斯》杂志评为“10位最值得关注的女性”，提出的创意被《哈佛商业评论》评为“年度20大突破性创意”，被脱口秀女王奥普拉誉为“全球最令人惊叹的20位女性之一”，还曾获为表彰对游戏行业做出贡献的女性而设立的“大使奖”。

简·麦戈尼格尔游戏三部曲

CHEERS
湛庐

游戏改变未来

Imaginable

[美] 简·麦戈尼格尔 著
Jane McGonigal
孙静 译

中国财经出版传媒集团
中国财政经济出版社
北京

测一测

你了解如何在游戏中培养“未来思维”吗？

扫码加入书架
领取阅读激励

扫码获取全部
测试题及答案，
一起走进游戏中的
未来世界

- 未来模拟游戏可以拓展人们的集体想象吗？（ ）

  A. 可以

  B. 不可以

- 当你参与大型社会模拟游戏，并在游戏中感受一场危机时，最终会产生哪种积极的影响？（ ）

  A. 对人性有更透彻的领悟

  B. 对社会的发展有更清晰的认识

  C. 面对未来危机时的处理速度变快

  D. 政治敏感度提高

- 未来模拟游戏让我们在脑海中体验一种替代性现实，从这个意义上讲，它就像：（ ）。

  A. 一个 VR 体验装备

  B. 一个有圆满结局的故事

  C. 一场深入灵魂的谈话

  D. 一场清醒的梦

扫描左侧二维码查看本书更多测试题

用游戏的力量改变自己和未来

吴岩

科幻作家，南方科技大学教授兼科学与人类想象力研究中心主任

《游戏改变未来》是一本读起来让人深陷其中的书。作者简·麦戈尼格尔用非常通俗、恰当、贴切且具有实用价值的文字，给我提供了一个全新的改变自己、改变周围，甚至改变世界的路径。这就是利用想象在大脑中留下的印记，让不存在的事情，记忆成发生在未来的存在，而这种存在，会在未来真正需要的时候被调出来起作用。

我很认同麦戈尼格尔的想法。而且，这些年我们在“想象力入门”的课堂上，也确实用了一些培训方法，效果是有的。但我必须承认，我们的工作远远没有本书作者那么系统。这也是我特别想积极地向她学

习的原因。

我认为本书有如下几个特点。

第一，作者对书中谈到的想象游戏的效果，有非常可靠的数据。原因在于她自己就是游戏公司的研发人员。而且，早在她进入公司制作游戏之前，已经替一些大企业和国际组织进行过有针对性的游戏的研发。那些游戏，都是具有社会价值和心理治疗价值的。充分把握第一手数据，然后把这些游戏背后的设计理念告知我们，让我们相信她在这里给我们的东西，是值得去了解甚至纳入行动的。

第二，作者不是仅仅给出了一些理论，而是通过具体的步骤，一步一步、手把手地教会你怎样通过游戏想象，去增进未来智慧。这是一本实操大全，这一点是我最看重的。

第三，与许多对现在和未来充满悲观的预测者不同，作者的文字自始至终饱含乐观的情绪和对人类改变自身能力的信念。她甚至在自己的简历中说，作为一名理想主义者，她认为游戏设计师肩负着人道主义使命，将来一定会有游戏设计师获得诺贝尔和平奖。

第四，无论是作者开发的游戏，还是现在创作的这本著作，都包含了前沿的心理学、脑科学和未来学发展，并且，她能有效地把这些学科的内容熔为一炉。游戏数据和学术理论，一内一外，一软一硬，加持了书中所阐述的理论。

第五，整本书清晰易懂，不故作高深。作者曾经两度获得《纽约时报》畅销书作家称号，笔力强劲，但平易近人。

上述五个原因，使得这本很有学术价值，把未来学、想象心理学和游戏学融合的著作，具有了走向大众的价值。而这种价值，在我们今天这个百年未有之大变局之下，显得极为重要。我呼吁大家都来阅读和实际参加作者的练习。也期待大家能找到她所开发的游戏进行一定程度的体验。相信这些都对我们的个人，甚至更广大范围的世界产生积极的影响。

麦戈尼格尔是一名斜杠青年。在担当游戏开发者之外，她也在大学教课。例如，她曾在加州大学伯克利分校和旧金山艺术学院教授过游戏设计和游戏理论。即便在当前，她还是斯坦福大学“如何像未来主义者一样思考”课程的老师。此外，她还作为首席讲师在未来研究所的 Coursera 平台上讲授与未来思维相关的五门课。至于类似 TED 的演讲，出席游戏开发者大会等活动，更是她的家常便饭。除了研发游戏和教学，她还在改变世界的游戏（Games for Change）董事会任职。她创造了 Gameful，这是一个改变世界的游戏开发者的秘密总部。她的责任心和能力令我钦佩。

昨天，中国未来学会的创始人之一秦麟征教授跟我说，现在每一个人或多或少都在研究未来。我觉得他说的是对的。我们正处在大变革的前夜，在这场大变革中，我们每一个人都在拨弄着未来的琴弦。恰恰是这种超级多元因素所创造的未来，会超越每一个人的预判。唯有增进想象力、未来智慧、未来行动力，我们才能真正生存下来，并且有能力继续创造新的未来。

做一次精神的时间旅行

徐梧
猫眼电影创始人、真格基金投资合伙人

打开本书之前，我的思路被拉回到了10年前，那时我阅读了麦戈尼格尔的另一部作品《游戏改变世界》。那是一本既和电子游戏非常相关又没有太多关系的书。我现在仍然记得麦戈尼格尔开门见山地提出，游戏之所以可以成为游戏，是因为它有4个特点：自愿参与、明确的目标、明确的规则、即时反馈。而麦戈尼格尔认为设计游戏的思路是可以和现实生活方方面面进行充分结合，形成一种“现实+游戏”的新游戏。这种游戏既可以提升工作效率，也可以改善现实生活。这样的观点让我耳目一新。毕竟在此前相当长的时间里，国内人们看待游戏都有一种偏见。而麦戈尼格尔从更高的视角把游戏看作一种新的交互方式，使用“游戏化”的思路去设计各行各业的产品，这种观点非常有预见性。站在2024年看之前这10年移动互联网的发展，我们已经可以看到这期间诞生了多款知名的用游戏思路设计的产品，比如抖音、拼多多，比如Apple Watch的每日健身记录，并且这种趋势还在继续。

得知麦戈尼格尔出了一本新书《游戏改变未来》，我非常好奇，10年过后她的观点又有了哪些升级。本书英文原名为Imaginable，看似和游戏无关，但其内核依然是游戏的思路。麦戈尼格尔提出了一种思维游戏“开始一段10年之旅”。通过对未来进行提前想象，应对这个难以置信、快速变化的时代。

思维游戏的精髓在于如何进行。我愿意将这本书称为“解放想象力手册”，本书对读者而言就如同给了一剂“聪明药”，书中给出了一揽子方法和工具帮助读者解放想象力。本书也可以被称为“长线创投思考法则指南”，书中没有一字一句讲创业投资，但一字一句背后都直击创业者和投资人的内心。

简单分享一些打动我的观点：

一是“让想象力聚焦在未来10年”。10年是最适合想象未来的长度，太短如两三年则容易陷在当下，太长如二三十年又太脱离现实。10年是一段相对宽松，可以激发想象力、潜力，又不会被现实压力束缚的长度。

二是“为展望未来而回顾过去”。找到过去10年发生的让你惊讶的变化。这是一个很好地进行开阔思维的热身。我们只需稍微回顾，就会对过去10年出现的变化惊讶得合不拢嘴。无论是移动互联网从爆发到“内卷”，还是疫情突然出现，又或者房价的涨跌和人口出现的负增长，再或者一个个行业的更迭。

三是“任何一个被你本能地视作不可能或离谱的场景，都会揭示你想象中的一个潜在盲点”。从最不可能的角度思考。想想移动互联网过去 10 年。几乎每一个投资人都错过了一次字节跳动，也几乎没人想到拼多多的市值有一天会超越阿里巴巴。没有盲点，哪有一代又一代商业巨头的更替。顶级的创业者和投资人往往都要在共识之外寻找机会，而质疑那最不可能质疑的点，也许就是一次伟大旅程的开始。

四是“找到那些让你不舒服的未来力量”。力量越让你不舒服，你就越应该审视他。我们需要考虑所有危机都同时发生的可能性，我们需要提前借助充裕的时间，去想想自己应该如何应对。要去思考最负面的情况。做好大环境和小环境都可能会进一步考验创业者的心力和实力的准备。

未来不是终点，而是始终进行的过程。这个思维游戏的精髓在于其可以不断循环，帮助读者拓展未来的各种可能性。当我读完这本书之后，我想我愿意每隔一段时间就做一次这样的精神时间旅行。

最后，祝愿每个人都有属于自己的未来故事，每个人都是自己故事里的英雄。

准备好了吗？属于你的伟大旅程已经开始。

在游戏中寻找未来的可能

周炜
创世伙伴资本 CCV 创始合伙人

作为一个“硬核”科幻爱好者，我一直相信科幻的使命是尽可能地描述所有可能的未来，帮助人类在这无数种可能的未来中，摒弃那些坏的，选择和实现那些好的。而游戏，尤其是社会模拟游戏，不仅可以像科幻那样帮助我们看到各种可能的未来，而且可以更近一步，让我们在各种可能的未来社会形态中，集体体验、互动、观察、进化。

每个人都曾在儿童时期的游戏中学习怎么和社会，和人打交道。作为社会化的生物，在游戏中与集体的配合、冲突、对抗、目标设定、利益分配，都能帮助我们更好地理解和应对现实生活。

在一些开放世界形态的社会模拟游戏中，玩家可以通过大规模的集体互动和选择实现不同的结局。这无异于进行一场在现实生活中不可能做到的社会实验，而实验的结果具有非常强烈的现实指导意义。

本书作者简·麦戈尼格尔作为一位知名的游戏设计师、著名的未来学家，曾经在 2008 年主持设计游戏《超级结构》，她在游戏中将呼吸窘迫综合征的蔓延非常凑巧地设定在 2019 年的秋天。而当年这个游戏中的玩家做出的选择以及导致的结果，现在看来，可以为解决现实问题提供很大的参考意义。

作者在 2010 年的一次演讲中提出了游戏的巨大意义，就是能够推动玩家在四个方面实现进化：对于紧急事件的积极心态（Urgent Optimism)，组建严密的社会结构 (Social Fabric)，幸福的生产力 (Blissful Productivity)，宏大的史诗感 (Epic Meaning)。

而在本书中，作者进一步具象化了如何用游戏思维改变未来。作者引领大家，用游戏的思维方式，训练自己像未来学家一样思考，在游戏中寻找未来的可能的答案。

通过亲身体验社会模拟游戏的力量，每个人都能够生动地想象未来有可能面对的各种局面，做好准备，实现更好的未来。

激发你的想象力，去创造未来

亲爱的中国读者，很荣幸能与你分享此书。我相信，《游戏改变未来》（*Imaginable*）中文简体字版是这本书在全世界发行的所有不同语言版本中最重要的一个。

《游戏改变未来》一书关注如何创造更有希望的未来。与世界上的很多国家相比，中国日新月异，这里的人们每天都在创造未来。

全世界都在中国寻求新的思维和新的可能性：从人工智能和生物技术等科学领域的突破，到未来的城市发展、食品生产、交通和气候的解决方案，再到正在塑造全球流行文化、社交媒体、时尚、教育及艺术的新理念和新趋势。

我会这么说，完全是基于自己的亲身经历：作为一位未来学家以及一名斯坦福大学的教师，过去 15 年里，与我合作过的思想最开放、最具创造力的客户和学生都是来自中国的企业、组织以及学习者。当我为来自不同国家的团队设计未来模拟游戏时，与其他国家相比，中国的团队会更频繁地说：

> 我们希望你能够挑战我们的思维。不要有任何顾虑。
>
> 让我们见识一下你对未来最天马行空的想象。我们不想局限于那些现在看起来合理的东西。
>
> 是的！我们已准备好，愿意去考虑那些被别人视作‘难以想象’或‘难以置信’的意外和可能性。

对我来说，能与这些好奇心强且思想开放的团队共同创建未来场景，不仅非常有意义，而且还很有趣！我帮助这些团队和它们的领导者激发自己的好奇心，并开发自己的想象力。在此过程中，我获得了极大的满足感，因为他们都在那么努力地用更有希望、更有创造力的方式思考着未来。

为了让你也能学到同样具有创造性和战略性的前瞻技能，我撰写了《游戏改变未来》一书。有了本书帮助你养成的游戏思维，我相信你会开始：

- 用更灵活的心理、更大的希望和更强的复原力去面对未来。
- 找到自己改变生活、社群和社会的力量。
- 积极地参与能决定我们未来的活动。
- 为一切做好准备，即使是那些现在看起来难以置信的事。

你将在本书中学到的所有工具和方法，都是为了给你提供帮助，让你能把展现在我们面前的壮阔未来视作一个大型的多人游戏。在这个游戏中，每个人都有能力做出惊人的壮举。在这个游戏中，我们共同合作，将我们各自的优势和能力融合起来，一起去体验游戏。这个游戏能够帮助我们摆脱陈旧的思维方式和做事方法。如果我们通力协作，持续地积极参与其中，我们就具备了赢得这场游戏的资源和智慧。

实际上，《游戏改变未来》隶属于一个图书套系，是“简·麦戈尼格尔游戏三部曲”中的第三本，该系列将游戏心理学、游戏设计和现实世界的影响融为一体。我希望你能把这三本书都读完。与一些三部曲不同，你可以按照任意的顺序来阅读这三本书！

在《游戏改变世界》（*Reality is Broken*）一书中，我与大家分享了玩电子游戏如何能够帮助我们训练人类最重要的优势：创造力、幸福生产力、乐观、决心、共情力，以及一种想要为比自身更重要的事物做出贡献的愿望。我向大家介绍了如何在我们的日常生活的各个方面，比如在学习、工作、恋爱中使用这些游戏技能。我在书中提出，虽然我们看似只是花费了大量时间去玩自己喜欢的游戏，但实际上这让我们做好了准备，一起合作解决那些世界上最大的挑战，包括从气候变化到心理健康等多个问题。《游戏改变世界》一书特别适合所有热爱电子游戏的人，或是所有想要更好地了解或引领电子游戏时代的人。

在《游戏改变人生》（*SuperBetter*）一书中，我探讨了如何用游戏思维面对现实生活中的个人挑战，进而帮助你培养四种重要的个人复原力：心理复原力、情感复原力、社交复原力和身体复原力。我为大家提供了实用指南，告诉你如何像对待自己最喜欢的游戏一样，用带有乐观、创造力、协作和战略灵活性的精神，来对待现实生活中的障碍、工作中的挫折、伤害、疾病、焦虑和抑郁。如果你准备好立即对自己的生活做出重大改变，或是你今天需要感觉自己更强大、更幸福，那就来读读这本书。

之前，将游戏及游戏心理学带入日常生活还只是个大胆的想法。然而，在《游戏改变未来》一书中，这个想法已经趋于成熟。这本书不仅关乎我们个人自身的未来，还承担着更重大的使命。它不仅能够指引我们寻找自己的道路，还为我们提供了一张路线图，指明了我们该如何面对社群和社会中那些最大的集体挑战，以及我们能在产业和文化中实现哪些最重大的变革。《游戏改变未来》是一封邀请函，鼓励你培养自己的想象领导力技能，从而让你能带领他人一起踏上旅程，通往更美好的未来。它将教会你如何玩游戏，以及如何设计自己的未来模拟游戏，这些游戏会帮助你在家庭、工作团队、组织机构或社群中培养个人复原力和集体复原力。如果你开始好奇未来可能会发生些什么，同时又不想浪费当下的一分一秒，那就要读读这本书。

在设计游戏并积极倡导变革的旅程中，我发现中国正在大踏步地前进，塑造着我们整个星球的未来，我从中深受启发。我希望，这个崭新的中文简体字版译本能激发你的想象力，并让你努力去实现那些在别人看起来“难以想象”的积极变革。我希望，《游戏改变未来》能帮助你心情愉悦地展望未来，好奇未来可能发生的事，寻找你在实现未来变革的进程中将要扮演的重要角色。

你来自未来的朋友

简·麦戈尼格尔（Jane McGonigal）

推荐序 用游戏的力量改变自己和未来
做一次精神的时间旅行
在游戏中寻找未来的可能

中文版序 激发你的想象力，去创造未来

引言 欢迎来到一个充满难以想象的事件和难以置信的变化的时代 001

第一部分 用游戏训练大脑，像未来学家一样思考

第 1 章 想象自己 10 年后的样子 027
未来始于何时？ 029
从代际变化的视角思考世界 036
强观点，弱坚持 042

第 2 章 用未来情景思维勾勒未来记忆 049
填补未来的空白 051
从场景构建到机会检测 055
为展望未来而回顾过去 066
为你的心理时间旅行能力打分 068

第 3 章 设定未来场景，为想象提供目标 073
设想场景的重要规则 076

场景的尾声是决策点和选择时刻 085
用想象帮助自己接受未来 092

第 4 章 针对未来提出一开始显得荒谬的想法 097
寻找证据证明一切皆可改变 102
认真地想象未来危机 111

第 5 章 把世界颠倒过来 123
创造一个颠倒的世界 126
探寻实现目标的新想法 129
翻转你的个人生活 135
重塑未来职业 136

第二部分 在游戏中寻找未来的答案

第 6 章 寻找变化的信号，构建未来场景 145
重视偶遇的变化的信号 147
把线索和问题转化为思维实验 154
让自己成为变化的信号 157
交换信号，发现错过的线索 159
想象关注哪里，变化的信号就在哪里 163
寻找变化的信号的提示与技巧 164

第 7 章 关注未来力量，想象可能出现的未来 167
预示未来的未来力量 170
找到那些让你不舒服的未来力量 172
克服正常化偏误，接受“不正常”的想法 177

享受充裕时间，迈出帮助他们的第一步 182
成为潮流的引领者 187
共同为真正重要的事情努力 195

第 8 章 努力练习共情，与未来的自己建立联系 207
和未来的自己共情 209
低难度共情与高难度共情 212
高难度共情≠换位思考 215
未来思维与高难度共情的彼此强化 219
用自由写作记录想象中的未来场景 221
共同想象比个人想象更能拓展思维 234

第 9 章 认清当下的问题，想象治愈的方案 239
用想象治愈深层疾病 241
贫富分化问题 245
崩溃的医疗系统问题 249
极端的政治分歧问题 252
种族歧视问题 255
脆弱的供应链和工人过度劳累的问题 258
气候危机 261
对未来怀有积极愿景 266

第三部分 亲身体验社会模拟游戏的力量

第 10 章 接受未来的冒险召唤 287
习得性无助与习得性帮助 290
接受冒险的召唤，踏上英雄之旅 294

	开启一段心理时间之旅	299
	认真想象并为未来准备	307
	想象自己能帮到别人	314
第 11 章	**模拟你想要的未来**	**319**
	做一场清醒的梦	321
	用 6 个步骤模拟你想要的未来	332
	发明新场景的提示	347
第 12 章	**将想象中的未来与现实生活叠加**	**353**
	到未来玩 10 天游戏	356
	游戏规则介绍	359
结语	**用游戏中掌握的技能，创造出能想象到的一切**	**409**

引言

IMAGINABLE

欢迎来到一个充满难以想象的事件和难以置信的变化的时代

在应对未来情况时，想象和洞察力比百分之百准确更重要。

——阿尔文·托夫勒（Alvin Toffler）

模拟游戏最重要的任务，
不是准确预测人们
将会做些什么，
而是让人们的头脑为
“难以想象”的情况
做好准备。

全世界处于一种集体震惊的状态。

仅在 2020 年 3 月至 2021 年 9 月期间，就有超过 250 万篇英语新闻报道提到“难以想象”一词，还有超过 300 万条新闻报道使用“难以置信”一词。

我们都经历过这些新闻报道中的事件。

- 有些报道提到，一种新型传染病的暴发造成了过去难以想象的影响：医疗健康系统崩溃，数亿个“非必要”的工作岗位在一夜间消失，全球人类平均预期寿命缩短了好几年。
- 有些报道提到，我们为应对这种传染病实施了在过去难以置信的措施：封锁边境，实施居家令，关闭学校，强制戴口罩，远程工作，远程处理所能处理的一切事务。
- 有些报道提到史无前例的气候变化事件，以及这些事件对城镇和人们造成的伤害：屡破纪录的高温天气、洪水、极端的风暴、无情的山火、有毒的空气。

- 有些报道提到我们以前从未见过的奇事：由于气候变化，一栋居民楼遭到腐蚀并在半夜轰然倒塌；一群企图推翻总统选举结果的暴徒袭击了美国国会大厦；一条虚假信息的广泛传播让 20% 的美国人相信政府在疫苗中注入微芯片，导致这些人拒绝接受一项能拯救生命的免费干预措施。

在报道中，“难以想象”和“难以置信”两个词频繁出现，这让我们了解到有关当前全球状态的一些重要信息。面对现实，人们感到措手不及。我们发现自己在艰难地理解一些事件，这些事件打破我们的假设，挑战我们的信念。

这不仅是说我们没有预见到这些问题的意外感，而且在字里行间还流露出悲伤情绪。我们在使用“难以想象”这个词时，实际上在表达的是“令人心碎”的感觉，例如处于难以想象的痛苦中，或遭受了难以想象的损失，尽管我们尽最大的努力去理解和体会也无济于事。我们用“难以置信”一词来表示“不公正”“残忍”或“难以接受”，例如难以置信的失败，人们的冷漠到了难以置信的程度。我们如此频繁地使用这两个词，不仅是在表达震惊，也是在表达创伤。

在这个充满着令人震惊事件的时代，我们该如何为未来做规划？当我们接连不断地为“难以想象”的事件或“难以置信”的变化做准备时，我们该怎么做才能感到平静或安全？我们几乎无法预测世界下周会出现哪些新情况，更不用说下一年了，当下，我们该怎么做才能对未来抱有希望？

也许我们需要先从更根本的问题开始。近期发生的最令人震惊的事件真的是难以想象的吗？在我们经历这些事件之前，它们的后果真的难以想象吗？

让我来给你讲个故事。

《超级结构》，超级预测

2020年1月初，在新冠疫情刚出现的时候，我收到大量有意思的邮件和短信，内容大概都是说："麦戈尼格尔，你之前不是开发过一款关于呼吸系统传染病的模拟游戏吗？你如何看待当前的状况？我们现在应该做些什么呢？"发信息的人不仅有我的亲友，还有来自硅谷科技大厂、政府机构，以及国际基金会的高管。他们说得没错：是的，我曾开发过一款传染病模拟游戏。

我是一名游戏设计师，专门开发模拟游戏，用于帮助人们想象我们未来可能面临的全球性挑战。2008年，我曾在一个为期6周的预测未来的模拟游戏项目中担任主设计师，游戏名为《超级结构》（Superstruct）。这款模拟游戏由加利福尼亚州帕洛阿尔托市未来研究所（Institute for the Future）的10年预测小组负责研发。我们的目标是，绘制出由传染病等全球性威胁导致的经济、政治、社会和情感的所有连锁反应的预测图。我们将游戏设定在11年后，也就是2019年的秋天。全世界有近万人参与这款游戏，通过模拟感知了5种不同的威胁，其中包括一种名为ReDS的在全球范围内暴发的虚构病毒，病毒的名字就是呼吸窘迫综合征（Respiratory Distress Syndrome）的英文缩写。

我们的模拟游戏不需要数学计算。与之相反，我们只是让人们预测一下，在传染病暴发并迅速蔓延的情况下，他们会有什么感受，以及他们在生活中会做些什么。

- 他们将如何改变日常的生活习惯？
- 会避免哪些社交活动？
- 是否以及能否居家办公？
- 是否会选择自我隔离？如果是，那在什么时候隔离，为什么？隔离多久？
- 在政府实行强制隔离政策期间，他们可能会遇到哪些问题？需要哪些支持和资源？
- 如何尝试为别人提供帮助？

从算法上看，我们的模拟游戏虽然设计得很简单，但在社会智能和情感智能方面表现得很出色。参与者讲述了成千上万个故事，分享了自己在一场呼吸系统传染病流行期间会做些什么，我们通过互联网将它们收集起来，并进行了分析。

当新冠病毒在2020年初首次引发全球关注时，我想，那些我们在大型多人模拟游戏中得出的最重要的发现，就是人们曾经做出的预测。例如，我的一个主要研究问题是：在哪些情况下，人们会反对自我隔离和保持社交距离？我们的数据显示，最有可能存在超级传播风险的活动将是婚礼和葬礼。人们无论感知到哪些风险，都有可能继续参与这些活动。此外，我们还清楚地看到，即使酒吧和派对的聚集活动是有风险的，但年轻人和单身人士也仍然想去参加这些活动。

基于以上的研究发现，我和未来研究所的同事瓦妮萨·梅森（Vanessa Mason）在2020年2月初举行了一场名为“向未来学家提问”的公共网络研讨会。我们针对刚刚暴发的传染病给出了最佳的紧急建议。建议包括，**如**

果你正计划举办婚礼、专业会议、线下社交活动或派对，那你现在就应该主动取消，因为即便在传染病暴发期间，人们也会冒着被感染的风险参加这些活动。在接下来的几个月里，新闻标题可以清晰地证明，我们从模拟游戏中得出的这些建议既有用又可行。人们在真实的传染病暴发期间的所作所为，与我们根据玩家的所作所为得出的预测一模一样：尽管有不能举行大型婚礼的规定，但依然有人一意孤行；尽管有紧急消息通知大家要待在家里，但依然有人去酒吧；尽管有些人新冠病毒检测呈阳性，但依然去参加线下活动；尽管有些人出现了症状，并被告知要自我隔离，但依然参加了葬礼。这些场景都变成了现实世界中常见的超级传播事件。

我在 2020 年 2 月的网络研讨会上，以及在给联系我的人提供的建议中，分享了一些关于许多人都不愿意戴口罩的案例。在体验游戏《超级结构》期间，我们要求人们在真实的日常生活中戴着口罩参加不同的社交活动。我们希望人们能养成这个习惯，以便在真正的传染病流行期间能更轻松地采用这个方法。但根据玩家自我报告的内容，我们了解到，想要克服对口罩的抵触，以及将戴口罩当成“正常”行为要面临极大的社会障碍。当然，在后来现实中的新冠疫情暴发期间，我们看到这个问题在更大范围，尤其是在美国造成的影响。

我们还谈到，在传染病流行期间关闭学校，为上班族母亲带来了一个棘手的问题，因为玩《超级结构》的妈妈们表示，如果真的出现这种情况，她们无法边工作，边在家辅导孩子。现在，我们看到，由于传染病的流行，数百万妈妈不得不在学校关闭期间主动离开职场去照顾孩子。

在网络研讨会上，我们还公开了另一项研究，即在缺乏强大经济支持的情况下，人们将很难做到遵守公共卫生指导、待在家里或自我隔离。我们在网络研讨会上提及了积极提供现金补贴的必要性，后来，当我们讨论应对全球新冠疫情的措施时，我们清楚地看到，在那些政府经常提供现金补贴或工资保护的地区，人们的确能够更严格地遵守防疫要求，病毒的扩散也得到更有效的控制。

我们的预测如此准确，让我颇为自豪。但如今回望过去，我们发现整个社会在以如此缓慢的速度应对日益增长的威胁，很多领导人仍然坚持旧的思维及实践方式。**因此我认为，对《超级结构》这样的大型社会模拟游戏来说，最重要的任务不是准确预测人们将会做些什么，相反，一款模拟游戏最重要的任务是让人们的头脑做好准备，并拓展人们的集体想象，从而在“难以想象”的情况出现时，让人们的思维更具灵活性、适应性，在行动上能够更敏捷、更坚忍。**

此外，基于《超级结构》，我们能证明，未来的模拟游戏可以具备这种积极效果。2020 年 1 月，曾参与传染病模拟游戏的人开始给我发电子邮件或通过社交媒体留言。他们写道：“我没有被吓破胆，10 年前，当我们想象它会出现的时候，我已经克服了恐慌和焦虑。”他们表示：“要戴口罩！”“要保持社交距离！”“我现在已为此做好了准备。”早在主流社会意识到我们需要认真改变生活习惯和安排的几周之前，模拟游戏的参与者们一直在用他们自己的方式告诉我，提前感受未来帮助他们提前处理了巨大的不确定性所带来的焦虑和无助感，因此，当未来真的来临时，他们能更快地适应，并能够采取更有弹性的行动。

现在回头看模拟游戏的参与者在 2020 年初发来的信息，我想起后来我们看到的一些地区在新冠疫情暴发期间曾出现过的情况。专家们曾指出，在 2003 年曾严重暴发过非典（SARS）疫情的地区，政府和企业并没有花太多时间去讨论是否要采取有力措施来防止新冠疫情的传播。他们以更快的速度采取了行动，因为他们知道情况会变得多么糟糕。与西方国家相比，在那些经历过 2003 年非典疫情的国家，人们更迅速、更主动地采取了相关的公共卫生措施，例如戴口罩、保持社交距离等。正是以上措施才让病毒得到了有效遏制。西非也出现过类似的情况。2014 年暴发的埃博拉病毒，导致该地区的各个国家采取了比欧洲或美洲更为有力的措施，而且速度更快，人们也更愿意佩戴口罩。人们认为，与西方国家相比，虽然大多数非洲国家的资源要少得多，但在上述传染病流行期间却表现得更好，主要是因为以前应对其他传染病的经验促使他们能快速做出反应。

通过观察模拟游戏参与者对新冠疫情的反应，我发现了一些坚韧不拔的东西，那几乎是真正经历过传染病后才会具备的品质。他们的头脑已做好准备，即更快地采取行动和更快地适应。无须大惊小怪，保持更多韧性。这不仅仅是因为他们在 10 多年前就想象过自己经历了一场传染病。对很多人来说，这款模拟游戏还帮助他们形成了一种习惯，那就是更关注现实世界中有关传染病的新闻报道。有位参与者在给我的信中写道：**我一直在密切关注武汉正在发生的事情，可以说，自从参与《超级结构》以来，我就开始关注有关传染病的新闻。我一直牢记着要关注它。**我已无数次观察到，人们参与未来模拟游戏之后，会产生一种神奇又常见的“副作用”。深度沉浸在一种可能出现的未来场景中，能培养人们养成持久的思维习惯，尤其是当人们为证明被模拟的情况有可能出现而去观察现实世界时就更是如此。

有幸开发了一款精确的模拟游戏是一回事，但要想说服你读完这本书，让未来思维成为你生活的一部分，就是另一回事了。我再给你讲个故事。

《唤醒》，唤醒你们的危机意识

2010 年，我曾负责过另一款大型未来模拟游戏，这次是为世界银行开发的。这款名为《唤醒》（Evoke）的游戏，当时将背景设定在 10 年后，也就是 2020 年。近 2 万名玩家参与了游戏，他们将预测自己在未来可能爆发的一系列全球危机期间，如何为他人提供帮助。在游戏的设计中，传染病流行的同时还伴随着气候变化导致的极端天气。《唤醒》持续了 10 周，而且每周都会额外增加一个新的危机。

玩家们沉浸在一个未来世界中，那里正在应对一场名为“珠江流感”（Pearl River flu）的全球性呼吸系统传染病，社交媒体上还传播着大量有关疫情的不实信息和阴谋论。而且，气候变化导致美国西海岸到处都蔓延着史上最严重的山火，雪上加霜的是，基础设施老化和极端天气还导致电网崩溃。在游戏中，有一个被我们称为“公民 X”的组织在散播一些不实信息和阴谋论，让人们很难了解到真正发生了什么，以及为了自身安全需要做些什么。与此同时，很多人因为山火和停电等原因被迫离开了家园，但是，若想远离疫情，最安全的做法恰恰就是待在家里。

我们在 10 年前写下的这些游戏情节，竟然几乎与我们从 2020 年至 2021 年初在新闻报道里看到的内容完全一致。首先是 2020 年初，新冠病毒在全球蔓延，接着在 2020 年夏天，美国西海岸发生了史上最大的一场山火，而且持续了数月，这导致数百万人从家园撤离并搬迁到其他地区。随后，匿名者 Q（QAnon）的阴谋行动在社交媒体上兴起，并引发了一场“信息传染病”，即误传新冠疫情其实是一场骗局，如果人们接种疫苗，那么胳膊上会被植入微芯片。后来，得克萨斯州发生了大型电网故障，导致 300 万人断水或断电，原因是老化的基础设施无法承受极寒天气。在模拟游戏《唤醒》中，你很难找到一个最终没有成真的预测，甚至其中大多数预测也发生在同一年里。

在现实世界中的 2020 年中期，我接到了世界银行高管罗伯特·霍金斯（Robert Hawkins）的电话，《唤醒》项目的教育推广和技术战略就是由他一手负责的。他说："看看，《唤醒》里许多十分具体的预测如今都变成了现实！这太不可思议了。你是怎么做到如此准确的？"

我将在本书中回答这个问题。

像未来学家一样思考，用游戏改变未来

在本书第一部分，我将讲授一些专业的未来学家所使用的思维习惯，还会介绍一些他们玩的社交游戏，这些游戏能够训练他们的大脑，让他们的大脑对"难以置信"和"难以想象"之事发生的可能性保持开放态度。你也可以用这些习惯和游戏来训练自己的大脑，学会像未来学家一样思考。

当你像未来学家那样思考时，你的思考会更有创造性。你不会被困在旧模式中，也不会被过往的事实限制。除了能让你为未来做好准备之外，这些未来思维的习惯和游戏还能让你现在也会感觉更好一些。已经有研究表明，**未来学家的思维习惯和游戏可以提升人们对未来的希望和动力，并减轻抑郁和焦虑的症状**。因此，如果你像其他数百万人一样，在经历了疫情和近期的种种其他冲击之后，需要获得一些心理疗愈的话，我相信这些技巧会给你带来帮助。不妨将其视作一种经历，让我们获得创伤后的成长。

因为我想让你对这些技巧抱有信心，所以我将与你们分享未来思维背后的科学，即未来思维如何强化大脑中的关键路径，从而建立现实的希望、创造力，并对压力做出更具韧性的反应。此外，虽然我不能用功能性磁共振成像（fMRI）扫描来展示未来思维是如何激活你的大脑的，但我能让你学会未来学家在科学研究中使用的评分方法，并用它来帮助你记录未来思维带来的收获。你将能衡量自己的进步程度，从而确信自己获得了真正的成长。

在本书第二部分，我将向你展示一些技巧的使用方式，我们在未来研究所使用了相同的技巧来开发我们那两款预测精准的游戏《超级结构》和《唤醒》，如此一来，你也能开始预测即将发生的情况。这些技巧将帮助你更快地发现未来可能出现的变化，更快地行动，更快地适应，而且不会因为发生出乎意料的事件而感到措手不及。

在本书第三部分，我们将一起进入全新的游戏，让你亲身体验社会模拟游戏的力量。我会带你了解三个不同的未来场景，它们设定在2033年，在那里，我们今天认为理所当然的事情几乎在一夜之间发生了变化，新的社会运动、新的技术和新的政策用令人惊讶的方式深度地改变了我们生活中的各个方面。只要读完这本书，并用日记记录自己长达10天的2033年心灵之旅，就能把这个模拟游戏打通关。你会如何应对这些场景？你会有哪些想法、感受和行动？你将如何做出改进？

这些模拟游戏能真正地测试你在本书前两部分学到的所有技能和习惯。我向你保证，你遇到的场景听起来“遥不可及”，你会觉得不可思议，就像我们的模拟游戏参与者们在2008年和2010年对《超级结构》和《唤醒》的看法一样。不过，既然你已经读到这里，你也会做好想象未来的准备。

接下来，轮到你创造未来了。我会解释自己的设计过程，提供你所需要的所有信息，以便让你创建并组织自己的社会模拟游戏，你可以完成任何一个你想要的未来主题。

在此过程中，我会跟你分享许多对下一个10年的预测，即可能发生的一些难以想象的变化，它们涵盖各个方面，从未来的学习、工作到食物和金钱，从未来的社交媒体和医疗保健到气候行动和政府，以便让你提前对未来的风险、机遇和困境有更好的了解。

这些对未来 10 年的预测将帮助你更好地抵御未来的冲击。它们会帮助你接受一个事实，即没有“回到正常状态”这回事。它们也会给你提供一些灵感，帮助你思考如何利用这一兼具颠覆性和重塑性的历史时期，让自己的生活、所处的社区或整个世界都变得更美好。对大多数人来说，未来 10 年可能是一个重要的机遇期，能让我们在有生之年有机会真正改变社会的运作方式，而且能让我们为创造积极的长期变革做出自己的贡献。

创造想象的世界

有很多书籍都讨论过如何思考未来，那这本书有什么独特之处？我是一名专业的未来学家，也是一名游戏设计师。跨越这两个领域的职业组合并不常见，据我所知，我是世界上唯一的一个。但这是一个很有意义的职业组合。作为游戏设计师和未来学家，我认为我的工作是把人们带到想象的世界，带到不存在的世界，这个世界要么是虚拟的世界，要么是尚未发生且也许永远不会发生的未来世界。**我的目标是，确保人们在离开这些想象中的世界时会觉得自己更有创造力、更乐观、更自信，相信自己有能力改变这个世界，有能力做出决策、采取行动并改变现实。**

在玩游戏时，我们很容易感到自己强大又富有创造力。无论是卡牌游戏、体育运动、桌游，还是电子游戏，我们所走的每一步、采取的每个行动，都会对游戏的状态产生显而易见的影响。然而，在我们思考未来时，对于大多数人而言，想获得到同样的力量感是比较难的。我们并不认为仅凭个人采取的一些行动或做出的一些决定，就能真正决定接下来将要发生的事，尤其是涉及我们共同拥有的更远大的未来（整个社会的未来，全世界的未来）时。

因此，我尝试用两种方法来创造想象的世界，即设计游戏和坚持有关预测未来的写作，并将两者紧密联系起来。在过去的 15 年中，我一直是未来研究所的游戏研发主任。未来研究所成立于 1968 年，是全球最早的未来预测组织，它开创的很多方法都是当前职业未来学家所采用的标准做法。在该研究所中，我的工作是发明一些游戏，用以教会玩家掌握有关未来思维的习惯和技能，研究所的研究人员也使用相同的游戏进行研究工作。我擅长创建由数千名参与者构成的大规模的未来社会模拟游戏，也就是你刚刚读到的那种游戏。这些模拟游戏不仅拓展了个人的想象，而且通过揭示其他难以预测的现象和连锁效应，还创造了具有可行性的集体智能。正如我们在研究院里说的那样，“与其被现实搞得不知所措，不如为一款模拟游戏感到震惊”。实际上，我们衡量一款模拟游戏是否成功的一个标准是，游戏结果在多大程度上让该领域的专家感到震惊。

在过去为研究院工作的 15 年中，我曾为多名专家和领导者提供了个性化的未来预测、培训和模拟游戏服务，这些客户来自谷歌、IBM、思科、英特尔、迪士尼、葛兰素史克（GSK）、美国国家科学院以及世界经济论坛等。然而，我最喜欢的工作还是把未来思维直接传达给公众，无论是通过模拟游戏，还是通过教学。我喜欢看到人们在面对未来时，从原来的焦虑不安转变为充满自信、希望和活力。正是出于这个原因，我为斯坦福大学的继续教育专业开设了名为“如何像未来学家一样思考”的工作坊，在过去的 5 年中，这是斯坦福大学最受欢迎的课程之一。事实上，还会有学生特意从世界各地坐飞机赶来参加这门课程。正是出于这个原因，我和未来研究所一起，在网络学习平台 Coursera 上开设了一个未来思维认证项目，我的课程目前已经吸引了 3 万多名学生。启动这个 Coursera 项目时，我最先提出了“远见是一项人权”的主张，这也是首个大规模的未来思维免费公共培训。

我的任务是，尽可能让更多的人学会一些技能，这些技能不仅可以改变游戏的结果，而且还可以改变我们的未来。

想象和洞察力比准确更重要

能和你一起踏上这段旅程，我倍感激动。在开始之前，让我再分享一句话，这是我最喜欢的一句关于未来思维的格言：

在应对未来情况时……想象和洞察力比百分之百准确更重要。

这一格言来自阿尔文·托夫勒（Alvin Toffler）。他在 1970 年出版的《未来的冲击》（*Future Shock*）一书标志着现在为我们所熟知的专业的未来思维的发端。托夫勒提出这样一个观点，即社会偶尔会经历一段深刻而持续的变革时期，这种变革在以前是无法想象的，以至于经历过它的人感觉像是遭受了“未来的冲击”。人们迷失了方向。那些追求幸福、健康和成功的策略不再奏效。旧的假设不再成立。想要理清思绪、搞清楚到底发生了什么，以及为什么发生都显得异常困难。这种感觉就像是一种集体创伤，心理层面受伤的程度相当于被一列货运火车碾压身体。托夫勒在撰写这本开创性著作时，恰逢 20 世纪 60 年代末的动荡时期，对许多人来说，那是一个遭受未来冲击的时代。到了 21 世纪 20 年代，更是如此。

看起来，通过对未来做出最准确的预测，并在下一次冲击到来之前抢先一步，似乎是我们摆脱这种创伤的途径。是的，能发现即将要发生的事，从而让我们避免手足无措，这对我们非常有益。然而，未来思维不仅能准确地预测，而且还蕴含着一个更深刻的真理。

“准确”意味着做出最佳预测，然后等着你认为最有可能发生的事真的发生。然而，如果最“有可能”出现的未来并不是你期待的那个，该怎么办？如果它是一场灾难呢？如果它是非正义的呢？你是希望自己的预测准确，还是宁愿自己是错的，并把今天最有可能出现的情况扭转为更美好的局面？

我们想要以一种非常合理的、可行的方式来思考未来，那样我们的预测才是有用的。**如果幸运的话，准确地预测到未来的风险和挑战，将帮助我们从现在就开始着手创造性地解决问题。这些预测不仅可以让我们为未来做好准备，而且能为现在的自己设想新的机遇，成为创新者，把我们今天的生活变得更美好。**

让我用自己的经历给你们举两个例子。

游戏，让你更有创造性地解决问题

我自己也参与我组织的社会模拟游戏，这样我既能贡献自己的见解，又能得到与其他参与者一样的收获。在2008年组织《超级结构》模拟游戏期间，我尝试着弄清楚在传染病流行期间我该做些什么来帮助他人。我该如何使用自己独特的技能和经验来改变世界呢？

我试着去想一种新方法，让游戏设计师在传染病流行期间能提供独特的帮助。我突然想到，人们对游戏玩家有一种负面的刻板印象，即他们总是喜欢独自待在家里玩电子游戏，然而在传染病流行期间，这实际上是一种正向行为。毕竟，如果有种致命的病毒正在传播，那公共卫生专家将会让大家怎么做呢？“独自待在家里！”

因此，我开始描述一个假设的游戏项目，我想象着未来的我正在创建一个虚拟的舞蹈俱乐部，你可以通过网络和人们见面，在摄像头前和别人一起跳舞，这样人们就更容易待在家里，并保持社交联系。我将这个想法添加到模拟游戏数据库中，其他玩家可以在这个库中检索，寻找自己想要借鉴的创意。很快，美国疾病预防控制中心的一位研究人员联系我，她也参与《超级结构》，并对我的舞蹈游戏创意很感兴趣。她建议，在真正的传染病流行期间，当病毒在社区肆虐时，流行病学家可以和游戏开发者合作，共同推广居家游戏。随着《超级结构》的继续发展，我们通过头脑风暴来设想公共卫生官员和游戏开发者如何在未来展开合作，以及医生如何为患者开出游戏处方，以便让人们待在家里。这是一场引人入胜的谈话，但当时我并不知道，它会启发我在不到一年的时间里就开展了一个改变人生的项目。

在这款模拟游戏结束的 9 个月后，我撞到了头，得了脑震荡，把生活搞得混乱不堪。我出现了一系列症状，包括脑雾、剧烈的头痛、眩晕和记忆问题，无论我休息多长时间，这些症状都不会消失。我得了恐慌症，以及严重的抑郁症，甚至接连好几个月都想自杀。在我处于最低谷时，我决定尝试创作一款游戏，用来帮助自己恢复健康。我用我所知道的有关游戏如何提升动机、乐观情绪、注意力、创造力和协作性的所有知识，设计了一些任务和挑战，以便让我的大脑回到一个更有希望、更有能力的状态。它起作用了。这款游戏名为《超好》（SuperBetter），我用这个题目做了一场 TED 演讲，观看量超过 700 万次，我还出版了一本有关这款游戏的畅销书《游戏改变人生》[①]，并做了一款同名应用程序，这款程序已经帮助了 100 多万人来应对他们的健康危机。我之所以有信心向所有人介绍我为自己制作的这款个人游戏，甚至还让别人尝试使用我做的这个应用程序，唯一的原因就是，我之前与美国疾病预防控制中心的那位研究员分享创意的那段经历。当我提出邀请医护人员与游戏开发者合作这个想法时，她表现出极大的热情，当我提出医生会开具电子游戏处方的设想时，她也愿意接纳这个奇怪的想法，这为我播下了一颗种子。那颗种子帮助我想象着，人们也许会认真考虑我的这个创意，它值得一试。

---

①《游戏改变人生》（*SuperBetter*）教你将玩游戏时的心理优势应用于日常生活之中，让游戏成为化解人生压力和挑战的武器。该书中文简体字版已由湛庐引进，由北京联合出版公司于 2018 年 5 月出版。——编者注

这个模拟游戏让我提前体会到，自己能在现实世界中做出哪些贡献，不仅是在一场传染病中，而且是在更普遍的健康危机中。因此，当机会出现的时候，我已经准备好了要抓住它。这是我想让未来思维赠予你的礼物：一个机会，它让你现在就能更有创造性、更自信地思考自己能做的事情，思考你能发明的解决方案，以及你可以帮助到的群体。

游戏，让你发现你不知道的自己

当我沉浸在一场想象中的未来传染病暴发的场景中时，我还经历了一个更大的顿悟时刻，而且这一次更加个人化。我们要求《超级结构》的参与者做的第一件事是在我们的社交网络上创建一份未来简介。这份简介提出了一些普通的问题，包括年龄、居住地和谁住在一起、职业、所属社区。它的挑战在于参与者要替 10 年后的自己回答这些问题。当我填写自己的未来简介时，我写下了一些让我惊讶的内容。我写道，有两个人和我住在一起，一个是我的丈夫基亚什（Kiyash），另一个是我 7 岁的女儿佩珀（Pepper）。我能在脑海中清晰地看到一个活泼又顽皮的女孩，她是我们 2019 年冒险之旅的核心。

然而，当我们在 2008 年组织这款模拟游戏时，我们夫妻俩刚结婚三年，并不着急要孩子。我从来没想过生孩子这件事，我们当然也没有制订任何备孕计划。但对我来说，这个在模拟游戏中想象出来的女儿却非常真实。在我渴望拥有的生活中，她很重要。我可以在自己的想象中如此清晰地看到她，这个人虽然还不存在，但在我渴望拥有的后半生中，她非常关键。仅仅通过填写这个简单的资料，我就发现了一些我自己都不知道的事情。令我惊讶的是，我确实很想成为一名妈妈。

事实上，在成为妈妈后，我发现，自己能意识到这一点尤为重要。我和丈夫接受了多年的备孕治疗，并从别人那里得到了意想不到的帮助，才有了孩子。我曾在参与的《超级结构》游戏中想象，自己会有个女儿。在那7年后，我终于生了一对双胞胎女儿，这是我有生以来感到最幸福的事。如果没有如此多的帮助，没有那么多让未来希望成真的时刻，我不知道我们是否能以这种方式组建我们的大家庭。

显然，以上两个个人见解无法阻止新冠疫情暴发。虽然作为一位优秀的未来学家，我“赢得了先机”，但它们也无法避免我感染新冠病毒，在2020年初有人怀疑病毒已经在美国传播之前，我就感染了。但如果与别人相比，我确信，在漫长的疫情期间，我不像大多数人那么焦虑，因为我觉得自己做好了准备。而且毫无疑问，我在《超级结构》模拟游戏中的想象，让我的生活和未来变得更美好。它让我预测到自己真正渴望的东西。它给了我信心，让我试着用一种我从未想过自己能做到的方式去帮助别人。

当我们思考未来可能会有哪些变化时，我们也能更好地理解自己会有哪些变化。

正是出于这个原因，本书才被命名为*Imaginable*。没错，我希望你能够想象那些我们需要做好准备的“难以置信”的风险，以及我们想要避免的“难以想象”的痛苦，事实上，我们可以预防它们发生，或者至少能减轻它们带来的伤害。此外，我也希望你能够想象，在未来10年，甚至更长的时间里，去做一些新奇的、令人兴奋的事情。我希望你能够想象，在疫情过后，当史上最严重的气候危机到来时，你能应对自如，并为别人提供帮助，从而让我们刚刚经历的痛苦变得更有意义。我希望你能够想象，你在拥有未来思维工具之前，就在做着或创造着一些“难以置信的”和“难以想象的”奇迹。

在现实中，未来的力量总是超出我们个人控制的范围。这本书不是要教会你如何成为超级英雄，将世界从灾难的边缘拯救回来。**未来思维不是超能力，你无须解决所有问题，也无须拯救所有人。但是，未来思维是一个非常有效且实用的工具，可以让你的大脑更快地适应新的挑战，让你建立希望，培养韧性，缓解焦虑和抑郁，并激励你今天就采取行动，从而为未来获得幸福和成功做好准备。**

如果我们一起发挥集体想象，我们会以更快的速度从 21 世纪 20 年代初的冲击中恢复过来。但这并不是因为我们“精准”地预测到下一步，而是因为我们不会坐在那里什么也不干，等着 10 年后的事发生在我们身上。我们将一起改变这 10 年。

在全球新冠疫情暴发之初，作家兼社会活动家阿兰达蒂·洛伊（Arundhati Roy）写道：“回望历史，传染病曾迫使人类与过去决裂，重新想象他们的世界。这次的疫情也是这样。它是一个传送门，是从一个世界进入另一个世界的入口。”我希望这本书能成为你的传送门：在当前这个世界，我们需要从漫长的疫情、极端的社会分歧以及日益严重的气候危机中治愈自己，然而在另一个世界，你能找到新的、真正的理由去拥抱希望，为任何情况，甚至是那些在今天看起来难以想象的情况做好准备。

用想象应对未来的危机

在你开始想象训练之前，我想问你 3 个问题，以便让你对自己的未来心态有一个基本的感知。

问题 1：当你思考未来 10 年时，你是认为事物几乎会保持不变，并继续正常运作，还是认为，大多数人会发生显著的变化，重新思考并重新创造自己做事的方式？用 1 ～ 10 来为你的愿景打分：1 是一切都保持不变，10 是一切都会有显著差异。

问题 2：当你思考世界和自己的生活在未来 10 年如何变化时，你是担心多一些，还是乐观多一些？用 1 ～ 10 来为你的愿景打分：1 是极为担心，10 是极为乐观。

问题 3：在决定世界和你的生活在未来 10 年如何变化时，你觉得自己有多大的控制力或影响力？用 1 ～ 10 来为你的愿景打分：1 是没有任何控制力或影响力，10 是能完全掌控并施加影响。

这 3 个问题能让你很好地了解我们在这本书中将要完成的想象训练。实际上，本书 3 个部分都是为了提高你在这些问题上的得分，哪怕提高 1 分。

首先，我们要重点关注那些重新思考并重新创造的机会。为什么要重新思考并重新创造呢？为与今天类似的未来做准备对人们而言是很容易的，而恰恰是那些截然不同的东西，才会让人们手足无措。因此，花时间为那些难以想象的未来做好准备是很重要的。此外，专注于重新思考和重新创造，还会让我们拥有一个更好的视角，帮助我们制定改变未来的决策。在经历了新冠疫情之后，我们每个人都知道，几乎所有事情都可能在一夜之间发生变化，可能变得更糟，也可能变得更好。我们知道，我们的生活、工作、学习和关心彼此的方式完全有可能发生翻天覆地的变化，而且是变化地非常迅速。这赋予了我们一种集体想象的权利，让我们去想象人类历史上从未发生过的事。我们需要巧妙地、有创造性地利用这个时刻。

其次，我想帮助你用更好的心态面对未来，既能满怀希望，又具有忧患意识。在未来研究所，我们将其称为“积极想象”（Positive Imagination）和“阴影想象”（Shadow Imagination）。

- 积极想象提出的问题是：将要发生哪些好事？它让我们相信未来会更好。
- 阴影想象提出的问题是：将要发生哪些坏事？它让我们做好准备迎接未来的挑战。

无论你现在对未来有以上哪种本能反应，只要稍微培养一点相反的心态，就会让你有所收获。因此，我会教给你一些想象技巧，帮你看到未来的两个方面：一方面是你有必要担心的风险，另一方面是值得你保持乐观的机遇。

请记住，无论你的未来愿景属于哪个方面都没关系。无论是超级担心、超级乐观，还是介于两者之间，只要准备好向着相反的方向发挥自己的想象力，你就会把希望和忧虑同时纳入脑海中。

在培养积极想象和阴影想象的能力时，你会惊讶地发现，更清晰地看到风险以及更精准地确定自己的担忧，能真正地帮助你，让你感觉更有希望。当你能更好地预测全球面临的挑战时，你整个人都会变得更乐观。对于这种悖论有一个很好的解释：你不仅意识到了那些可能出现的问题，而且还想到一些大胆的计划和创新解决方案，你已经在设想并实施它们。而且你深知，你正在把自己置于一个更强大的位置上自助和助人，因为你在认真地想象未来可能会出现的危机，而不是否认它可能会发生。

最后，我们会着重培养你的信心，让你知道自己有多大的影响力，可以帮助决定未来的走向。本书不仅探讨了如何预测未来，而且主张通过行动来创造你想要的未来：让未来变得更幸福、更健康、更安全、更公正、更具有可持续性、更美丽、更平等。因此，我会向你展示预测未来的技巧，让你发现，为了实现更美好的未来，你能做出哪些独一无二的贡献，以及如何从现在开始就做出贡献。接着，我会帮你学习如何表达自己对未来变革的想法，让其他人更有可能关注到这些想法，并受到启发，与你一起行动。如果说有什么能提高你影响未来变革的能力，那便是：在成千上万人的头脑中播撒想象的种子，这些人能帮助你实现你想要的任何改变。

专注于重新思考和重新创造的机会，使用积极想象和阴影想象，寻找能提升自己塑造未来能力的可行方法，如果把以上这 3 个问题的思维模式整合起来，你就会有所收获，我相信它将是你从想象训练中得到的最大收获。我把它叫作紧迫乐观主义（Urgent Optimism）。

紧迫乐观主义是一种平衡的感觉。它承认前方有巨大的挑战和风险，的确如此，但它同时也抱有切合实际的希望，认为你能帮助人们找到解决这些挑战以及应对这些风险的方法。紧迫乐观主义意味着你不再因为担心可能发生的事情而夜不能寐。相反，它意味着你早晨从床上跳起来，迫不及待地想做点什么。紧迫乐观主义意味着，你知道自己有动力和能力，能凭借自己独特的天赋、技能和生活经验来创造你想要生活的那个世界。

记下你在上述 3 个问题上的得分。在逐一完成想象训练的 3 个阶段后，你还会看到这些问题。在本书的结尾，我会请你再次回答这些问题，以便让你比较自己的分数，看看你的技能增长了多少，你的思维方式发生了多大的变化。我对你最大的期待是，读完这本书，你在紧迫乐观主义上的整体得分即便没能增加 2 分、3 分或更多，至少也会提高 1 分。事实上，根据我自己的教学经验和科研结果，这不仅仅是一个期待，而且是一个有把握的期待。当我在斯坦福大学的继续教育项目中讲授本书时，我在课程的开始和结束提出了同样的问题，人们的分数都有提升。此外，我还通过 Coursera 平台，向近 5 万名来自世界各地的未来思维学习者提出了这些问题。可以说，完成未来研究所线上培训的人确实期待出现更显著的变化，他们更为乐观，并且对自己的未来变化具有更强的能动性。

或许，以下案例更具说服力。世界银行的研究人员使用了一个设定在2026年的未来情景，对300名大学生开展了一项有关《唤醒》的随机对照研究。在这项研究中，有一半的学生（对照组）参加了有关社会创新和全球挑战方面的传统课程。另一半则参加了为期16周的《唤醒》社会模拟游戏，想象自己如何协助应对一场未来危机，例如，战争加剧了人口贩卖问题，并让人们流离失所。与完成传统课程的学生相比，《唤醒》的玩家更加乐观，认为人们能够解决全球性的问题。在模拟游戏结束之后，他们变得更有信心，相信通过自己的呼吁和行动，能创造一个更美好、更和平的未来。

此外，根据测试数据显示，《唤醒》的玩家还提升了一套特定的想象技能，游戏长达16周，他们分别在游戏开始和结束时接受了测试，并在整个研究过程中接受同伴的评估。与对照组相比，他们在某些能力方面的统计数据呈现出显著的增长。例如，“用不同的视角看待熟悉的事物”“愿意通过冒险和尝试不同的东西，来产生原创和新颖的想法”“期待使用创造性的方法来解决冲突或问题”，以及“开创具有前瞻性的解决方案”。听起来很棒，对吧？谁不想在这些方面表现得更优秀呢？最为重要的是，他们的技能增长程度，以及最新获得的影响未来的能动性，不会因为性别、种族、年龄和所学专业的不同而存在差异。这表明，未来思维训练和参与社会模拟游戏能让来自不同背景的人都成为乐观的变革推动者。你也会是其中一员！

翻过这一页，让我们一起开启第一段旅程。

IMAGINABLE

第一部分

用游戏训练大脑，像未来学家一样思考

心怀希望，意味即便未来是不确定的，也对各种可能性抱有期待，全心全意接受改变。

——丽贝卡·索尔尼特（Rebecca Solnit），历史学家和社会活动家

想要理解变化，唯一的方法就是投入其中，与之共进，与之共舞。

——阿伦·瓦兹（Alan Watts），哲学家

成长是痛苦的。改变是痛苦的。但最让你感到痛苦的，是被困在不属于自己的地方。

——曼迪·黑尔（Mandy Hale），作家

当你思考未来 10 年时，
你是认为事物几乎会保持不变，并继续正常运作，

还是认为，
大多数人会发生显著的变化，
重新思考并重新创造自己做事的方式？

用 1 ～ 10 来为你的愿景打分：

1 是一切都保持不变，
10 是一切都会有显著差异。

01

IMAGINABLE

想象自己10年后的样子

你不是疯了，你只是准备好要做出改变了。

——尼狄·奥考拉夫（Nnedi Okorafor），作家

在开启一段旅程之前，
想象能帮助你
了解自己要去往何处。

“未来始于现在。”也许你对这句话并不陌生。尽管它听起来似乎顺理成章，但从根本上讲是错的。未来并不始于现在、明天或下个月，至少，如果你想在心理时间之旅中得到最大收获的话，便是这样。若想让未来充分发挥其优势作用，你需要花费更长的时间。但未来究竟从何时开始，取决于你是谁，以及你生活在哪种环境中。让我给你介绍一个我自己发明的小游戏。通过这个游戏，你能清晰地知道自己的未来始于何时。

未来始于何时？

每当我开设未来思维的课程或工作坊时，都会以一个小游戏开始，这个游戏的名字叫“未来始于何时？”。我问每一位学员：“如果未来是指你生活中的许多或大部分事情都会与现在不一样，那么这个未来从什么时候开始？”我让他们把答案写下来，可以是几天、几周、几个月或几年。

这不是一个很难回答的问题，也没有唯一的正确答案。实际上，通常会出现几十个不同的答案，每个答案都合理：从现在算起 1 年后、5 年后、10 年后、20 年后（想想你会如何回答这个问题）。我让每个人高举自己的答案展示给别人看，然后请所有人按时间轴排列成一队。答案中时间最短的人站在第一位，时间最长的人站在最后，其他人按照由短到长的顺序排在中间。

此时，很显然，有各种各样的答案。我让队伍最前面、最后面及中间的一些人给出更详细的解释。他们的回答通常是非常个人化的。“从现在算起的 6 个月后。”参加斯坦福大学继续教育课程的一位女性曾这样回答。她的丈夫在不久前突然去世，对她来说，一夜之间一切都发生了改变。她感到彷徨不安，不知道是否还能期待有什么是可以长期不变的。根据我的经验，这种情况很普遍：在面对“未来始于何时？”这个问题时，回答时间最短的人可能最近经历了重大的损失或变故。

而在我组织的高中生工作坊上，有个男生回答“3 个月”，原因与上面所说的情况恰恰相反。他 3 个月后将从高中毕业。这个转折点感觉就像是一个全新的开始。研究表明，这种情况也很普遍：随着我们离实现一个长期目标更进一步，我们会以更加开放的心态面对改变的可能性。我们期待一段旅程的结束，并盼望能开启一段新的旅程。

“从今天起的 521 天之后。”我的另一个学生曾给出一个非常具体的答案。原来她快速计算了一下，再过 521 天，她就 30 岁了。那些具有里程碑性质的生日也常常让我们期待重大变化的发生，这种变化不仅改变我们自己的生活，还改变我们周围的世界。当我们自己改变的时候，我们认为整个世界都会改变，这可能有点以自我为中心！尽管如此，当我们面临重大变化时，如果生活中有一些固定不变的活动安排，那会非常有用。

未来还会在什么时候开始呢？“2020 年 11 月 3 日星期二。”有人在 2017 年回答道。“那是下次美国总统大选的日子。”他进一步解释，显然是希望下次大选会有不一样的结果。并不是每个人的头脑中都对未来设定了如此精确的转折点。但很多人的确认为显著的变化是一种安排好的固定进程，因此一直期待不久的将来能有新事物的出现。比如，政治选举，或为球迷举办的选秀活动，甚至，有个带有强烈艺术气质的学生告诉我，还包括新一年的流行色。

此外，人们还经常表示，自己写下的答案并没有特别的理由。有人可能会说：“未来从 10 年后开始，因为我觉得它太遥远了。”这千真万确。**未来是一个让人感觉足够遥远的、让事情真正发生改变的时刻。它是一个绝对主观的事实。当你感觉准备好迎接剧烈的改变时，未来就开始了：巨大的改变，可怕的改变，祈盼的改变，疯狂的改变。**

正是出于这个原因，我才喜欢玩“未来始于何时？”这个游戏。从人们的答案中，我能了解到与他们精神状态相关的重要信息。如果答案中的时间比较短，如不到 5 年，则意味着他们要么对变化非常敏感，要么非常开放，要么现在正在经历变化。如果答案中的时间特别长，比如 40 年、50 年，甚至 100 年，则揭示出以下问题：他们也许对社会或个人生活的变化节奏感到沮丧，甚至感到停滞不前，以至于他们无法想象短期内会发生重大变化，甚至在他们的有生之年都无法想象。也许，他们非常有耐心，有极大的勇气和决心，为漫长的前路做规划。也许，他们认为没有必要做出重大改变，并乐于尽可能地保持现状。如果要确定他们具体属于哪种情况，还需要进一步讨论，但根据我的经验，以“未来始于何时？”开始一段对话，是个值得一试的好办法。

在上面提到的各种不同情况中，10年是“未来始于何时？”最常见的答案。在我从一万多名学生那里收集到的答案中，几乎人人都同意：10年的时间足以让社会和自己的生活发生显著变化。

是什么把10年变成了一个如此神奇的数字？

结合我们的生活经历和社会习俗，大多数人都已经内化了10年的力量来创造变革。我们把自己的生活视作一系列以10年为单位的组合：20多岁、30多岁、40多岁等。通过这些重要年份的生日，我们问自己希望未来10年的生活是什么样子。我们把10年视作讨论社会变化的时间单位：想想看，20世纪20年代和20世纪10年代有哪些不同？20世纪60年代和20世纪50年代有哪些不同？或者，21世纪20年代和20世纪10年代有哪些不同？10年能够发生多大变化，任何一个年龄超过10岁的人，或学过历史的人，对此都已经有了一个清晰的心理模型。

如果你看看近代史，10年似乎真的像是一个神奇数字。你能找到大量的例子，新想法和新行动在10年的时间跨度（误差只有几个月）里创造了一个以前难以想象的社会现实。尤其是那些取得了历史性胜利的社会运动，以及具有全球性影响力的新技术更是如此。以下几个例子前后时间误差不超过几个月：

- 美国反对种族隔离的民权运动，从首次抵制公交座位种族隔离，到成功通过《民权法案》，历经9年（1955—1964年）。
- 从国际社会第一次对南非种族隔离主义者的种族隔离制度进行经济制裁，到后来制定了一部赋予南非黑人和其他种族公民权的新宪法，历经11年（1985—1996年）。
- 从只有1 600万人使用互联网，且其中大部分是科学家和学术研究人员，并且他们曾认为互联网仅是一个用来分享科学数据的工具，到发展出 10 亿互联网用户，历经 10 年（1991—2001 年）。

- 从第一部苹果手机发布，到全球大多数人都拥有智能手机，创造了一个始终在线沟通的新时代，历经 10 年（2007—2017 年）。
- Facebook 从只有 1 个用户到每日活跃用户高达 10 亿，成为首个用户超过全球人口 1/3 的产品，历经 11 年（2004—2015 年）。
- 比特币从仅仅是一篇科学文章中论述的设想到市值接近 1 万亿美元，高于美国三大银行市值的总和，历经 11 年（2008—2019 年）。
- 从爱彼迎和优步的建立，到有 36% 的美国劳动者在以某种形式做零工，历经 10 年（2008—2018 年）。
- Zoom 从第一次用户测试会议到被誉为美国人在新冠疫情期间的一条重要生命线，被人们用于学习、召开工作会议、与亲友保持联系，成为名副其实的工具，历经 9 年（2011—2020 年）。

换句话说：现在的小实验，10 年后可能会变得十分普遍甚至改变世界。至于那些现在看起来不可能实现或难以想象的社会变革，10 年后也会发生变化。

当然，并非所有的变革目标都能在 10 年内实现，很多社会运动需要花费更长的时间。前进的步伐不会在 10 年后停止。展望未来 10 年的目的，并不是为了要看到一切都会按照这个时间轴发生，但也有充足的证据表明，几乎任何事都能按照这个时间轴发生。正是出于这个原因，10 年能帮助我们理清思路。10 年能帮助我们考虑那些我们可能会忽略的可能性。当我们尝试想象自己准备好面对戏剧性的混乱局面时，或以激进的方式重新思考何为常态时，10 年甚至让我们松了一口气，因为它给我们预留了做准备的时间。因此，每当我带领人们去体验未来的心理时间之旅时，我几乎总是把时间设定在 10 年后。未来学家希望人们去往一个他们相信万物皆可改变的地方，即便是那些如今看起来难以改变的事物。

当思考一条为期10年的时间轴时，这不仅意味着我们更倾向于相信世界会发生巨大的改变，还意味着我们会更乐观、更满怀希望，相信通过努力我们可以做出改变。这与一种名为“时间充裕”（Time Spaciousness）的心理现象有关。它是一种轻松的、有胜任力的感觉，即感到有足够的时间去做真正重要的事情，为了创造我们想要的未来，斟酌我们的选择，制订计划，更自信地采取行动。当我们思考几天或几周内可能发生的事情时，几乎不可能感觉到时间充裕。但要思考未来10年……啊，有这么多时间呀！在为期10年的时间轴上，我们并不觉得匆忙。我们有足够的机会来培养新技能，收集资源，招募盟友，从错误中吸取教训，从挫折中恢复如初，为了得到最好的结果，去做任何我们需要做的事情。这种富足感让我们不再那么讨厌风险，并因此更有创造力。我们拥有充裕的时间去尝试各种创意，尝试新事物，去实验，直到我们弄清楚哪些是可行的方法。

有趣的是，大脑对充足的空间和充足的时间做出反应的方式是一样的。研究发现，当身处天花板更高的房间或开阔的户外环境中时，我们也会以更具创造性的方式思考，为自己设定更高的“终极”目标。有了终极目标，我们会集中关注更高的上限：我们能想象到的终极目标和最佳结果是什么？因此，我喜欢把为期10年的时间轴想象成一个心灵上的大教堂或大峡谷，它提升了想象的上限。

当感到时间紧迫时，我们就像被困在一个没有窗户、令人感到压抑的小房间里一样。我们变得畏缩，想象力匮乏。我们采用“最低”目标，这意味着我们做事情时只求合格，从而避免出现糟糕的结果。正如一个心理学家团队所说的那样：“终极目标反映了一个人希望达成的上限，而最低目标则反映出一个人能够接受的基本需求或最小需求。”

你每天醒来时，是专注于终极目标，还是最低目标？你觉得时间充裕，还是时间紧迫？把你（或你的家人、社区、组织）的目标设定在一个过短的时间轴上，通常会导致时间紧迫的感觉。如果太忙，也会这样，但这不是你能一直掌控的事。因此，当你思考自己想要实现的改变时，与其大幅减少日程安排上的项目，不如控制想象的未来有多远更容易些。

你也许不习惯在长达 10 年的时间轴上设定目标。我们通常想以年为单位做出个人的改变，比如在新年伊始制订新年计划。但是，年计划无法帮助你将思考最大化，而且如果你正尝试在短短一年内实现一个特别大的目标，你也不可能感到时间充裕。因此，不妨在下个元旦尝试建立一个新传统。制订一个 10 年规划。如果你有 10 年的时间，你（或你的家人、社区、组织）能实现什么目标？如果你把一个新习惯坚持了 10 年，那么这个习惯会带来什么样的长期影响？让你的大脑尝试一些更大的可能性。现在乍一听，你也许觉得这个想法没什么吸引力。谈到计划，你并不想等到 10 年之后再改变，而是想要尽快做出改变！因此，不妨继续制订一些短期计划。当你这么做的时候，尝试着把这一想象再往后推 10 年。

如果你想现在就体验一下时间充裕的感觉，尝试选择一个小任务，比如给自己 10 年的期限读完这本书。你也许会想，时间这么多，自己更有可能拖延下去，可能永远都找不到时间去阅读它。但矛盾在于，当你感觉时间紧迫时，拖延的可能性会更大。当你觉得自己完成某事的时间较少时，你就会做得更少。当你觉得自己有充足的时间时，你就会做得更多。研究表明，这与一个人有多少“自由”时间或计划外的时间毫无关系。重要的是，你的大脑是否能感知到时间充裕。不妨试一试给自己一个奢侈的 10 年时间期限。**你也许会惊讶，在你觉得时间充足的情况下，你做事的效率会更高，你会更快乐，并因此更能掌控自己的时间轴，反之，你就会拖延。**

我真的想让你试一试，在日历上设定一个读完这本书的最终期限，或是完成其他小目标的期限。你可以使用日历来制订未来10年甚至100年的计划。我强烈建议你把它当作一次思维实验！

当你在心里或数字设备上设定好日历后，让我们尝试开启一次心理时间之旅。想想看，10年后的你一觉醒来，让你感到异常兴奋的某件事或某个东西，你在日历上标记着一项特别的活动，会是什么？

为了帮助你更清晰地想象这个未来场景，你要从日历上的今天穿越到10年后。现在，请回答以下问题：10年后的这天，你做了什么规划？和谁一起做的？你会穿什么衣服？你需要哪些材料？为什么这个活动对你很重要，或让你觉得兴奋？你现在有什么感受？试着回答以上所有问题，尽可能生动地想象未来的这一天。务必要想象出，到时候你和你的生活环境与现在有哪些不同，这些差异将如何改变你想要做或有能力做的事。

正如任何一次前往遥远未来的心灵时间之旅一样，你的大脑可能需要几分钟的时间，才能找到这些问题的答案。有时候，你先把想象的种子播撒在脑海中，稍后再回来，这种方式可能会有帮助。不妨保持日历的开放性，继续尝试各种可能性。我给你提出一个挑战，把令人兴奋的事，能改变生活的事，都标记到现实世界的日历上，期限为未来10年。你将有整整10年的时间来决定自己是否真的想要实现它。

从代际变化的视角思考世界

为了激发灵感，让我告诉你关于一个社区的故事，这个社区真正地做到将10年的时间轴当作一个带来重大变化的工具。在德国的奥星联合农场

（Osing farming region），人们每隔 10 年都会做一件了不起的事。在每逢以 4 结尾的年份（例如 2024 年），人们就会聚集在一起，举办“奥星抽奖”，这是一个抽签活动，将当地所有的共 213 块农田随机重新分配。

如果你住在奥星，不管你在过去 10 年里拥有并管理什么资产，现在都要将其转交给别人，同样为期 10 年。你可以重新经营一块土地。捕鱼、狩猎和水果采摘权等也都由抽签决定。这种 10 年一次的抽签传统始于几百年前，并一直持续存在于当地的日历上，从未间断。如今，人们用音乐、宴会和节日活动来庆祝交接。

你能想象每隔 10 年都要经历这样一种重大变化吗？你能想象自己每隔 10 年就要和邻居交换一些私人财产吗？也许是你的藏书，或是你的衣柜，或是你的房子。如果每过 10 年就要把自己的东西交还给社区，用别人的东西重新开始，你会有什么感受？你是否能想象自己像当地居民那样，快乐地庆祝这种随机的再分配，而不是害怕或憎恨它？这很难，不是吗？但这并不是一个幻想，的确有人自愿地、愉快地接受它。那么，为什么大多数人都觉得这样的抽签活动难以想象呢？

为了找出答案，请列出你能想到的所有困难和阻碍。在你居住的地方，这样的抽签活动行不通的原因是什么？为什么人们会拒绝参与？然后再想一想：你在多大程度上愿意暂且放下自己认定的这些障碍？在以上问题中，是否有你认为可以改变的内容，或是可以克服的困难？你是否能想到，也许有某些因素能让这种难以想象的事情变得可以想象？例如，紧急危机、社会运动、技术突破，或是大众信仰的转变。

在本书中，我们正在一起用这种方式展开想象。但在你生活的城镇上，奥星抽签只是第一个例子，我们还要考虑更多“不可能发生的”未来。

客观地说，有些人会告诉你，他们需要用比 10 年更长的时间来创造并准备迎接重大变化。我在玩“未来始于何时？”的游戏时，有时候会注意到另一个主要群体的答案，即认为巨变发生在 20 年至 30 年后。事实证明，这一群体往往对事物如何变化有着非常具体的心理模式。他们从代际变化的视角来思考这个世界，认为大多数变化都源于年轻人长大了，而且年轻人做事的方式与前几辈人不一样。

用这种方式思考变化，虽然合理，但至少有 3 个缺点。第一，如果你迫切地希望发生改变，这段等待的时间就长得令人可怕。第二，它把所有能动性都交付给这样一个群体：刚长大的那一代。要是你不属于那个群体，该如何是好？第三，当你对未来信息掌握得越来越少时，你就更难通过想象来找出未来问题的答案，30 年后，你更有可能随便乱猜，而不是有效预测。当我为那些持有这种代际变化观念的人培训时，我不会试图说服他们摆脱自己的心理模式，但我的确会鼓励他们用 10 年时间轴来练习未来思维，从而帮助他们更快地开启自己的未来之旅。

不过，大多数人很难养成想象未来 10 年的习惯。几年前，作为我在未来研究所研究的一部分，我对美国的未来思维进行了首次重大调查。其中，有 2 818 人反思了他们以什么样的频率想象自己在未来不同时间段会做些什么：未来的 1 个月、1 年、3 年，一直到 30 年（受访者年龄在 18 岁及以上，该调查的误差幅度为 ± 2%）。我能想到，大多数人对未来的思考，应该会比我这个专业的未来学家要少一些。但我没想到，居然会少那么多。37% 的人说，他们从未想象过这个世界或自己的生活在 10 年后是什么样子。还有 15% 的人说，他们最多每年会考虑一次。如果把这些群体加在一起，你会发现，大多数人都与 10 年时间轴的力量擦肩而过。

大多数人更频繁地想象更近的未来：56% 的人说，他们会想象未来 1 年每 1 天或几乎每天都会做的事情。因此，对我们来说，未来思维是一种自然本能。只不过大多数人都没有制定足够长的时间轴。

让我试着用一个科学发现来说服你，为什么你应该每天都思考未来 10 年的事情。当开启了一段未来 10 年的心理时间之旅时，你的大脑开始从不同的角度进行思考。这不是一个比喻，而是一个不折不扣的事实。用科学家的话说，这是将你的想象从第一人称视角转换为第三人称视角。

游戏化洞察

第一人称视角，是指你从自己的视角出发，从自身内部的视角来想象世界。这就是你日常的生活方式，认为自己是现实世界的中心。第三人称视角，是指你从外部的视角来想象自己，就像是灵魂脱窍一样，你悬浮于行动之上或之外，而不是被困在其中。**当你以第一人称视角思考时，你会完全沉浸在自己的想法和感觉中。当你用第三人称视角思考时，你会摆脱自我，获得一个更客观、更广阔的视角。**

在想象不久前、现在或不久后的自己时，几乎所有人都用第一人称视角来思考。同样，在思考自己遥远的过去或将来时，几乎所有人都会转而使用第三人称视角，在科学文献中，这个时段通常被定义为过去 10 年或未来 10 年。正是因为这种心理视角的转变，所以只有在足够长的时间过后，你才能用更超然、更清晰的视角来回顾生活中情感张力较强的时刻。你的大脑能从更具洞察力的视角来处理它们。同样，也正是出于这个原因，开始一段长达 10 年的心理时间之旅，能够帮助你感受到情感上的解脱。让你瞬间就从自己日常的思维模式和感觉模式中解脱出来，悬浮在这一切之上，就像一颗从太空俯视下方的卫星一样。

为了证明这种视角转换现象，心理学研究人员设计了一个巧妙的实验。在研究中，他们使用了一个名为“描摹字母任务”的方法。你可以和搭档一起尝试这个任务，根据大脑中正在发生的事，创造你自己的顿悟时刻。以下案例能说明描摹字母任务的工作原理。

在一项研究中，被试按要求闭上眼睛，想象自己走在海滩上，时间设定在明天或 10 年后。20 秒过后，被试一边想象着在海滩漫步，一边按要求用惯用手的食指在不能触碰皮肤的条件下在自己的额头上画字母 C。他们被告知，应该尽可能不假思索地快速完成这个任务。

在实验结果中，研究人员指出一个令人惊奇的现象。几乎每个想象明天在海滩漫步的被试，所描摹出的字母 C 从他们自己的角度看是正的，但从坐在对面的研究人员的角度看，字母方向是反的。然而，那些想象未来 10 年在海滩上漫步的被试中，有 70% 的人用相反的方式描摹了字母 C，即从研究人员的角度看是正的，但从他们自己的角度看是反的。换句话说，思考现在的人仍然以第一人称视角看世界，从自己的头脑中向外看。但思考遥远未来的人则将视角拉远，调整为第三人称。他们采用了一种引发更大共情的视角，以别人的视角描画了字母 C 就证明了这点。也就是说在开启 10 年之旅时，他们是从自己的身体外部看这个场景。

如果你愿意，可以和朋友们一起尝试这个实验，并亲身体验这个现象。需要注意的是：为了能让这个效应发挥作用，你要和搭档身处同一个物理空间，面对面地站着或坐着（不能用手机来完成它）。而且这一效应不会对每个人都有效；即便在观察者和行动者之间作了角色切换，20% ～ 30% 的人也会以同样的方式描摹字母。尽管如此，描摹字母任务有力地证实了一点，即延长时间的跨度的确能帮助我们将视角拉远。如果我们能与现在拉开一些距离，那我们也能与自己的视角拉开一些距离。

游戏化洞察

描摹字母任务表明，从第一人称转换到第三人称的主要好处是，能够极大地激发人们的共情。用科学术语来说就是，我们“减少了自我中心式的偏见”，变得“不再过于自我”，这意味着我们摆脱了自身思维的束缚，开始能以他人的方式看待事物。我们能想到别人也许有着和我们不一样的欲望、需求、价值观或想法。

我们的思维也变得更加开阔，每当思考未来可能会有多大变化或者我们自己可能会如何改变时，这一点尤其重要。研究表明，**一旦将时间的跨度拉大，将视角拉远，我们就更有可能接受那些与现有信念截然相反的新信息。这是一种心理上的超能力。**

大多数时候，我们一接触到那些挑战自己信念的信息，就会将其拒之门外。我们的大脑有各种各样的防御机制，包括很少去关注“未经证实的数据”，如果我们注意到这样的数据，就会迅速忘记它。当某人试图说服你接受某件事时，如果你说过“我不想听”，那么你就会明白我的意思！你的大脑真的不想听到这些内容，它会主动过滤掉并拒绝那些让它产生不适或认知失调的信息。

认知科学家指出，这些防御机制能够存在都是有它存在的理由的。当我们获得新信息时，大脑不想每次都浪费能量来重新评估我们的心理模型。我们需要为更重要的任务节省精力，如思考、规划及解决问题。如果我们对自己理解周围世界的能力缺乏信心，那我们就无法采取任何行动。实际上，如果我们没有相对稳定的信念，我们很可能会体验到严重的心理困扰：我们可能会感觉到自我认同感很弱，或者根本无法理解周围的世界。这会导致焦虑甚至绝望。因此，**每当我们遇到一条需要重新思考自己已有认知的信息时，我们的大脑就想避免陷入混乱。然而，如果我们总是把具有挑战性的信息拒之门外，我们就永远学不到新知识，永远不会有所成长。**当然，我们也无法快速适应干扰或意外事件。

当我们与自己的观点保持一点距离时，我们就不太可能局限于那些不再有效的旧的思维方式中。当开始一段未来 10 年的心理时间之旅时，我们至少会选择暂时开阔自己的思维，看看会发现什么。这就像打开一扇窗呼吸到新鲜空气，一个长达 10 年的时间期限会开阔我们的思维，从而让我们获得新的想法。这种对出人意料或令人不适的信息所持有的开放态度是一种天赋。它能帮助我们消除盲点，想象别人拒绝思考的事情。

强观点，弱坚持

10 多年前，我曾受邀到一家大型汽车制造商的总部为他们的创新团队做演讲，主题为如何将电子游戏技术融入未来的汽车中。在参观一个研究设施的过程中，我与几位高管展开了热烈的讨论，主题是自动驾驶汽车是否会广泛替代人工驾驶汽车。

“绝对不会。”其中一个人说。“我们甚至从未认真考虑过这种可能性。”另一个人表示。

我问他们为什么对自己的观点如此笃定。“汽车是个人自由的终极表现，”

有人回答说，“当你上车后，由你决定去哪里，由你掌控一切。人们永远都不会愿意让汽车主宰自己，从而放弃那种自由感和掌控感。”

有一位高管还谈到驾照在心理层面的力量感和在文化层面的重要性。“一个人第一次领驾照就像是一个重要的成人礼，而这是有原因的。对年轻人来说，它标志着自己终于等到了掌控自己生活的那一刻。这是不会改变的。”

我问他们，与掌控自己的生活相比，降低车祸死亡的可能性是不是一种更强大的驱动力。要是自动驾驶汽车最终比人工驾驶的汽车更安全呢？要是能避免全球每年近 150 万起由汽车导致的死亡事故呢？他们仍然不觉得自动驾驶汽车会替代人工驾驶汽车。更加安全永远不如个人的自由感和掌控感重要。我还分享了一些我认为自动驾驶汽车会普及的其他原因，但没有得到任何人的关注。这些高管被自己的假设束缚住了。

作为他们的客人，我不想与他们争论，所以我说：“我希望我们有机会在 10 年后再次讨论这个问题。”只要一有时间，我就会拿出一直随身携带的小笔记本，把我的想法写下来。我之所以想记录这场对话，是因为这些高管如此笃定地拒绝这个可能出现的未来，这让我觉得很奇妙。我并没有把他们的观点当作公司的官方立场，而且后来我得知，公司内部已经有人主张要更认真地看待自动驾驶汽车。但对我来说，我们的谈话是一个例子，它清晰地说明了一个想法是如何被贴上“不可思议”的标签的，以及一旦这个想法被贴上标签，即便在一个负责创新的团队中，人们也很难改变看法。

在开始接受未来学家的训练之前，我很固执地坚持自己对世界的看法。但在未来研究所，我很快便发现，永远不要让自己的思维局限于某种观点，这一点太重要了。在会议上，我的同事们经常会重复一句特别的口号，据我所知那是由研究院的一位前任院长发明的。每当谈话进入激烈交锋时，他们就会停下来，深吸一口气，然后说道："强观点，弱坚持。"接下来，他们会仔细审视自己的假设。

游戏化洞察

我花了好长一段时间才弄明白"强观点，弱坚持"这句口号的真实意思。一方面，强有力的观点很重要，尤其是当我们尝试拓展自己的想象时。如果我们想为难以想象的事件做好准备，创造以前无法想象的变化，那么从定义上讲，我们必须愿意提出极具颠覆性和挑战性的想法。但另一方面，我们可以想象有些事在未来可能是真的，并不等于我们必须相信它绝对能成真。**当我们的假设和信念不再对我们有用时，我们需要保持开放的态度，将其舍弃，尤其是在得到了能让我们重新思考原来立场的新信息时，更是如此。**

"强观点，弱坚持。"我真的很喜欢这句口号。这是一种谦逊和乐于学习的表现。它提醒我们，无论我们坚信什么，未来仍然会给我们带来意外。因此，每当我觉得自己过于坚持某个特定的结果时，我就会使用这句口号，不仅包括关于未来的某个结果，还包括我遇到的任何分歧，我甚至用它来叫停我和丈夫之间的争论！这既是给自己的提醒，也是对与我交谈之人的承诺，即我将保持一个灵活、开放的心态。

自从10多年前与那个创新团队对话之后，我学到了很多关于未来思维的知识。如果当时我知道这些知识，我的做法会有什么不同呢？我一定会邀请他们和我一起进行一次短暂的心理时间之旅，让他们想象自己第一次乘坐自动驾驶汽车的情景。

“尽可能生动逼真地想象一下它，”我会对他们说，“汽车是什么颜色的？你要去哪儿？这个座位有多舒服？有人和你在一起吗？”我会给他们一点时间来提前感受这个未来场景，然后我会问：“如果让你用一个词来描述自己第一次乘坐自动驾驶汽车的感受，它会是什么？”我相信这会开阔他们的思维，尤其是当他们有机会分享彼此的心理时间之旅的感受时，更是如此。

从那以后，我让成千上万的学生体验了这种想象挑战，把它当成课堂上的心理热身。由于近年来自动驾驶技术已经进入市场，因此，我不得不对这个问题稍作修改：“如果你已经体验过自动驾驶汽车，那么你的主要感受是什么？”我邀请每个人在教室前面的大白板上用一个词分享自己的情感反应，如果是通过网络教学，则让他们写在聊天区中。这是我最喜欢的部分，因为大家不可避免地会感受到各种各样的情感。人们预测自己会感到兴奋、紧张、敬畏、害怕、好奇、恶心、感激、激动、困惑、警惕、困倦、自由。他们分享的词语涵盖了多种不同的积极和消极的情感体验，没有达成任何共识。

通过这种方式去观察其他人想象的未来，人们更难对自动驾驶汽车坚持任何强观点。尤其是在以下情况下：当我们尝试着去理解，或者最好能进行一次对话，即为什么别人在乘坐时感到紧张，而我却觉得兴奋？为什么别人在乘坐时感到自由，而我却感到恶心？为什么有些人期待这样的未来场景，而其他人却不期待？

我们只有在和别人一起想象未来时，才会在最大程度上开阔思维。我们注意到，对于同样可能出现的未来，其他人的感受是多么不同。我们能了解到他们想象中的细节，可以将其作为自己思考时使用的素材。因此，当我们共同开启通往未来的 10 年之旅时，我们更容易做到持续适应并发展我们的信念。

说起这个，我参观过的那家汽车公司在12年后的今天正在生产自动驾驶汽车。他们肯定摆脱了之前的想法！然而，无论这项特殊技术是否将变得无处不在，他们（也包括我们）在接下来的10年中可能需要进行更多的反思，因为更大的变革即将出现。未来，甚至是现在，我们曾深信不疑的一个假设正面临挑战，即汽车对现代生活发挥着重要作用。在此，我们还会提供另一个线索，让你知道未来可能会有哪些不同。

在2020年新冠疫情期间，世界各地的城市都在尝试大面积地禁止汽车通行。道路只对行人、非机动车和户外用餐开放，从而让人们在保持社交距离的同时，可以花更多的时间进行社交，并保持活动。事实证明，这些尝试非常受欢迎，而且很可能会持久地影响人们对汽车的看法。国际市场研究及数据分析公司舆观（YouGov）在法国、德国、意大利、西班牙、英国和比利时的21个城市开展了一项调查，结果显示，78%的人希望保持新冠疫情期间的限制汽车出行的规定，以减少空气污染，并限制汽车在城市生活中发挥的作用。

与此同时，越来越多的年轻人选择不去报考汽车驾照。在当今的美国，有40%的18岁青年都选择不考驾照。根据密歇根大学交通研究中心的一项调查，比较靠前的原因分别是："太忙或没有时间考驾照"（37%），"拥有并维护一辆车的费用太高"（32%），"可以搭别人的车"（31%），"更喜欢骑自行车或步行"（22%），"更喜欢使用公共交通"（17%），"担心开车污染环境"（9%）。根据美国汽车协会交通安全基金会的另一项调查，在选择不考驾照的青年人中，近一半的人表示开车是一项会让他们感到焦虑的危险活动。我从这些数据中得到了哪些信息呢？谈到汽车，显然现在的年轻人对自由有着更广泛的定义，它不仅意味着个人有了更大的活动半径或对机器的掌控感，还意味着免于债务，免于因污染环境而产生的内疚感，以及免于对危险活动的焦虑。

在我看来，这些线索以及自动驾驶技术的进步暗示着也许人类历史上的“巅峰驾驶”时刻已经过去了，至少在我们的有生之年是这样。这将不断改变我们的生存环境、与谁为邻、如何工作、如何学习、如何购物、需要哪种基础设施，以及年轻人如何获得独立并纪念他们的成人礼。如果我们允许自己考虑这种变化，那么，我们可以开始重新思考并重新发明很多东西。

当你想象 10 年以后的生活和世界时，偶尔构想一个汽车数量和人工驾驶数量都大幅度减少的场景也许是值得的。这个未来将会有哪些变化？你是否还住在现在的住所？你的社区会发生哪些变化？当你下次参加 10 年之旅时，不妨看看这个后汽车时代将让你产生哪些引发个人改变或社会变革的想法。这只是一个案例，我们还会在本书中一起想象许多其他大规模的社会变化。

这种 10 年的思考练习有一点需要注意。对有些人来说 10 年太长了，而且他们是对的。我在做未来思维的全国性调查中发现，年纪最大的受访者已经 90 多岁了，他们最不可能想得那么远。他们最常提及的理由是：“我不指望还能活 10 年。”即便是专业的未来学家，也需要承认，高龄、疾病或危险的条件会让想象未来 10 年变得毫无意义或令人沮丧。如果你的生活环境让你觉得展望未来 10 年就像一座无法跨越的大桥那样遥远，那我会鼓励你想象一个比你平常思考的稍远一点的未来。**当你在头脑中触及、延展并打开想象时，如果产生了轻微的不适感，如果你相信此处有可能发生重大变化，那你就可以将它设为未来的起点。**

想象训练
Imagination Training

规则 1：开始一段 10 年之旅

当你在思考未来时，让你的想象力聚焦在未来 10 年。一个长达 10 年的时间轴会提升你的想象力天花板，让你感受到神奇的“时间充裕”。它将帮助你开阔思维，接受新信息，减少盲点，提升共情，设定更乐观的目标，并看到一个更加广阔的图景。如果你觉得思维停滞或过于匆忙，不妨给自己设定一个 10 年期限，制订一个 10 年计划，在你的日历上创建一个目标，在未来 10 年中完成它，或者和别人聊聊 10 年后的世界可能会有哪些变化。它会改变你现在的想法和感受。

02

IMAGINABLE

用未来情景思维勾勒未来记忆

这是一种糟糕的记忆，只能逆向发挥作用。

——刘易斯·卡罗尔（Lewis Carroll），作家

“

想象出一个生动
又可信的景象，
包括你自己、
你所处的空间，
以及谁会和你在一起。

”

在接下来的 30 秒里，我想让你想象一下明早醒来的样子。试着在脑海中尽量清晰地想象或描绘它。

这些问题也许能帮助你把想象中的场景变得更清晰：你在什么样的房间或空间里？是什么唤醒了你，是闹钟、阳光，还是其他人？外面的天是已经亮了，还是依然漆黑？有人和你在一起吗？你躺在床的哪一边？如果你没在床上，那在什么地方？你穿着什么衣服？你的心情怎么样？醒来后你做的第一件事是什么？继续想象你明天早晨的样子，直到能清晰回答以上所有问题。

填补未来的空白

你刚刚体验了一个简短的心理时间之旅，这个例子说明了特别容易想象出来的未来是什么样子。你很容易用大量生动的细节去想象它。

为什么它容易被想象呢？因为从现在到明天早上,没有太多的不确定性。你非常清楚自己会在哪里醒来。在明天到来之前，你的物理环境不太可能与现在截然不同。你的习惯和生活环境不太可能在一夜之间发生巨大的变化。换句话说，你可以合理地期待，明早会和最近的大多数早晨十分相似。虽然这并不意味着你能精准地预测它,但你的脑海中拥有模拟它所需的全部信息，显而易见，至少存在着一种极大的可能性。

现在，让我们尝试一些挑战性略高的游戏。在接下来的 30 秒里，我想让你想象自己在 1 年后醒来的场景。同样，试着尽可能清晰地想象这个未来时刻。你可以随意改变第一个想象场景中的细节。

从现在开始的 1 年以后，你是否在一个不一样的地方醒来？你的床或房间有什么变化？和你一起的那个人有什么不一样？你的外貌有什么变化？你是否愿意想象那时醒来的你与明天醒来的你有什么截然不同的心情吗？是什么原因让你有这种新的情绪？ 1 年后的早晨，你是否养成了新的习惯，醒来后要做的第一件事是否和今天不一样？这个新习惯可能是什么？

继续想象 1 年后的早晨，直到你回答完以上所有问题，尽管有些问题看起来较难预测。这个练习是否稍微拓展了你的想象？要留意想法自动出现在脑海中的难易程度，也就是你需要付出多大程度的努力才能想出细节。要注意，你是更倾向于描述一个和今天类似的时刻，还是在自由地创造变化。在努力想象的过程中，留意你的身体和大脑是松弛自在的，还是积极活跃的。快速记录下自己的反应，然后尝试下一个想象游戏。

这一次，我想让你想象自己在 10 年后的一天早上醒来的场景。随便你花多长时间去想象出一个生动又可信的场景，关于你自己，你所处的空间，以及谁会和你在一起。

10 年后，你所在的地方和现在有什么不同？你周围有什么？你看到了什么？听到了什么？闻到了什么？感觉到了什么？醒来时，你脑海里首先想到的是什么？你为当天制订了什么计划？在这个未来场景中，你的外貌有什么不同？

尽量不要把这个未来场景变成一个纯粹的幻想。要在切实可行的基础上展开想象。如果你在这个挑战中遇到了困难，可以尝试这样一个小技巧：写下自己对想象的描述，而不是把所有细节都记在脑海中。对有些人来说，在思考未来时，用文字比用心理意象更容易些。

继续思考 10 年后的这个时刻，直到你尽你所能地想象出更多的细节。你在自己的未来图景中看到了什么？是和现在或多或少有所相似？还是想用另一种选择替代现在的样子？请注意，答案没有对错之分。

你是否想象过一个令人期待的早晨？或者，你是否发现自己正在探索一些可能令人痛苦的遭遇？两者都是有益的想象形式，一个是你的积极想象，另一个是你的阴影想象。要留意自己先选择的是哪一个。

最重要的是，当你把想象延展到未来 10 年的时候，你是否觉得自己的大脑和身体发生了变化？大多数人觉得，这个活动就像是伸手去拿并不存在的东西。

有些人用精神去感受它，有些人用身体去感受它，有些人两者兼而有之。你也许已经注意到，你的眼睛开始不由自主地转动，好像在四处寻找线索。当尝试想象未来时，这种现象很普遍，它帮助我们“看到”还没有出现的东西。或者，你也许注意到自己在搓手指，或者双手在移动，无意识地摸东西，好像在寻找信息。触摸是我们了解世界的第一种方式，在感到不确定的时候，我们通常会回到“凭感觉”去摸索的状态。即便你的身体没有出现任何反应，你也会感受到心理层面的努力。你的想象延伸得越远，大脑的工作就越努力。与1年、2年或5年相比，10年是一个特别棘手的挑战。

为什么会这样？因为你从来没有体验过比现在年长10岁的生活。你的大脑对此一无所知，所以它不知道应该期待些什么。在未来10年中，你的身体、人际关系、生活环境、物理环境有很多发生变化的可能。你的大脑凭直觉捕捉到了这种不确定性和不可知性。它缺乏必要的数据，无法完美地模拟可能发生的事情。因此，**与其说你的大脑在自信地预测未来的一种可能性，不如说它为你打开了一个思考多种可能性的空白空间。**从这点来看，你必须开始主动选择自己想要的未来。你必须填补空白。

游戏化洞察

填补空白需要付出相当大的心力。然而，恰恰由于这种拓展和压力，想象力才会如此强大。你的大脑不是简单地记住那些已知道的东西，而是必须创造一种新的可能性。它利用了你过去的经验、当前的希望和恐惧，还借鉴了你直觉中未来几年可能发生的变化，把一些还不存在的东西带到这个世界。当你尝试想象自己在10年后醒来时，你的大脑形成了新的神经通路，你用你从未经历过的东西创造了一段全新的记忆。

从场景构建到机会检测

在你创造了这段新的记忆之后，奇迹出现了：大脑以前觉得难以想象的事情，现在可以轻松地想象出来。当你下次尝试思考这个可能出现的未来时，脑海中会立即跳出一个生动的心理意象或一段详细的描述。你可以利用这种新的“未来记忆”，更有效地为未来做规划和准备。你可以随时重温这段记忆，看看它会带给你什么感受。它会引发积极情绪，还是消极情绪？这些预感能帮助你弄清楚：你是否应该改变自己当下正在做的事，从而或多或少地提高这个未来成真的可能性？因为是你发明了这段记忆，所以你随时可以改变它。当你的希望或恐惧发生变化时，或者当你得到了更多关于未来的信息时，你可以去改变它的细节。

科学家将这种想象形式称为“未来情景思维”（Episodic Future Thinking，EFT）。它是一种心理能力，能让自己及时向前发展，并预先体验未来事件。未来情景思维通常被理解为一种“心理时间旅行”，因为你的大脑正在努力帮助你清晰、生动地观察和感受未来，好像你已经在那里了。然而，未来情景思维不仅在思考未来，而且还在脑海中模拟未来。这种差异就像是，你知道明天可能会下雨和想象自己正在淋雨的差别，前者是一种有关未来的“事实”或抽象的思考，而后者是尝试预先感受雨水滴在皮肤上的感觉，并利用你对明天的所有期待，让这个场景有更多细节，更符合现实。未来情景思维可能需要你描绘出下雨时自己的确切位置，会穿着什么衣服，会和谁在一起，你会因为下雨生气还是开心，你是急着去避雨，还是会悠闲地在雨中漫步，等等。

另一种理解未来情景思维的方法，是把它看作在脑海中重播由你主演的纪录片或真人秀，只有你正在看的那集是以未来为背景的。这个类比抓住了未来情景思维显著的视觉及叙事特点：你会在脑海中看到未来可能发生的事情，就像它们已经被镜头捕捉到了一样。[①] 更重要的是，它强调了一个事实，即未来情景思维以现实为基础，因此应该是可信的。

游戏化洞察

未来情景思维不是一个白日梦，不是让你幻想一种完全不同的生活，也不是让你在一个所有问题都神奇地被解决了的世界中醒来。把今天的你和你在未来的真实感受及行动连接起来。这个未来很可能比今天好得多，但无疑也会伴随着挑战。因此，**未来情景思维并不是一种逃避现实的方式。它是一种演练现实的方式，能让你发现以前没有考虑到的风险和机遇。**

因为未来情景思维能让我们预先感受到未来可能出现的各种场景，所以它是一个强大的决策、计划和激励工具。它帮助我们决定：这是不是我每天醒来想要看到的世界？我还需要为它做哪些准备？为了让这个未来更有可能或更不可能出现，我是否应该尝试改变今天正在做的事？此外，它还是一项

① 对很多人来说，想象是一个高度视觉化的过程，但它并不适用于所有人。你也许不是一个擅长视觉思维的人，或者你也许根本无法想象出任何心理意象。大约有 2% 的人患有心盲症，也就是说，你可能患有这种神经性疾病，或者你是那种无法用“心灵之眼”去观察的人。如果是这样，你也许会发现，若想完成本书中的挑战和思想实验，与其使用心理视觉化，不如主要采用单词和其他感觉记忆的方法更有帮助。研究表明，心盲症不会损害创造力或前瞻力，所以你可以期待自己从想象训练中受益，就像那些使用“心灵之眼”的人一样。同样，如果你视力有问题，尤其是先天失明，那么，你的想象水平与视力正常的人会不一样，会更依赖形状、纹理、声音、气味等。然而有研究表明，对视力正常和视力有问题的人来说，其他各个方面的心理模拟运作方式都是类似的。因此，本书中的技巧和研究也适用于你。

非常费力的认知任务。对你的大脑来说，想象出一些还不存在但貌似可能会出现的东西，是一项艰苦的工作。

根据针对大脑活动模式的功能性磁共振成像研究，未来情景思维涉及大脑中 11 个不同的区域，大脑越活跃，这些区域间的联系就越多。不妨做一下对比，看看未来情景思维和回忆以前发生的事件或幻想别人此刻正在做什么有哪些不同。与未来情景思维激活的大脑区域相比，其他两种形式的想象只激活了其中的 6 个区域，你需要激活其他 5 个区域，才能进入通往未来的心理时间之旅。

为什么未来情景思维比轻松的白日梦或回忆过去更费脑力呢？因为在这种思维过程中，你不仅要在脑海中尝试着模拟一些眼前并不存在的东西，而且还要努力地理解它。

当开启了通往未来的心理时间之旅后，你会使用以下 3 种理解方式。

首先，大脑必须完成认知科学家所说的场景构建（Scene Construction），在脑海中搭建未来的世界。你在哪里？你看到了什么？发生了什么事？那里还有谁？不妨把它当作给一部戏剧构建舞台布景、演员和道具的过程。你必须先要知道这个场景出现的地点，你和谁在一起，以及你周围有什么事物，然后才能想象自己在未来会做什么，有什么感受，以及说什么话。

此外，场景构建还意味着建立世界的基本事实，科学家将其称为“语义”（Semantics）。你是否看过以画外音开头的电影预告片：“在一个……的世界”“在一个……的国家”“在一个……的时代”？在未来情景思维开始时，你的大脑中也会出现同样的画外音时刻。如果你没有尝试想象遥远的未来，这个声音也许会说："在一个和现在差不多的世界里。"然而，当你开始使用未来情景思维去想象自己的生活和社会的改变时，你的场景构建从一开始就会出现更出人意料的描述，"在一个提供免费高等教育的世界"或"在一个禁止汽车的国家"或"当我的孩子们都已长大，从家里搬走"或"当我的孩子们都已长大，回到了家里"。用未来的语义或规则来玩游戏，是未来情景思维最重要且最具创造性的任务之一。你越是自由地探索这些可能性，就越能为更多的挑战做好准备，发现的机遇也越多。

当然，这个场景构建工作全部基于假设。未来还没有发生，所以你可以用任何东西来填充自己的想象，也可以按照自己的想法制定任何规则。那么，这些可能性到底源自何处？你的大脑要如何决定想象什么呢？

游戏化洞察

在未来情景思维活动期间，你的大脑会玩一种寻宝游戏，寻找现实的细节和可信的想法。为了达成这个目标，它会激活负责记忆和学习的海马，并开始整理你所有的记忆，以及你储存起来的其他所有事实和想法。这取决于你尝试想象的未来场景是什么样的，是充满希望，还是令人神伤，是熟悉的，还是陌生的，海马会识别出与之最为相关的素材，然后检索并将其重新组合成一个新的场景。这意味着，**无论你在想象中的未来看到什么，一切都源于大脑已经感知和处理过的信息。**任何人都能想象一个与现在相类似的未来。但在理想情况下，当你更擅长想象那些难以想象的事情时，你会用变化的眼光来构建自己的场景，它不仅包括以前常见的重要想法和事物，还包括可能在未来变得重要的、出乎意料的想法和事物。

因此，在本书要完成的想象训练中，最重要的一个步骤就是你要开始用我说的“未来线索”填充你的大脑，找到一些包含新奇想法的具体案例，这些想法可能会影响未来的变化。寻找未来线索，意味着寻找并查看现在已经开始变化的证据。当你的海马充满线索时，你的大脑就会有更优质的参考数据，你创建的场景也会更有趣。在本书中，处处皆是线索。

现在，你的海马被激活了，它给未来制定了规则，并设定了场景。在未来情景思维活动期间，接下来还会发生什么？

其次，在场景构建完成后，大脑开始进行一种被认知科学家称为“机会检测”（Opportunity Detection）的工作。在机会检测的过程中，你要寻找能满足自身需求并实现目标的方法。例如，如果你想象自己在 10 年后的某天早晨醒来时可能觉得饿了，那你会吃些什么？如果你想象自己醒来时会觉得孤独，那你会联系谁？机会检测就像演员在排练时经常会问的问题：“我的动机是什么？”换句话说，就是“我想在这个场景中做什么？”。

为了弄清楚你的动机，你的大脑会激活腹内侧前额叶，每当你设定目标并跟踪自己的进度时，这个区域就会被大量使用。与海马一样，腹内侧前额叶能随意调用任何记忆或事实，向你推荐你曾经设定或考虑过的所有目标。那里有大量可以使用的原材料。那么，腹内侧前额叶如何决定推荐哪种动机呢？

游戏化洞察

就未来情景思维而言，最有趣的一点是，首先出现在你脑海中的动机可能与你最深刻的价值观和最基本的需求密切相关，尤其是当你在思考更遥远的未来时。当你运用未来情景思维时，大脑无须思考行动的细节和当前的义务。在你今天的待办事项清单上，也许有一堆你不想做的事，或是从长远来看无关紧要的事。然而，在考虑未来 10 年的待办事项清单时，你会重新计划。上面并没有写着 20 个待办事项，所以你可以想象去做任何一件自己真正想做的事。对你的腹内侧前额叶来说，这是一件非常有趣的事。现在，它会根据你觉得最重要的东西，开始生成一些完全以自我为导向的目标。也许是学习新东西，或帮助他人，或强迫自己做勇敢的事，或照顾你的家人，或是更有创造力，提出新的想法，或创造新的艺术作品。

无论你的未来目标是什么，你都需要想出未来实现这些目标的最佳方式。此时，大脑中的壳核开始发挥作用，它是腹内侧前额叶的最大助手之一，也是负责动机和奖励系统的一部分。壳核能帮助人们跟踪那些能带来积极结果的特定行动和行为。在你的大脑中，这个部分知道，“当呼吸到新鲜空气时，我会更开心”“当我立即给妈妈回信息时，她会感到高兴”“如果我今天心情不好，烹饪能让我心情好起来”“如果我在没有做任何训练的情况下就去跑半程马拉松，我会后悔的”，或者“如果我现在不为自己辩护，稍后我会自责的”。壳核就像是对你未来想象的现实检验。它帮你用更具批判性和战略性的方式来思考你在想象中采取的行动，看它能否帮你得到自己想要的东西。

由于壳核是根据你的真实经历来接受训练的，因此，无论它推荐哪种未来行动，在很大程度上都是受到过去曾对你有效的策略的影响。因此，在本书的想象训练中，有一部分就是让你尝试一些对未来切实有效的新行为，我称之为“微行动”（Micro-actions）。按照它的要求，你现在可以用不超过5 分钟的时间，做些以前从未做过的事。在尝试这些微小的新行动时，你会拓展被壳核视作有用且符合现实的行为。当你试着想象自己变得聪明、乐于助人、勇敢、有爱心、有创造力，或拥有未来最想获得的任何一种品质时，这会给自己提供更多的思路。

最后，当大脑努力把你带到未来时，感觉就会发挥作用。大脑的两个情感中心——岛叶和杏仁核会被激活，让你预览或预感自己在想象场景中的感受。例如，兴奋、失望、充满希望、害怕、骄傲、嫉妒、快乐、悲伤、好奇、无聊、尴尬、解脱、被爱、孤独、被人敬畏、困惑、倍感压力或自由。无论这些感受是积极的还是消极的，它们都会给你提供重要的信息。它们帮助你决定：我是否想在这个未来场景中醒来？我今天是否应该采取行动，来提升或降低这个未来成真的可能性？

关键在于，这些都不是被模拟出来的，它们是真实的感受。

游戏化洞察

研究表明，你在未来情景思维活动中体验到的情感，拥有与现在体验到的情感一样的精神力量。我们中的许多人之所以更喜欢想象最好的未来场景的部分原因就在于此，也正是因为这样，我们会避免想象那些让自己害怕的未来，从气候变化到经济泡沫破裂，下一次传染病可能是什么样子，或者如果我们爱的人不在了，生活会是什么样子。想象以上这些场景可能会令你不安，这种感觉是很自然的现象。但是，主动而谨慎地想象让自己害怕的未来，会对你大有裨益。

因此，本书中的想象训练将帮你掌握一些技巧，用来认知并改变负面情绪。当你为任何一件重要的事做准备时，负面情绪都会出现，甚至包括你不愿意去想的事，更不用说有一天你真的会经历的事了。

从场景构建到机会检测，再到预先感受自己的情绪，现在你知道为什么当你尝试在想象中填补未来的空白时，会真切地体会到思维的拓展。从海马到腹内侧前额叶，从壳核到岛叶和杏仁核，更不用说其他所有按要求发挥作用的辅助区域，大脑中共有 11 个区域真的在相互接触，彼此合作，一起创造新的神经通路。这是一个复杂的进程，但你可以把它简化一下。未来情景思维，也就是通往未来的心理时间之旅，意味着向自己提出以下 4 个问题：

- 在这个未来，我具体在哪里？那里还有谁？我周围有什么？
- 在这个未来的现实中，有哪些规定和今天的不一样？
- 在这个未来时刻，我真正想要的是什么？我该如何得到它？
- 在未来时空，我会有什么感受？

此时此刻，你可能会好奇，我们为什么对未来情景思维和大脑有如此多的了解。在过去 20 年中，有关该主题的同行评议科研成果已发表了 5 000 多项。科学家们为什么要研究它呢？主要有以下 4 个原因。

第一，未来情景思维与心理健康密切相关。参与未来情景思维活动的人有可能更乐观、更有动力，感觉能掌控自己的未来。他们不太可能感到焦虑或抑郁。研究人员认为，这是因为当你在进行未来情景思维训练时，你学会了控制自己的想象。

研究未来情景思维的科学家们发现，抑郁症患者往往只用最模糊的细节想象自己的未来。他们很难想象积极的未来，因为他们的大脑中有太多尚未填补的心理空白。因此，他们无法生动地期待快乐。他们不会被可能发生的积极事件激励。他们也不能用令人信服的方式，去想象自己的未来会与今天有哪些不一样。他们的想象力停滞不前，这让他们几乎没有什么可期待的。

焦虑症患者通常存在相反的问题。他们的大脑会用异常生动的细节思考未来可能出现的负面事件。他们用极具说服力的方式，在脑海里模拟了所有让自己害怕的未来场景，不留任何空白。然而，他们跳过了未来情景思维的以下步骤，即大脑会聚焦最深刻的价值观和动机，然后制定策略，从而得到自己想要和需要的东西。

未来情景思维让这两类人都能更好地控制他们在脑海中所看到的东西。研究表明，抑郁症患者可以用未来情景思维来训练自己的想象，从而构建细节丰富的场景，而不是模糊的场景，并选择用一些真正合理的、积极的可能性来填补这个场景。这能显著缓解他们的抑郁症状。同样地，即使消极结果的风险依然存在，但焦虑症患者依然可以训练自己的想象，从而永远记住积极的动机，也就是推动他们勇敢前进的最深刻的价值观。**通过未来情景思维，他们更容易记住已知的有效行动，以及为了控制未来的结果知道如何采取这些行动。**这极大地减轻了他们的焦虑症状。

第二，未来情景思维技能之所以下降，可能是因为影响人们认知健康的各种疾病，包括老年痴呆、创伤后应激障碍、脑震荡以及由慢性疼痛或慢性疾病引发的脑雾。一旦未来情景思维技能下降，就会导致人们很难为未来做规划、做准备以及有效地激励自己。这会让你的日常活动遇到麻烦，例如，在出门时你不知道该带些什么，因为稍后你才会需要这些东西；或是在计划参加某个活动时，你不会真的去买票。在一些极端的情况下，尤其是有创伤性脑损伤时，人们可能会因为无法生动地想象未来而产生自杀的念头，因为大脑真的无法想象关于未来的任何场景，更不用说积极的未来了。

有越来越多的证据表明，未来情景思维与心理健康和认知健康有关，这促使研究人员尝试用训练技巧来提高人们的未来情景思维技能，并获得了巨大的成功。在本书中，你将了解到许多与未来思维相关的游戏和习惯，这些游戏和习惯的灵感大部分都来自临床患者所使用的技巧，这些技巧能改善他们的心理健康，并恢复他们的认知能力。

第三，未来情景思维似乎是非常有效的行为改变工具。研究表明，那些学会使用更生动、更合理的方式想象未来的人，更有可能选择健康的饮食，坚持新的锻炼或冥想习惯，为长期目标存钱，完成学业，在选举中投票，购买更多的可持续利用和环保的产品，打破成瘾周期，坚持某种形式的长期改变计划。上述所有行为的共同之处是，它们要求我们今天就做出努力或选择，以便产生“延迟收益”（Deferred Benefit）。我们必须能预见到一个长期回报，即便它还在遥远的未来。这就是未来情景思维的作用。如果我们用更多的时间来想象自己的未来，那么，我们就更容易进行这种长期投资，而且会在预先感受未来积极情感的过程中受到激励。

在针对未来情景思维的研究文献中，有一点特别神奇，即便你不去想象今天的某个特定行为会在未来产生哪种后果，也会更有动力去做这件事。例如，你不需要专门想象要保持健康、要顺利毕业或者要生活在一个景色优美且气候宜人的环境里，也会更有可能在今天锻炼身体、努力学习或以可持续的方式购物。尽可能生动、真实地想象你将在遥远的未来体验到的任何一件事情，这会让你今天更有动力、更有可能去做任何一件有长期收益的事。这是一个最常见的收获。所以，当你沉浸在本书一系列可能出现的未来场景中时，你要知道，自己不仅是在为那个特定的未来场景做准备，也在激励自己今天就采取行动，这会让你在自己想要的未来场景中更幸福、更健康。

第四，未来情景思维与创造力有关，很多人都希望在这方面更出众。在研究中，当一个人完成了一个未来情景思维的挑战后，他在各种创造力测试中的表现都有显著提升，这种挑战和你在本章开头完成的任务很像，例如，“想象 1 年后的今天你在和某位朋友共进早餐”或“想象 10 年后的今天你在散步”。你想象的未来越遥远，带来的影响就越大：在研究中，与思考未来 1 天相比，思考未来 1 年会让人们的创造力得到更大幅度的提升，若展望未来 10 年，那么想象力的提高会更为明显。

由于未来情景思维和创造力有着紧密的联系，所以研究人员即使不研究未来情景思维，也经常使用未来情景思维挑战来让研究的参与者进入一个更具创造性的状态。对那些想要研究创造力本身的科学家来说，这是一个关键的技巧。所以，无论你的未来情景思维技能或创造力的起点如何，只要经过练习，你就会做得更好，也能期待自己的创造力得到整体提升。

通常，当我讲授或谈论未来情景思维以及它和心理健康、认知能力、行为变化和创造力的联系时，家长或老师们会问我，“我们应该在学校里讲授它吗”？或者“我应该和我的孩子们一起练习它吗？最早从几岁开始做这种训练呢？”简单来说答案是肯定的，我认为我们应该在学校开设未来情景思维课程，学生可以从很小的时候就开始学习它。研究表明，在 4 ～ 5 岁时，儿童通常就具备了未来情景思维所必需的所有基本认知能力。青少年当然可以应对这本书中的想象训练挑战。有研究表明，如果你想陪年幼的孩子一起，培养他们对未来的想象力，只需要让他们回答以下问题：“你期待（明天、这个周末、你的生日、明年夏天）做些什么？”这样就可以培养他们的未来情景思维技能。如果你想要达到更好的效果，可以进一步提示他们把这个“未来记忆”画出来，或者以它为主题写一段故事，接着向他们提出几个相关的问题，鼓励他们就自己想象的未来事件分享更具体、更生动的细节。

虽然我自己的工作内容主要是通过大型模拟游戏让大众体验未来可能发

生的事件，但我在未来研究所的同事们也会研究更有针对性的干预活动，其中就包括未来情景思维，例如，与救援人员合作，为难民提供心理辅导；与社会工作者合作，帮助有过前科的人降低因再犯罪而被捕的风险；与和平工作者合作。他们发现，未来情景思维能够成为强大的工具，让人们满怀希望，甚至在发生难以想象的变化和未来无法得到保证的情况下，亦是如此。

在为“难以想象的”事情和“难以置信的”变化做准备时，最重要的就是未来情景思维活动，所以我希望你能熟练掌握它。现在，你了解了什么是未来情景思维。接下来，在你探索要为哪些未来风险做准备，以及要为社会和自己的生活带来哪些积极的改变时，这本书将帮助你提高未来情景思维技能。

你想知道自己现在是否擅长未来情景思维吗？科学家们已经开发出了多种工具，用来测试个人的未来情景思维技能。我在本章结尾介绍了此类工具的改良版本，建议你尝试一下。在进行想象训练时，你可以使用这些工具跟踪自己的进步和技能的提升。在测试未来情景思维技能时，无论你第一次得到什么样的分数，我相信随着你更加深入地阅读本书，你的分数也会相应得到提升。

为展望未来而回顾过去

我想让你和我再尝试一次时间旅行。无论面向未来还是过去，想象都能发挥作用。所以让我们从另一个方向开始一段 10 年之旅。

让我们回望过去，拜访一下 10 年前的你。

想象未来的重大变化，能帮助你发现自己的生活已经发生了多大变化。当你准备好时，我想让你在脑海里描绘一下大约 10 年前的今天。

在这个有代表性的一天你会在哪里？你在做什么？你是否记得自己穿着什么衣服？和谁在一起？ 10 年前有哪些东西会让你感到兴奋？你当时在担心什么？你为之努力的生活目标是什么，或者你想解决生活上的哪些问题？

一开始，要回忆出上述所有的细节可能并不容易，需要持续的努力。与未来情景思维一样，情景记忆也需要你拓展自己的想象力，这只是因为你在检索记忆，并在重新激活那些已经有一段时间没有使用过的思维模式。

当你在自己的想象中建构这个 10 年前的场景时，要密切关注自己生活中有哪些方面如今已经发生了变化。你的生活在过去的 10 年中是如何变化的？你今天的生活中有哪些变化会让过去的你感到惊讶？看看你是否能至少找到两三个令人惊讶的变化，说明过去与现在的差异。

在未来研究所，我们把这种方法称为“为展望未来而回顾过去”。这也是一个开阔思维的绝佳策略。

游戏化洞察

正如历史学家和社会活动家丽贝卡·索尔尼特所写的那样，“当你不知道事情发生了多大程度的改变时，你就不会意识到它们正在改变或者它们可以改变”。当你需要展望遥远的未来时，试着回顾一下自己已经走了多远。

为你的心理时间旅行能力打分

每当开始一段通往未来的心理时间之旅时，你可以通过下面的调查量表为自己的想象力打分。调查量表通常是一种经过科学验证的问卷，用来测量人们的思想和感受。以下这些调查量表将从 4 个不同方面来测量想象力：是否生动、详细，是否吸引人并令人沉浸其中，是否具有情感上的煽动性，以及是否具有灵活性和创造性。得分越高的人，其未来思维能力就越强。

即使你不经常使用这些调查量表，至少要尝试一两次。它会强化你的直觉，让你明白“擅长”心理时间之旅意味着什么。此外，它还会帮助你培养一种内在的感受，知道什么时候你的想象力已经足够丰富，什么时候你需要进一步拓展自己的想象力。

工具 1：你的想象有多么生动、详细？

回答以下问题，用 1 ～ 7 为你的答案打分。

总体上看，你想象的未来场景有多么生动？

1. 非常模糊　　7. 极为生动

你对想象中的地点或物理环境的描述有多清晰？

1. 非常模糊　　7. 极为清晰

你对自己在未来场景中的外貌是否有清晰的想象，以及身体或外貌可能会出现什么样的变化？

1. 非常模糊　　7. 极为清晰

你对未来场景中的其他人或事物的描绘有多清晰？

1. 非常模糊　　7. 极为清晰

你还想象了多少其他感官方面的细节，如声音、气味或身体感觉？

1. 几乎没有任何细节　　7. 很多细节

你的分数越高，说明你的未来情景思维能力越强。

工具 2：你的想象有多吸引人并令人沉浸其中？

回答以下问题，用 1 ～ 7 为你的答案打分。

你在多大程度上同意以下说法：“当我想象一个未来场景时，我感到自己预先体验到了这个事件？”

1. 完全反对　　7. 完全同意

你在多大程度上同意以下说法：“我完全沉浸在自己想象的场景中，这是一段沉浸感很强的体验？”

1. 完全反对　　7. 完全同意

你的分数越高，说明你的未来情景思维能力越强。

工具 3：你的想象激发的情绪有多强烈？

回答以下问题，用 1 ～ 7 为你的答案打分。

当你想象这个未来场景时，你当前的情绪反应有多强烈？可能是积极的情

绪（兴奋、充满希望、骄傲、快乐、好奇、解脱、满足、热爱等），也可能是消极的情绪（焦虑、伤心、尴尬、嫉妒、失望、恐惧、孤独等），或者两者兼有。换句话说，你今天“预先感受”到多少未来可能出现的心理感受和身体感受？

1. 几乎没有任何情绪反应　　　　7. 有非常强烈的情绪反应

你的分数越高，说明你的未来情景思维能力越强。

工具4：你的想象具有多大的灵活性和创造性？

回答以下问题，用1～7为你的答案打分。

重新想象这个未来场景，但这次试着尽可能改变更多细节，并依然让它们真实可信。例如，现在想象自己起床的时间是早上5点，而不是早上8点。为什么会出现这种情况，它将如何改变其他的场景和故事？使用这种量表的最佳方法是，把你想象的未来场景全部写下来，并数一数其中包含多少个细节。然后，你可以尝试着改变每一个细节，看看自己能在多大程度上完成一次彻底的重新想象。

你认为这个重新想象的新场景在多大程度上不同于之前想象的场景？

1. 新场景几乎完全相同　　　　7. 新场景几乎完全不同

你认为这个重新想象出来的新场景的真实可信度有多少？换句话说，你在多大程度上认为它真的会发生？

1. 难以置信　　　　7. 极为可信

你的分数越高，说明你的未来情景思维能力越强。

想象训练
Imagination Training

规则 2：学会时间旅行

在脑海中尽可能生动、真实地模拟未来可能出现的体验、感受和你要做的事。这种心理时间之旅，又叫未来情景思维，能拓展你的想象，能针对可能出现的未来创造出新的记忆，从而帮助你为变化做好准备。

为了拓展想象力，你可以回答以下几个问题：

- 在这个未来，我具体在哪里？那里还有谁？我周围有什么？（构建场景）
- 在这个未来的现实中，有哪些规定和今天的不一样？（制定规则）
- 在这个未来时刻，我真正想要的是什么？我该如何得到它？（机会检测）
- 在未来时空，我会有什么感受？（预先感受未来）

当你练习心理时间之旅时，要特别关注任何一个可能出现的、合理的但与现在不同的差异。

03

IMAGINABLE

设定未来场景，为想象提供目标

有最好的情况，也有最坏的情况。但这两种情况都不会在现实世界中发生。在现实世界中，总是出现介于两者之间的情况。

——布鲁斯·斯特林（Bruce Sterling），科幻作家

“

我们越是生动地
想象最糟糕的情况，
我们就越有动力
去努力阻止它的发生。

”

若没有向导的话，展望未来 10 年会是一件任重而道远的事。因此，为了你下一次的心理时间之旅，我要送你一个在陌生的未来世界能够解决问题的法宝，它被专业的未来学家称为“未来场景”。

你可能在未来的某个特定时刻醒来，其中，至少有一件事与现在迥然不同，未来场景就是对这个特定未来的详细描述。

当你首次遇到一个未来场景时，你将了解到：到底发生了哪些变化？当前的事物如何运作？什么是新常态？

你的目标是通过使用未来情景思维能力，来想象自己在这个陌生的新世界中醒来，并尽可能生动逼真地想象它。当你想象自己身处于这个未来场景中时，你发现自己在什么地方？和谁在一起？在这个场景中，你想要做些什么？它让你产生了什么样的感受？

在你展开想象的翅膀回答完上述问题后，你将按要求做出一个选择：“鉴于你身处这个未来场景之中，如果……你会做出什么决定？”这个决策点，或者说选择的时刻，在不同的场景中是不同的。它会为你提供一个机会，来思考自己在这个可能出现的未来场景中如何应对独特的挑战和机遇。

在进行社会模拟时，我总会先设定一个未来场景，它有助于所有人在同一时间对同一个可能出现的未来展开想象。接下来，你要学会如何运用场景，这是想象训练的下一个挑战。你可以这样理解场景：在你开启一段旅程之前，它能帮助你了解自己要去往何处，因为未来场景为你的想象提供了一个具体的目的地。

设想场景的重要规则

在设想未来场景时，你要记住两条重要规则：

规则 1：抛开自己的怀疑，姑且相信这是真的。无论你觉得这个场景有多奇怪，都要先接受这是未来的一种可能性，而且它会按照所描述的那样运转。不要在心里与自己争论为什么这种情况永远都不会出现，或者它为什么永远都无法成为现实。先接受它。你也许觉得某个场景所描述的变化不可能出现，或是非常讨厌这个想法，而且想要马上跳出来指出它不可能发生的原因。你可以有这种感受，即便如此，你依然可以想象自己在这种场景下会做些什么，从而拓展自己的思维。为了训练大脑去思考不可想象之事，你必须把大脑本能抗拒的那些可能性主动纳入自己的大脑中。只是因为自己拒绝想象某个事物，而让它变得不可想象，这不是你想要的结果。你要愿意去认真思考那些你通常认为不可能、不切实际甚至是危险的想法。事实上，如果一个场景让你感到有点不适，那是一个好的迹象，说明它正在发挥作用。

规则 2：从自己的独特视角看待未来场景。如果有一天你在这个新世界里醒来，你依然是你。场景不是虚构的练习，而是进行个人探索的一个机会。试想一下，你在未来拥有许多与当前一模一样的价值观、性格特征、才华、优势和弱点。要坦诚面对自己可能做出的反应以及产生的感受，积极的情绪、消极的情绪、有益的行为、自私的行为，这一切都应该被公平对待以及值得认真思考。无论新常态听起来有多么与众不同，都要让自己保持本真。

既然你已经知晓未来情景的运转方式，那我们就开始玩吧。现在是时候开启一段旅程了，让我们前往 10 年后的未来。这不是一个普通的日子，而是一个新的国家级节日，名为感谢日（Thank You Day）。当你抵达那里的时候，你会发现自己要做出一个非常重要的决定。

未来场景 1：感谢日

Imaginable

10 年后的 2 月 2 日

你醒来后发现，今天是 2 月 2 日。你知道这意味着什么：今天是感谢日。在每年的这个节日，你都会收到政府发放的 2 000 美元。你先留下一半，还需要在 24 小时内赠送出另一半。

你不能把钱随便送给一个人。这个节日旨在表彰重要的一线工作者。全国有资格接受感谢金的人都登记在册，包括医护人员、教师、公共图书馆管理员、公园雇员、城市公交司机和农场工人。登记名册上的所有人都是为他人提供服务的，但他们的工资却低于自己对社会贡献的全部价值。

在 2 月 2 日，你可以向登记册上的某个人致敬，无论是你最喜欢的高中老师，还是在新生儿重症监护室看护你家早产儿的护士，又或者是你家附近园林的维护工，只要这个人为你的生活产生了积极的影响就可以。或者你也可以感谢一个从未谋面的人。感谢日数据库会根据你的要求为你匹配一个人，例如一位水果采摘工，他所工作的农场为你家附近的杂货店供应农产品。每年，登记名册都会更新，新增一些提供独特服务的工作者，无论是在史上最严重的山火高发期工作的消防员，还是在新冠疫情期间坚持工作的杂货店的员工。

设立感谢日，是一种新的经济刺激措施，目的是改善社会福利和经济保障。第一笔 1 000 美元发放给所有满 16 岁的公民。第二笔 1 000 美元让所有的参与者有机会为别人做一件有影响力的善事，目的是在社区中建立更强的社会联系。你可以匿名捐赠，但大多数人庆祝感谢日的方式都是亲自给受赠人写一封感谢信，或是拍摄一段视频。很多感谢信和视频都在网上公开分享，其中最感人的会成为社交媒体上的热门话题。

感谢日的另一个目标是，让薪水较低但十分重要的工作岗位在收入上更具吸引力，无须通过法律来强制要求雇主大幅度提升一线工作者的最低工资。虽然感谢日的回报无法预测，但许多人发现自己每年都会有一笔意料之外的收入。

如果你不愿意参与这个活动，你可以说“不用了，谢谢”，那么，分配给你的 2 000 美元，以及你可能收到的其他任何礼物都将被退还给政府。

选择时刻

想象一下，你在 10 年后的感谢日醒来。你是要说“谢谢你”，还是“不用了，谢谢”？如果你选择参与，那么你会把自己的感谢金赠送给现在的哪个人，为什么？

欢迎回到现在。既然你已经做出了决定，那就让我们继续这个可能出现的未来场景的游戏。在此，我们需要考虑一些额外的问题。让你的思绪漫步在以下可能出现的情况中：

- 就感谢日这个想法而言，你的第一反应是什么？是喜欢它，还是讨厌它？为什么？
- 如果你必须用一个词来概括自己未来对感谢日的情感，那会是什么？
- 你主张将哪类工作者或志愿者添加到登记名册里？在这个未来场景中，你还想感谢谁？
- 你觉得这种经济政策是否公平？为了让它变得更加公平，你会做出哪些改变？
- 这个制度是否会让你考虑改变自己的工作或职业路径？你是否认为它有可能改变其他人的职业选择？

- 根据你的预测，全国范围的感谢日将如何改变你与他人的关系？尤其是与你感谢的人或感谢你的人的关系？
- 你是否想过，人们可能会试图钻这个制度的空子或利用它牟利？人们可能会做些什么，从而破坏这个节日的初衷？你会由于这些漏洞的存在而认为制度无效，还是容忍它们？
- 谁会在感谢日感到难过，或选择不参加这个活动？你是否能想出一个办法，让这个制度对他们发挥作用？
- 在感谢日，你还会和朋友或家人做些什么？你会增加哪些个性化的仪式或传统？

在玩未来场景的游戏时，我最喜欢的一点是，其他人的反应常常让我感到意外。

- “在这个未来场景中，我会感到自豪，因为这将是我一生中第一次给别人提供这样的帮助。”
- “在这个未来场景里，我会感到内心更平静，因为我可以回报那些曾经帮过我的人，有时，我会为此感到内疚，好像我不值得得到这些帮助。”
- “我肯定，就谁应该有资格获得感谢金而言，会出现很多争论，因此，我想为那些可能被忽视的群体代言。我会为从事这项工作而感到激动。”

我还得到了另一个群体的反馈，他们是在这种未来场景下可能有资格获得感谢金的人：

- “如果没有人感谢我，我会觉得自己被冷落了。我会担心自己在感谢日那天被人们遗忘。”
- “我觉得太尴尬了，不能占这个便宜。我可不想在感谢日这天要求人们选择我而不是其他人。这感觉像在乞讨。”

- “我会感到紧张。如果我们能指望更高的固定工资，而不是等着看自己得到多少感谢，会更容易些。然而，让我感到高兴的是，我也能想到很多自己想感谢的人。我对这个想法又爱又恨。”

对一个未来场景又爱又恨是件好事。这意味着你正在同时使用自己的积极想象和阴影想象。你在问自己：在这种场景下，会发生哪些好事？并追问：在这种场景下，会发生哪些坏事？你正在从多个角度考虑问题。此外，和你讨论一个场景的人越多，你看到的角度就会越多。我跟一个朋友分享了这个场景，他在回信中写道：“我的第一个想法是，我想举办一场感谢会，就像惊喜派对那样，每个人都把感谢金送给同一个人，如此一来，我们就能真正改变他们的生活。然后我又想到，为什么不真的为某个人举办一场感谢会呢？不是给他许多 1 000 美元的支票，那不太可能会发生，而是给他写很多感谢信。现在我正在考虑这件事，自己真的想要尝试一下！”

“在这个未来场景中，我会感到忙碌，”一位企业家朋友预测道，“因为我将设立一项新业务，名为‘向我致谢网’（GoThankMe）。它的运作方式就像‘为我众筹网’（GoFundMe）一样，但它会帮助人们讲述自己的感谢故事，并让那些具备资格的劳动者受到关注。我们将从感谢金中抽取一小部分作为服务费。两亿成年人，每人送出 1 000 美元，我们从每一单服务中抽取 3%，每年可能会产生 5 亿美元的收入。”

另一位朋友写道：“这种场景让我真正思考的是，我们为什么不能以更公平的方式支付薪酬。我相信，如果我在‘感谢日’醒来，我会很激动地感谢某个人，还会好奇地想知道自己所有的朋友和家人都感谢了谁。但现在，我正绞尽脑汁，想搞清楚我们如何能解决那些为我们辛勤付出的人薪水很低的问题。”

只要你参与未来场景的游戏，我就会鼓励你邀请其他人一起参与。如果你打算与某人分享感谢日这个场景，那就去做吧。一起聊聊这个场景，共同探索一些可能性。

游戏化洞察

当你和别人一起踏上一次心灵之旅时，你能通过他们的眼睛看世界，能了解到对他们来说最重要的东西是什么。而且无论他们做出什么样的反应，都会给你的大脑提供更多想法、更多数据，以便你从不一样的视角想象未来。如果你真的想拓展自己的想象，那就去把这个场景发布到社交媒体上，看看自己的整个社交网络会对此做出什么样的反应！我最喜欢用这种方式收集与未来有关的数据。

感谢日这类场景是否真的能够出现？是否真的应该出现？本书中的每个场景都以当下已开始出现的变化为基础。因此，让我们先来聊聊感谢日这个场景的合理性。

各国政府尝试把发放现金当作刺激经济的一种形式，这种做法越来越频繁。如果你是美国人，你可能已经亲身经历过这种情况，领取过新冠疫情救济激励支票或儿童现金激励款。或者你可能已经听说了，越来越多的全民基本收入（UBI）试点项目开始出现，当地居民获得了一笔无附加条件的现金补贴，用于支持他们的基本生活需求，补贴的金额通常在每月 500 ~ 1 000 美元。目前，这些项目正在部分地区实行，从韩国的农村到巴西里约热内卢的郊区，再到加利福尼亚州的斯托克顿。2021 年，伊利诺伊州的埃文斯顿成为美国首个向非洲裔居民提供现金赔偿的城市。这个群体以前在住房上遭遇歧视，因此无法从房屋升值中获得经济收益。无论是临时救济支票、全民基本收入项目，还是现金赔偿，这些经济政策在以前是不可想象的，如今却变得更具开放性，而且可能还会引发许多令人惊讶的激励措施，例如感谢日场景中的激励，由政府支付，但通过个人来赠予。

此外，我们所说的“基层工作”与我们支付基层工人的薪酬是不对等的，这越来越令人沮丧。有些人从事着最重要的工作，也就是在新冠疫情期间不能停止的那些工作，却没有获得最高薪酬的补偿。我们可以为这个问题想象一种更加传统的解决方案，例如州政府或联邦政府可以决定，为所有收入低于某一数额且酬不抵劳问题最严重的基层工人免税。或者我们也许会看到，地方、州或联邦为基层工作者制定的最低工资将显著提高（坦白讲，这个解决方案可能比你刚才考虑的场景要更好）。然而，感谢日作为一种虽然激进但非常有趣的解决方案还有另一个原因。用由政府支付但由个人赠予的现金来平衡一定的收入差距，这将有助于解决社会中的另一个潜在问题：我们脆弱的社会信任以及政治上的分歧。

根据皮尤研究中心发布的数据，有80%的美国人认为，自己的核心价值观与其他许多美国人的价值观存在着根本分歧，这种差异通常源于政党划分。在党派新闻、社交媒体以及根深蒂固的文化分歧的推动下，这种两极分化意味着，我们中的许多人已开始越发频繁地用怀疑或愤怒来看待他人，而不是带着共同的身份认同感和同情心去接触他人。一个全国性的感谢日和全民现金转账能否有助于弥合这些分歧呢？

你可以把感谢日看作一个和解的过程，其目的是提醒人们，无论我们持有什么样的政治观点，我们都拥有共同的价值观，而且我们都受益于基层一线劳动者。它可能不会产生明显的社会治愈效果，但我们在此探索的是这项政策最初产生的原因，以及为什么它可能会在未来出现。当前的事实是，保守派和进步派的政策智库都已开始提倡用实验性的方法来缓解两极分化。所以,也许感谢日这样的想法有机会被纳入未来的某个全国性的“大和解”计划。

最后，不妨考虑一下：在调查中，反对政府发放现金补贴的人给出了一个常见的理由，即“这些钱可能会流向那些并不需要或没资格得到它的人”。例如，在路透社对美国人开展的一项大型民意调查中，52% 的受访者指出，政府没有为缺乏经济保障的人提供足够的帮助，然而在支持政府发放更多援助的同一群体中，有 40% 的人表示，大多数获得现金补贴的人都没有资格得到它。这种矛盾的心理是由多种因素造成的：从缺乏对导致人们经济保障不足的所有原因的认识，到“白人比少数族裔群体更值得救助”这样的种族主义观点。作为未来学家，我知道，近半数支持政府现金补贴的人更愿意自己选择谁“值得”得到它。我之所以觉得感谢日这样的场景是可信的，而且会很受欢迎，部分原因就在于此。与此同时，这也让我想要知道，感谢日这样的制度会加剧并恶化哪些有害的偏见和歧视。

游戏化洞察

感谢日是我们真正想要的未来吗？我认为，公平地说，它的潜在好处令人感到兴奋，而潜在的坏处也让人忧心忡忡。幸运的是，我们无须急切地为它的优点辩护，把它变成目前可以公开讨论的政策建议。这也是开启未来 10 年之旅的一个好处。我们可以秉承“强观点，弱坚持”的原则，做好重新考虑的准备，因为没人要求我们今天就做出无法更改的重要决定。

与此同时，认真地对待这个节日，想象一下你在庆祝它的时候有什么感觉，哪怕只有几分钟，也会播撒一粒创造性的种子。这粒种子会演变成现实可行的想法，例如如何用新的方式表达我们个人的感激之情。它或许还能让我们注意到，当前有些问题值得我们投入更多的集体创造力，例如从事最重要的基础工作的劳动者却缺乏经济保障。我们无须等待 10 年，就能充分利用从 10 年场景中得到的洞察。

场景的尾声是决策点和选择时刻

感谢日既不是要预测未来可能是什么样，也不是要论证未来应该是什么样。它是根据当前公认的事实，探索未来可以是什么样。在本书中，我们会反复地提及这个关键差异。未来场景应该是可信的，但不必是可行的，甚至根本不适合用来激发创造性思维和重要对话。

既然你已经体验了第一个未来场景，那么我就再进一步解释一下，为什么场景是提升想象力的有效工具。

游戏化洞察

大多数人发现，在基本事实充分的条件下去生动地想象未来，要容易得多。这就是场景的作用。当你在玩一个场景游戏时，大脑不需要完成场景构建的“语义”部分，那是你的海马尝试回答的问题，在未来合理的事物中，有哪些在今天不合理？在心理时间之旅中，人们通常就被困在这里，他们不知道如何开始想象一个具体的未来。场景可以为你解决这个烦恼。它对一个新的现实提供了基本描述，让你能直接跳到个人的部分，思考你在未来会做些什么，有什么感受。

场景的结尾是决策点，也就是选择时刻，有助于填补未来情景思维的另一个关键空白：机会检测，让你寻找机会并采取与自己的最深刻的价值观相一致的行动，从而帮助你实现最重要的目标。**决策点为你确定了第一个行动的机会，它确保你不会在自己的想法中迷失，而是会直接采取行动。**

并非所有的专业未来学家都会在自己的场景中设置决策点。我之所以这样做，是由于我从电子游戏产业学到了一些知识。专业的游戏开发者会告诉你，如果想让玩家一直玩一款游戏，你必须在开始的前几分钟给他们提供一个可以获得成功的机会。如果玩家在新游戏中缺乏明确的目标，那就无法像有目标的人那样获得乐趣。如果玩家不知道自己在游戏中能采取哪些行动，就不会停留太久。我发现，在思考未来时，也是如此。

开始想象未来时，如果我们在 1 分钟之内就有了一个明确的目的，即现在必须做出一个选择，那么，我们就会感到更加投入。当我们意识到“做出这个决定我会很高兴”，或“是的，我觉得自己真的会采取这个行动”时，我们会体验到一个充满动力的短暂时刻。这一时刻改变了我们与一个可能出现的未来场景的关系。我们开始对未来更熟悉，就像一个我们能找到方向、发现新事物、为别人提供帮助并实现我们的目标的地方。换句话说，未来开始变得像是一款很吸引人的游戏。

因此，当我创建新的场景时，我会像测试新游戏一样测试它们。我尽可能让更多的人来体验这个场景，确保人们能理解它，进而参与其中。我会问人们：思考这个问题有趣吗？你是否清楚未来的第一个挑战、障碍或选择是什么？你能否想出一个让自己感到满意的策略？

此外，我还会观察人们是否做出多个不同的选择，是否想出多个不同的策略。在任何一款游戏中，可能出现的行动和策略必须具有多样性；如果每个玩家都以同样的方式玩游戏，游戏很快就会变得无趣（想想井字游戏）。对未来场景而言，也是如此。我们的反应越不一样，就越能从彼此那里了解到未来可能或应该是什么样子。

在测试一个场景时，我还会观察是否有人会做出些令人惊讶的反应，这个反应是否会让我手足无措。在游戏中，玩家真的会做出一些让你完全意想不到的事情，这叫作“无意涌现”（Unintentional Emergence）。例如，在《我的世界》（Minecraft）中，玩家开始在虚拟世界里重建一个城市，建造可以运行的过山车、可以使用的吉他，甚至是量子计算机。作为一名游戏设计师，你会期待这些时刻，因为它们意味着你正在帮助人们表现并提升创造力。因此，当我收集人们对未来场景的反应时，我也在寻找惊喜，然后不断调整这个场景的细节，并用同样的方式对游戏规则进行微调，直到我确定它激发出深度的注意力和创造力，确定这个未来场景正在引导着人们走向一个值得想象的未来。

说到微调，当你用本书中的场景做游戏时，我希望你还要记住，如果你想换一种描述未来世界的方式，让它更可信或更值得期待，那就放手去改写它吧。例如，如果你认为感谢日场景中的某些细节会让这个政策失败，或者会导致意外的伤害，只需要重写它，以便让这个可能出现的未来变得更美好。场景和未来一样，永远不会“停滞不前”；改写未来场景，就是为改变现实本身而举行的一次彩排。

准备好开启另一段10年之旅了吗？让我们一起来想象另一个未来场景。

未来场景 2：“你看过小行星预测了吗？”

Imaginable

10 年后的周一早晨

你一觉醒来，出现在眼前的是一条突发新闻：联合国外层空间事务厅（United Nations Office for Outer Space Affairs）发布了最新的小行星预测。这个消息不太好。发生灾难性事件的概率已提升至 5%。然而就在上个月，这个数字还只有 1%。

撞击日期依然是 3 年后的 5 月 1 日。如果你需要准备什么，那么你有足够的时间。不过，依然有 95% 的概率是它不会发生。

科学家可以肯定的是，多家太空机构都已探测到，有一颗小行星正在接近地球。人们还不清楚这颗小行星的确切大小。它的直径可能只有 50 米那么小，也可能有 1 000 米那么大。好消息是在最坏的情况下，与 6 600 万年前导致恐龙灭绝的小行星相比，这颗小行星的大小只有前者的 1/10。人类能够在这场撞击后幸存下来。

坏消息是它的大小足以摧毁整个城市，最严重的后果是摧毁整个国家。

如果这颗小行星撞击了地球，没有人知道它到底会击中哪里。但科学家根据它目前的轨道，在地球周围确定了一个潜在的“撞击圈”。圈中的任何一个城市或国家都很危险，具体取决于在小行星撞击地球时它所处的位置。

你居住的地方就位于撞击圈里。

科学家和政府正在制订一个计划，尝试用激光、太空飞船甚至使用核弹让小行星偏离当前的轨道。这个计划会奏效吗？人们以前从未尝试过这样的计划。有些专家信心十足，但也有很多人在敦促撞击圈里的社区，如果发生撞击的概率继续升高，就要开始规划大规模的疏散和搬迁。

你忍不住会想自己应该在多大程度上认真对待这个预测？先不说整个国家，整个城市能否在不到 3 年的时间里完成大规模的疏散和搬迁？如果人们直到撞击前的几个月、几周或几天才开始撤离，会怎么样？人们需要留下哪些资源？要是人们不愿离开呢？你是否应该为撤离做好准备？你要去哪里？在得知最新的小行星预测，并为自己撤离的那天做准备时，这些问题都会在你的脑海中盘旋。

想象一下，你在 10 年后一觉醒来就听到了这个消息。尽可能清晰地描绘这个场景。你在哪里醒来，和谁在一起？你是怎么得到这个消息的？是你手机上的新闻推送，还是社交媒体上的热门话题？是视频直播,还是家庭成员分享的链接？总之,你有什么感觉？请记住，你填写的细节越具体，你的未来心理时间之旅就越有效。

当这个场景清晰地出现在脑海中时，你就要对这个未来做出第一个决定了。

选择时刻

听到这个消息后，你想和谁聊聊这个小行星预测对你意味着什么？你会召开家庭会议吗？还是会召开公司会议？你会不会向值得信赖的朋友或精神导师寻求建议？你会组织社区或校园集会吗？你要分享哪些想法？你要讨论哪些选择？

欢迎回到现在。既然你已经做出了自己的选择，那就让我们继续探索这个可能出现的未来。此时，我们还需要考虑一些其他问题。不妨让你的大脑在各种可能性之间漫游：

- 如果这真的发生了，你会经常想到小行星的预测，还是会尝试把它从你的脑海中抹去，并继续过正常的生活？
- 你认为，这样的预测会引起普遍的恐慌，还是大多数人对此都不屑一顾？
- 你会努力了解更多有关小行星探测及预防撞击的科学知识，还是把它留给专家？
- 听到这个消息后，你能否想象一下，自己或别人在未来几周或几个月里将采取哪些行动？
- 你认为这一预测的概率要达到多高才能让大多数人采取行动，并为撞击做好准备？50%？80%？100%？
- 让公众得知未来可能出现小行星撞击事件，是否会有风险？
- 你认为这种预测可能会带来什么样的积极结果？想象一下，它是否能为你自己的生活或整个社会带来一些好处？

我鼓励你认真思考这些问题，或是在阅读下文之前，跟其他人快速讨论一下这个场景。

“你看过小行星预测了吗？”这样的场景，是否会真的发生？当然。

联合国外层空间事务厅确实存在，他们与欧洲航天局和国际宇航科学院合作，每两年举办一次名为“国际行星防御大会”（Planetary Defense Conference）的活动（我有幸参加过 2021 年的会议）。来自世界各地的专家们会聚集在一起，讨论小行星和彗星对地球构成的威胁，并探讨能够采取哪些行动让有威胁的物体偏离轨道。参会者将讨论如何用最佳方式与公众分享有关潜在威胁的信息及研究。最让我兴奋的是，这个会议包含了一个为期一周的社会模拟，使用的场景跟你刚才想象的那个类似。参会者共同合作，分析一颗虚构的小行星的不断变化的数据，就地球应该如何应对提出了各种建议，并对此展开辩论。

你刚刚在以上场景中读到的所有内容，都是根据这些太空机构跟踪、研究、分析以及向公众提供的小行星威胁的预测。你如果愿意，可以自己查看美国国家航空航天局当前的百年小行星预测。在撰写本书时，[①] 他们正在追踪 21 个可能与地球相撞的近地天体。幸运的是，美国国家航空航天局指出，一颗小行星能撞击地球并摧毁一个城市的概率非常低：每年只有 0.1%。如果一颗小行星真的击中了地球，它会有 70% 的概率坠入海洋，有 25% 的概率降落在一个人口相对稀少的地区，而只有 5% 的概率会影响到一个真正的城市。几乎可以肯定，你在有生之年听到的小行星预测不会像你刚才想象的那样严重。然而，考虑到如果美国国家航空航天局真的发出了警报，会导致多么严重的混乱，生活会发生多么大的改变，难道你不愿意至少花一点时间，预先感受自己的焦虑并考虑对策吗？不管怎样，这对想象训练有好处。

这个场景背后潜藏着另一个更有可能发生的未来场景，实际上，大多数气象科学家都认为它几乎是不可避免的。由于日益严重的气候危机，许多国家和城市都可能需要在未来 50 年内重新安置全部居民。如果你把“小行星”改为“海平面上升”“全年的山火”或“人类生命无法承受的极端高温”，那么，你可以把这种场景出现的概率从 1/20 000 提升至接近 1/2。然而，即便在科学上有如此高的确定性，人类也没有迅速采取行动，为安全、和平、公平的大规模搬迁做规划。稍后，我们还会在本书中讨论这个话题，因为人们迫切需要用创造性思维来解决大规模气候迁徙的问题。根据联合国当前的

① 本书英文原版撰写时间为 2021 年，出版于 2022 年 3 月。——编者注

估算，有 1.5 亿至 10 亿人将面临以下问题：是坚守家园，继续尝试保护自己的土地免受气候威胁的影响，还是成为气候移民？随着海平面的上升，迈阿密、新奥尔良、哥本哈根和上海等海拔较低的城市可能会随之消失。一些考古学家、生态学家和气候科学家组建了一个国际研究团队，根据该团队在 2020 年开展的一项研究，非洲北部的大部分地区、中东、南美洲的北部、南亚和澳大利亚的部分地区，气候将会变得炎热，以至于“人类生命无法承受”。我们所有人都应该开始在自己的社区预先体验一次大规模的移民事件，以便让我们能做好准备，应对比我们当前经历过的移民及难民危机要严重得多的事件。

用想象帮助自己接受未来

你也许已经注意到，小行星的场景听起来更像是好莱坞大片中的故事背景，而不是一项长期的气候预测。这是有意为之，也是场景模拟的另一个好处。**为了说服我们的大脑努力去想象那些难以想象的未来，我们必须摆脱无聊、精神涣散或冷漠的状态，进入一种高度关切、好奇和注意力集中的状态。**虽然小行星撞地球的场景出现的概率远远低于大规模气候迁徙，但是更为生动，能帮助人们对危机展开想象。有个巨大的火球在太空中飞驰！一颗小行星以超过每小时 6.4 千米的速度移动！海平面每年以 0.3 厘米的速度上升，这比小行星的速度慢太多了。许多人已经学会了忽视“普通的”气候危机，与之相比，大多数人觉得小行星危机更令人激动（似乎也更可怕）。这颗小行星听起来就像是我们更应该迫切解决的问题。

在本书中，你将设想许多场景，与那些可能需要做好准备的实际未来相比，这些场景听起来会更具戏剧性。这是通过设计实现的。当我们面对更多极端情况时，我们的反应会更有创造性，也更愿意考虑用不同的方式做事。

戏剧性有助于提升大脑玩游戏的意愿。然而，把小行星场景作为思考气候危机的替代品，不仅仅是为了增强戏剧性，还可以帮助人们拉开一定的心理距离。因为对于气候危机这个话题，很多人要么完全不理会（因为他们觉得这不是一个严重的危机），要么在情感上感到精疲力竭（因为他们感到无力去阻止它）。当涉及小行星这一话题时，大多数人不会在心理上陷入困境，因为他们还没有真正足够深入地考虑过行星防御的问题，还没有对它形成强有力的固定见解。他们还没有接触太多有关小行星的演讲或游说，没有像我们应对气候变化那样，感受到任何“小行星疲劳”。小行星危机让人觉得足够新奇，离现实也足够远，让我们能安全地想象它，而不会感到焦虑或手足无措，也不会被困在我们之前拥有的假设中。

重点在于，我并不是让你欺骗人们去思考一些他们不愿思考的事情，尽管你也许只能用这样的方式让他们在真正紧迫的全球挑战中做到这一点，如果是这种情况，那我会说，这很合理。我在课堂上使用过这个小行星的场景，每次在我们用它之前，我都会向学生解释，它的设计宗旨是帮助我们思考如何应对气候危机。他们知道自己对此保持着心理距离，但他们依然可以从游戏中受益。

场景可以是我们从未期待能真实发生的未来，即便如此，它依然会发挥出不可思议的作用。但对我来说，小行星的场景已经切中了要害。此时此刻，我的家人们正在讨论气候迁徙。

我们住在加利福尼亚州的一个地区，这里很容易发生山火。我们发现，每年遭受山火困扰的时间越来越长。它意味着我们在两三个月内几乎不间断地收到撤离警告。它意味着我们需要把所有贵重物品放在前门旁的一个盒子里，以便在需要迅速逃离时能随身携带。它意味着会提前停电，以降低火灾风险（好处），但有时却让我们连续几天都断网断电（坏处）。这里的空气质量堪忧，含有大量的毒烟和污染物，以至于我们不得不把每个窗户和通风口都贴上强力胶布，就算在外面只待一分钟，都会损害我们的健康。

坦白说，这里不适合居住。但在一年中的其他时段，我们爱自己的家园、社区和附近的家人；所以就目前来说，我们依然难以想象要搬离这里。

我们尝试着去想象它。我们在脑海中留出空间，考虑一种非常真实的可能性，即由于极端的火灾风险，我们的家园和城镇将变得无法居住，不仅仅是我们的家庭，还包括整个社区。有些未来学家甚至更激进地指出，有能力的加利福尼亚州人将成为一种迁徙物种，为了避免一年一度的噩梦，每年都要迁徙到世界的另一个地方待几个月。

我曾尝试考虑过每年搬一次家。到目前为止，我们还没有想出任何一个让家人觉得切实可行的想法，我们也不确定是否能说服我们的大家庭和我们一起搬家。我们会继续想办法。也许有了远程办公和线上教学，我们就能让这个想法奏效。与此同时，我们正在倡导一些措施，让我们有可能留在野外与城市的交界处，例如，增加进出城镇的道路，以便在需要时让更多的人能安全撤离。我们将选票投给那些希望采取积极灭火策略并为此提供资助的政治候选人，比如，在高风险地带和居民住所之间建立一个缓冲区。我们为斯坦福大学伍兹环境研究所这样的机构捐款，该机构正致力于研究那些能让我们对未来充满希望的技术，例如，由天然材料制成的喷雾凝胶，就像每年为高风险植被接种“山火疫苗”一样。

我们之所以这么做，是因为越是生动地想象最糟糕的情况，我们就越有动力尝试阻止它发生。与此同时，如果我们有一天真的需要离开，如果我们所有人都不得不离开，那么，我们的家人会有更充分的心理准备，做出现在已经想象过的艰难决定，并能更好地帮助那些必须做出同样选择的人。

新冠疫情的发展更像是一个小行星的场景，而不是气候变化。与人类历史上发生的任何一个事件相比，它以更快的速度激发人类做出牺牲，让全球展开科学合作。这场危机的独特性，以及它接下来可能会在全球任何一个地方急剧恶化的事实，创造了一种紧迫感，一种尝试激进的集体行动的意愿。我们（至少在最初的几周和几个月里）没有时间将潜在的伤害或痛苦变为常态化。与之相反，人类对它的紧迫性做出了反应。

然而，还有其他可以预防的全球威胁，它们每年导致的死亡人数远远超过新冠病毒，而且我们或多或少都忽视了它们。比如，使用煤炭、汽油和柴油造成的空气污染，饮用被污染的水，交通事故。全球实施了哪些协同式紧急应对措施？这些威胁已经发展了数十年，我们中的许多人都已经把它们的影响视作常态了。我们甚至几乎没有尝试去想象一下，一个没有因污染和交通事故而导致每年数百万人死亡的世界会是什么样。与污染相关的死亡大部分发生在低收入和中等收入国家，车祸死亡率也是如此。较富裕的国家觉得已经逃离了这些持续性危机的“撞击圈”。也许，如果我们能开阔思维，透过新冠疫情的紧迫性和团结性来看待这些危机，我们也许会发现，这么多看似无法解决的问题实际上是可以解决的，而且可以很快解决。

你能否想象，如果全人类，包括政府、科学家、学校、大大小小的公司，每年都用应对新冠疫情时的紧迫感、创造力、团结和牺牲的精神，来应对不同的全球挑战，那会获得怎样的成就？让我们至少试着想象一下。

在本书中，你将有机会体验 12 个未来场景。其中，有一些场景的目的是再多营造一些“小行星式的紧迫性”或是应对新冠疫情时的团结性，因为我们中的许多人似乎不再为危机而担心了。我希望它们能启发你重新思考，在未来 10 年里，我们如何能迅速又有效地为所有人创造一个更美好的世界。

想象训练
Imagination Training

规则 3：体验未来场景

想象一个具体的未来场景，开启一段心理时间之旅。在这个未来场景中，至少有一件事与今天存在着显著的差异。在体验未来场景时，暂时搁置你的怀疑，让自己保持相信的状态。接受一个戏剧性的极端场景，从而提升你的创造力和思维的开放性。找到一种间接方法，用它来想象那些你不愿意去想的未来。邀请其他人和你一起来体验这个场景，从而让你拓展自己的想象，并从别人的角度来感受未来。

04

IMAGINABLE

针对未来提出一开始显得荒谬的想法

人的思维会时不时因新想法或新感觉而得到拓展，而且再也不会缩回以前的状态。

——老奥利弗·温德尔·霍姆斯（Oliver Wendell Holmes Sr.），诗人、医生

任何一个被你本能地
视作不可能或离谱的场景，
都会揭示你想象中的
一个潜在盲点。

未来场景的想法来自哪里？如果你想描绘一个尚不存在的世界，你会如何开始？

能够想象专业未来学家想象出的场景是一回事，但自己发明“难以置信”的未来场景，则完全是另一种创造性挑战。我想为你解锁这个创造性的过程。它始于未来学家所熟知的达托定律（Dator's law）。[①]

达托定律对于未来思维如此重要，如果你来我们的未来研究所参观，会发现我们把它喷绘在前窗上：

① 达托定律以吉姆·达托（Jim Dator）的名字命名，他是未来思维的创始人和领军人物之一，最知名的成就是在夏威夷大学马诺阿分校政治学系创建了世界上首个未来研究博士项目。经过 40 年的未来研究教学及科研，他在 2007 年发表了名为《未来研究是什么，不是什么》（*What Futures Studies Is, and Is Not*）的文章，阐述了自己的“未来定律”。

任何一个有关未来的有用观点，一开始都显得荒谬。

等一下。任何一个有关未来的有用观点，一开始都显得荒谬，这到底是什么意思？

我们很容易为与今天相似的未来做准备，因为那些未来“讲得通”，似乎是正常且合理的。而那些奇怪的东西会让我们手足无措。也正是这种可能性会让我们说，“这太荒谬了，永远不会发生”，或者“我甚至无法想象”。我们需要花时间认真对待这些可能性。因为这些可能性一旦成真，它们将最令人震惊、最具破坏性和挑战性。

想象一下，假如让你在2019年底思考以下问题：在不久的将来，几乎所有国家都会关闭并封锁自己的边境。10亿儿童不再去学校上学，而是在家里完成所有的学习。4亿个工作岗位将被视作非必要工作，并且几乎在一夜之间消失。拥抱一下奶奶，就会违反法律（我住在加利福尼亚州，由于社交距离的相关规定，2020年的大部分时间都是如此）。在2019年，当你初次听到这些想法时是不是觉得很荒谬？但几个月后，它们变成了现实。如果在新冠疫情实际暴发前，多给你几个月的时间来想象一下新冠疫情封锁会对自己产生哪些影响，那么，你将如何做练习或做准备？你能更好地帮助谁？

游戏化洞察

正是由于这种“难以想象”的可能性，我们才需要准备好我们的集体想象，以便真的发生这种情况时，我们不会被焦虑困扰，或是被我们的旧方法束缚。好消息是，我们只需要开始主动接受那些挑战我们固有思维的信息，即我们认为的能改变什么以及不能改变什么。这恰恰是达托定律鼓励我们去做的事。

它看起来似乎是一个悖论，但正是因为这个未来场景看起来荒谬，它才会有如此大的用处。**任何一个被你本能地视作不可能或离谱的场景，都会揭示你想象中的一个潜在盲点。**我并不是说，你现在就应该用自己所有的时间为那些可能发生也可能不会发生的疯狂的可能性做准备。对于一个有用的未来场景而言，它一开始显得匪夷所思、不可能发生或难以理解。一开始，它很荒谬，但你越想越觉得有道理。这是达托定律中关键的后半部分。一个有用的未来场景就像一个提示，你可以以此展开进一步的调查。你发现，只要看看新闻和自己的社区，就能在今天已开始发生变化的情况中找到证据，对大多数人来说，这些变化很容易被低估或被忽略。

游戏化洞察

对未来提出一开始听起来十分荒谬的想法意味着你要睁大双眼，这样才能为新的和出人意料的可能性收集证据。这意味着你要全神贯注，以便能更快地发现变化的预兆，并能就即将发生的事向其他人发出警示。要做到这一点，你还需要找到一种欺骗大脑的方法，让你的大脑注意到它通常会忽略的东西。

那么，你应该如何培养这些技能呢？为了帮助人们更好地提出一开始听起来十分荒谬的想法，我在未来研究所设计并测试了许多方法。结果，两个最有效的训练方法都是头脑风暴游戏，当你和别人一起玩时，效果最好。学习如何玩这些游戏，这样你就能提出自己的荒谬的创意，这是构建你的未来场景的第一步。当你掌握了规则的窍门以后，可以邀请他人和你一起对未来开展头脑风暴。

寻找证据证明一切皆可改变

本章，我们要玩一个名为《难倒未来学家》（Stump the Futurist）的游戏。

我来扮演未来学家。你试着刁难我。

你的目标是列出一些在未来10年无法改变也不会改变的事。关于当今世界的运作方式，你认为有哪些是合理的，而且至少在10年后仍然是合理的？例如：10年后，政府仍然会要求公民纳税。10年后，汽车仍然会有轮子。10年后，狗依然是最受欢迎的宠物。10年后，地球上的大多数人依然拥有并使用手机。在往下阅读之前，花点时间至少写下一个无法改变的事实。我鼓励你把它写下来，因为我们稍后会试着证明你是错的！

在讲授“如何像未来学家一样思考”这门课时，我第一天就给学生们布置了同样的任务。“开始吧，”我说，“有哪件事是你百分百相信在10年后完全不变的？”我从学生那里听到最多的两个答案是：“生孩子需要一个男人和一个女人”和“人类永远需要呼吸氧气”。有道理！

无论他们提出什么样的想法，我都会把他们的主张分享给我在研究院的同事们，大家一起努力证明他们是错的。我们寻找线索，证明那些看似无法改变的事实实际上也许正在改变。你知道吗，就在我第一次玩《难倒未来学家》几周后，就出现了这条《独家报道：世界首个拥有“三个父母”的婴儿诞生了》的新闻。这篇来自英国的新闻描述了一种名为“原核移植”的实验性生育治疗方法，它将两个女人和一个男人的遗传物质结合起来，孕育出一个婴儿。当前，它主要被用来避免将父母的遗传疾病传给下一代，而且只在少数几个国家合法。然而，已经有婴儿通过这种方式出生了，这意味着，人类繁衍只能通过结合两个人的基因物质来实现的这一基本事实已被改变。

作为未来学家，我不禁开始考虑这个线索的意义。目前，“三个父母”的生育疗法罕见。然而，我们能否想象这样一个未来：人们生孩子时的默认偏好是用三个人，而不是两个人？不，我认为这是个不可能出现的场景。但我真的很喜欢它拓展思维的方式。我愿意尝试去理解，一个未来家庭为什么会想让自己的孩子有三个父母。一个拥有“传统三亲家庭”的世界会是什么样子？如果每个人都有三个父母，那么照看和养育孩子的角色会如何演变？从单亲家庭到未婚父母共同抚养，再到混合家庭，家庭结构的多样性已有了显著提高。将生育结构改为三个父母，让很多婴儿有两个生物学母亲和一个生物学父亲，将为当前的家庭结构增加一种新的可能性。

在想象它时，如果你觉得自己的大脑在强烈地抵制这种三亲婴儿的可能性，如果你讨厌它，觉得它荒谬，或者你因为道德或伦理方面的担忧而生气，那就太棒了！你已经找到了一个合适的场景，它将帮你练习如何获取那些让你觉得不舒服的信息。这是一种重要的想象训练技能。

在我第二次尝试在课堂上玩《难倒未来学家》时，出现了另一个线索：剑桥大学的研究人员正在研究如何用两个同性父母的遗传物质来生育婴儿。当时，这对我来说真是个重大新闻。虽然还没有以这种方式出生的婴儿，但科学家们似乎乐观地认为，凭借干细胞和基因编辑的方法，他们能在 10 年内实现只使用两个男性或两个女性的遗传物质就能培养一个胚胎，不需要异性的遗传物质。

当我第三次玩《难倒未来学家》时，这种情况已经发生了：科学家已经凭借干细胞和基因编辑技术，用同性小鼠成功地培育了健康的幼鼠。有两个雌性小鼠为幼鼠提供了基因；没有任何雄性小鼠为这只幼鼠提供任何形式的遗传物质。就这个“无法改变的”未来而言，它的发展速度甚至比我预期的还要快。

我最近在玩《难倒未来学家》的时候，甚至出现了更多的变化：现在，科学家正在谈论从零开始创造生命，使用人造子宫，没有卵子，没有精子，根本不需要传统意义上的父母！后来在 2021 年初，以色列魏茨曼科学研究院（Weizmann Institute of Science）的研究人员透露，他们已经能够从妊娠 5 天的小鼠子宫中剥离胚胎，这大约是小鼠完整妊娠期的 1/4，然后将其在人工子宫中培养 6 天（由于伦理方面的原因，科学家们中途停止实验，没有将胚胎培养到足月）。他们的成就提出了一系列深刻的问题：人类是否、何时以及为什么会决定探索这样一种生育方法，即先缩短自然妊娠期，再使用一个较长的人工妊娠期。

人工子宫的概念让很多人感到恐慌，他们认为这违反了生命的自然秩序。如果你的反应也是这样，那么，这项技术的大多数研究人员发表的公开立场也许会让你松一口气：之所以研发这项技术，只是为了帮助发育极端不足的早产儿，而不是将其作为传统妊娠的大规模替代品。然而，正如我们在人类历史上多次看到的那样，一项技术被人们采用时，往往会超出其创造者的主观意愿或预期方式。尽管数量不多，但有些研究者正在公开讨论，长达 9 个月的妊娠期会给女性带来生理、心理和经济上的损失，若能够让女性从中解放出来，会有哪些潜在的好处。

有些人愿意认真对待这个荒谬的想法，对他们来说，它开启了一场重要的对话：是否有很多或一个女性想要用这种方式在体外孕育婴儿，如果是，原因是什么。此外，这一想法还让我们有机会在把这项技术应用于人类之前，去预测伴随着它的正面价值一起出现的负面的可能性。例如，因有吸毒或酗酒史而被认定为“高风险”的母亲，会被迫违背自己的意愿，在体外孕育婴儿吗？那些考虑堕胎的妇女，是否会被要求向国家授权，将胚胎培养到足月，然后再将孩子送给他人领养？我们最好现在就开始讨论这些潜在的后果，至少还有 10 年的时间来影响相关的政策和监管。

在收集到这些有关人类繁衍的未来线索后，我和学生们越来越好奇这种研究的动机。为什么人类想在不用卵子和精子的情况下，从零开始创造生命？科学家因为感知到了哪些需求或愿望，才说服自己去研发这些技术？我们最终发现，根据很多研究人员的预测，人类的生育能力将在未来几十年显著下降。

生殖流行病学家已发现，在过去的 50 年中，全世界男性的精子总数下降了 50% 以上，精子携带的 DNA 也日益受损。在过去的 20 年里，女性的流产率也逐年上升。为什么呢？因为塑料、电子产品、食品包装和其他日常用品中的化学物质干扰了激素，改变了我们体内睾丸激素和雌激素的自然水平。另一个导致生育率下降的因素是，人们暴露于各种空气污染中，从工业排放到山火烟雾。男性似乎受到了更大的影响。如果这些趋势持续下去，10 多年后，人工生殖技术也许就不只是一件怪事，而是一种必需品。

未来，你可以在没有男人或女人的情况下生孩子，这是个听起来十分荒谬的想法，但我认为，它实际上是有用的。它让我们注意到正在危害人类健康的趋势，让我们现在就能针对这些趋势采取一些措施，例如，禁止使用对激素产生影响的化学物质，或至少不要让它们进入我们自己的身体和家中，并采取降低有毒空气污染的措施。它为我们指出了传统的育儿及家庭教育的替代方案，这也许能帮助我们获得社会的、心理的和经济的利益，甚至不仅限于生育方法。这个听起来荒谬的想法为我们提供了一个机会，让我们在新技术被广泛应用并变得难以控制之前，就解决与其相关的伦理问题。就像所有有用的未来想法一样，它会让我们更清楚今天需要做出哪些决策。

每当一节课结束时，我都会请学生和我分享他们最大的顿悟时刻。特蕾莎（Teresa）在巴西政府工作，她在 2021 年参加了我的网络课程，我们发现了一些未来生育的线索，这些线索给她留下了深刻的印象。我征得特蕾莎的同意，在此跟大家分享一下她的顿悟时刻：

> 我来自一个宗教氛围浓厚的家庭。当我第三次流产时，我被告知这是上帝对我的安排。我并不这么看。我和丈夫想尝试一下试管婴儿。但我们的教会不接受试管婴儿。所以我们一直在犹豫该怎么办，十分为难。
>
> 为了工作需要，我参加了未来思维课程，也许这也是上帝的安排。它帮助我想象自己未来的生活，其中，为生孩子而寻求帮助是正常的。在我的想象中，它发生在10年后，我选择不使用试管婴儿。结果，我们一直没有孩子。未来的我感到非常生气，因为我被迫放弃自己想做的事。
>
> 我意识到，我不想在未来醒来后看看周围，才发现，哇，现在人们为了生孩子可以做任何极端疯狂的事，但我却连试管婴儿都没有尝试过。我真的能感觉到自己将来会特别后悔。我完全可以肯定，在未来，我们不会因为这么做而被人评头论足，在未来，人们能更容易理解并接受它。所以我们决定向前看，打算尝试试管婴儿。我不需要等到未来再获得许可，我现在就允许自己这么做。

你也许没有想过将来要一个孩子，更不用说生一个有3个父母的孩子，一个“从零开始”的孩子，或者一个在体外孕育的孩子。但重点在于，要关注这些线索。**这种思维习惯会一直挑战你认知里面关于什么会改变或者什么不可能改变的信念，它会积极寻找证据，证明一切皆可改变，哪怕是在进化史上被所有人视作真理的东西。**它为你奠定了一个强大的基础，让你能够更快察觉任何一种变化，从而更快地适应变化，并准备更有效地帮助他人。

对《难倒未来学家》这个游戏来说，还有一条更重要的规则。当我和学生们一起玩这个游戏时，我们会讨论我收集到的所有证据，然后我会让他们投票决定是否被我说服了：10 年后，这个“无法改变的”事实是否会有所不同？我可以很自豪地说，我很少被一个真正无法改变的事实难倒。我可以让大多数学生开阔思维，让他们相信未来 10 年一切皆可改变。这也是你要培养的技能。

那么，让我们再试一次。10 年后，还有哪些东西会发生变化？有个答案差一点就难倒了我，一个学生指出：“太阳每天都会东升西落。”是的，很难想象这样一个事实会发生改变！然而，当我们不知道某个特定的未来会是什么样子时，我采用了所有优秀未来学家的做法：我开始在谷歌上搜索“日落的未来”。我在查找近期的新闻报道、科学论文以及在社交媒体上讨论过这个问题的专家。

我很快发现，有证据表明，有些人认为日落在未来可能真的会发生改变。有些人可能很快就会生活在一个并非每天都有日出和日落的世界里，至少不符合我们对地球上“一天”的标准定义。任何生活在火星上的人都必须等待一天（至少是地球上的一天）以上的时间，才能看到日出或日落，因为在火星上的一天比地球上的一天稍微长一些。美国国家航空航天局的火星探索机器人拍摄了火星上日出日落的视频和照片，我兴奋地把它们带到课堂上。看吧！这就是证据，能证明日落在未来会变化。

“等一下。”他们说道。10 年后，究竟谁会在火星上观察太阳用不同的方式升起？这到底是个一开始显得荒谬的想法，还是一个纯粹荒谬的想法？

我们开展了更深入的调查。原来，有很多太空企业家都在尝试开发这项技术，以便帮助人类尽快在火星上定居。最著名的是埃隆·马斯克（Elon Musk）和他的 SpaceX，而且至少还有 13 家其他企业与美国国家航空航天局合作，努力让定居火星成为现实。与此同时，美国、中国、日本、俄罗斯、印度和阿拉伯联合酋长国，都开展了针对这颗红色星球的无人设备研究项目，想要在21世纪30年代将人类送上火星。与此同时，马斯克在2019年预测："如果我们在5年内开始动工，那么到2050年，我们就会在火星上建成一座自给自足的城市。"此外，阿拉伯联合酋长国也表示，希望到2117年能建成一座容纳60万居民的大型火星城市。这远远超过了10年的时间。但如果第一次前往火星的载人任务始于21世纪30年代，那么至少有人很快就能生活在"日落的未来"之中。

此外，火星绝对是个一切都可能不一样的地方，不仅仅是日落。为了在这个红色星球上生存，我们需要重塑社会：我们如何吃饭，如何组织社区，如何投票，如何生活。马斯克和亚马逊的创始人杰夫·贝佐斯（Jeff Bezos）都曾公开表示，他们对能够重新思考治理及法律问题而感到兴奋，并把这个新的定居星球视作一个实验和重新设计文明的机会。我觉得这是一个最佳理由，不仅对太空企业家而言如此，还能让更多的人开始认真思考火星上的生活。说到底，我们希望由谁来为子孙后代重新想象并重塑文明呢？是能认真对待火星定居点的少数幸运儿，还是我们所有人？

我个人并不打算在火星定居，也不确定是否会因为孩子决定自愿前往太空定居而高兴，老实说，我已经在为30年后的那场谈话做准备了，并且试着想象自己是一个支持孩子决定的家长。然而，我想我能用我的想法帮助人们塑造一个全新的社会，能帮助后辈想象一个更平等的未来。我不会因为无法踏上火星的红土地就什么也不做。现在就开始担心几代人在另一个星球上的平等、安全和机遇，也许会很荒谬，因为今天就有如此多不公正的事正在发生，影响着为数更多的生活在地球上的人。但谁能说我们针对火星提出的想法不会带来启发，让我们现在就尝试一种新的解决方案呢？在未来研究所，我们建立了一个专门用来研究未来治理的实验室。我们当然已经发现，当人们为了给一个虚构的未来国家或另一个星球创造一部新宪法，而用远焦视角去想象当前制度中“无法改变的”现实时，人们更容易用创造性的方式思考变化。

2022年，为了让自己更了解这个话题，我参加了一个为期4天的线上会议，主题为“外星的自由制度”（The Institutions of Extraterrestrial Liberty）。天体物理学家、经济学家和政治学家齐聚一堂，讨论哪种组织方式能最有效地保护我们的自由，并有助于推动太空中的人权。这次会议提前进行了大力宣传，免费向公众开放。如果你不经常寻找有关未来的线索，你也许不会发现这样的机会特别多，只要到场，就能参与令人茅塞顿开的对话。当我开始寻找事物将在未来10年发生变化的证据时，最喜欢得到这种意外收获：我发现一个研究变化的社区，不仅现在就能向他们请教，而且还能参与其中。

还有谁会提出关于火星生活的新想法呢？有企业在戈壁沙漠开设了一个火星模拟居住区，它是地球上与火星最相似的地方之一。参观教育设施的游客有机会获得身临其境的体验，并试着解决自己在火星上可能面临的问题，例如食物供应和发电问题。让我着迷的是，我们现在有了第一代年轻人，他们可以期待真的有机会生活在另一个星球上。如果人们相信他们能在地球之外生活，那会产生什么样的社会影响和心理影响？

就算我们永远无法到达火星，这种努力本身也会改变它对人类的意义。研究人员已经开始研究基因编辑的方法，从而让人类能“适应火星”。在他们的愿望清单上，排前几名的是能消除导致身体出现异味的基因（对于长期封闭在小型宇宙飞船中的人来说，这一点非常重要），保护细胞免受辐射的伤害，帮助人们在食物和氧气极端短缺的情况下生存。当科学家尝试对准备前往火星的人类进行基因编辑时，你想象一下，如果我们中的一些人不再需要常规的食物或氧气，那么，地球上的经济和生活方式会遭到怎样的破坏？我想说，如果你每天不吃东西或者不呼吸氧气也能生活很长的时间，除了去火星，你还会做些什么？这意味着，未来的一切都可能跟现在不一样。甚至包括太阳升起的频率，以及人类是否需要持续呼吸氧气。

游戏化洞察

有关未来的想法之所以有用，是因为它能帮助我们在挑战出现之前就做好准备；或是因为它给我们赢得了时间，可以试着预防危机；或是因为它开阔了我们的思维，启发我们在今天的生活和社区中做出改变。此外，这些想法有用的另一个原因是，它们激发了我们的创造力和创新的火花，尤其是那些一开始显得荒谬的想法。它们帮助我们思考自己以前从未想过的事物，也许是从未有人想过的事物。这也许是我喜欢谈论火星未来的最大原因。我看到它激发出人们强大的创造力，否则，人们将被困于自己的学习、职业或艺术实践中。

卡娅·安特莱耶（Kaja Antlej）就是个很好的例子。她是澳大利亚迪肯大学工程与工业设计专业的青年教授。她擅长使用虚拟现实和 3D 食物打印这些新技术为博物馆参观者创造交互体验。在我们课上玩过有关火星的游戏后，她意识到，这些技能可以用来创造未来的太空旅行及太空定居。“今天，我为博物馆设计交互体验，但我下一步的职业规划是为太空设计交互体验，”她最近对我说，“我感兴趣的是，能激发好奇心和创造力的平台如何为执行长期任务的宇航员和太空旅行者的情感、心理和身份需求提供支持。”多么新颖的想法啊！我自己从未想象过，在太空旅行中，人们会经历极端的隔绝及身体限制，为了满足这部分人特殊的社交及心理需求，要开始设计媒体、游戏和沟通方式。它让我充满好奇，是否可以用类似的想法改善其他群体的心理健康和情感幸福，无论是在家里或卧室里度过漫长时间的慢性病患者，还是使用辅助生活设施的人，或是被监禁的人，他们的运动能力或活动空间都非常有限。卡娅可以创造一个全新的设计及艺术实践的领域。一个领域的开拓者就是这样产生的。而且我也一次又一次地看到这种趋势：一开始显得荒谬的想法，有时更容易让你实现创新，帮你想象新的产品、服务、商业和艺术形式，因为只有极少数人会思考并为这些“难以想象”的未来做准备。而你先有了这些想法。

卡娅不仅思考了这种可能性，而且还付诸了行动。“我已经参加好几次虚拟空间会议，并完成国际空间大学为期 5 周的南半球空间研究项目。”她告诉我。她还带领自己的学生们踏上她的创作之旅，“我给学生们布置了空间设计作业，他们目前正在为月球和火星设计一个空间站酒店和居住地。”

得知这个消息，我很开心，一次简短的心理时间之旅能为学习与创新创造一条全新的路径。你永远都不知道，一条有关未来将如何改变的线索会在什么时候成为改变你自己的未来的线索。

认真地想象未来危机

你准备好再次挑战自己的想象了吗？让我们再花点时间，讨论一个一开始看起来显得荒谬的想法。

想象一下，10 年后，人类将经历一场真正严重的生育危机，我们需要考虑采用一些技术干预措施，而这些措施在以前是难以想象的。有不少反乌托邦小说能帮助我们想象这样的危机。从玛格丽特·阿特伍德（Margaret Atwood）的《使女的故事》（*The Handmaid's Tale*）到奥尔德斯·赫胥黎（Aldous Huxley）的《美丽新世界》（*Brave New World*），再到电影大片《人类之子》（*Children of Men*），我们全面设想了大规模生育危机导致的噩梦般的后果：奴役年轻女性，通过基因工程来组建一个由完全相同的“完美”的人组成的社会，创造暴力极权国家。似乎人们真正缺乏的是一种努力，即努力用切合实际的方式去想象，全世界为了应对紧急生育危机，会做出怎样深思熟虑又合乎伦理的反应呢？

我想认真讨论一下一些重要的生殖流行病学专家发出的警告，沙娜·斯旺（Shanna Swan）就是其中之一，她是纽约市西奈山伊坎医学院（Icahn School of Medicine at Mount Sinai）的环境医学及公共卫生专业教授，她曾写道：

> 目前的生殖问题不能再持续下去了，否则人类的生存将会受到威胁……有些人否认这个问题的现实性和严重性，而另外一些人则耸耸肩，说地球人口过剩……从某种程度上看，精子数量下降的问题就像40年前的全球气候变暖现象，虽然被报道过，却被否认或忽略……现在，至少大部分人认为，气候危机是一个真正的威胁。我希望，我们面临的生殖问题也会出现这样的转变。科学家对这个威胁的看法越来越一致。现在，我们需要公众认真地对待这个问题。

认真对待未来危机的第一步是，认真地想象它。

如果我们真的需要解决这个问题，而不只是讲一些反乌托邦的故事，那我们还应该采取哪些看似合理的行动？我们愿意尝试什么样的技术解决方案？我们愿意接受什么样的社会干预？

也许我们永远不需要找到答案。有关精子数量和精子质量下降的长期影响，以及它是否算得上是一场真正的危机，科学界一直在对此进行着激烈的辩论。有些研究人员认为，即使大多数男性的精子数量“低”至数千万，也不是问题，因为生一个孩子不需要那么多的精子。还有人指出，众所周知，科学家在 50 多年前第一次开始追踪精子数量时，数值高得不正常；也许现在只是回落到数百或数千年前的正常水平。如果风险只是被夸大了，那我们现在应该投入多少精力来想象一场假设的全球生育危机呢？

对有些场景来说，它们发生的概率很低，但如果真的发生了，就会对社会造成很大的影响，未来学家用一个专门的术语来命名这些场景，它们被称为高影响、低概率事件，简称为 HILP 事件。是的，大部分未来学家会告诉你，顾名思义，认真想象高影响、低概率事件非常重要，例如小行星撞击地球，因为低概率会让人们忽视它，进而由于准备不充分而导致灾难性的后果。想想看，人们在 2020 年以前的战略预测词汇表和教科书中列出了一些高影响、低概率事件，其中一个标准案例就是：传染病。

下面的场景并不是预测即将要发生什么，也并不是为万一发生什么而提供建议，而是准备对高影响、低概率事件进行集体想象：如果当前的生育危机像新冠疫情那样严重，并蔓延到全球，那么，我们愿意考虑哪些激进的做法？

未来场景 3：全球精子紧急激励项目

Imaginable

10 年后

它终于发生了。就在科学家呼吁开展紧急行动的几个月后，全球精子紧急激励项目（Global Emergency Sperm Drive）将于今天启动。

世界各地都在鼓励 60 岁以下的男性捐献自己的遗传物质。不是为了今天孕育孩子，而是为 30 年、40 年、50 年甚至 100 年后的人生孩子做准备。

这个事件的转向有些令人震惊。是的，世界各地的精子数量几十年来一直都在下降。但在大多数国家，干扰激素的化学物质已在多年前被禁用。科学家预测，生育率下降的情况很快就会自行逆转。然而，精子的数量和质量仍在持续下降，而且流产率依然在上升。几乎每个国家的出生率都至少下降了 30%。

因此，生殖流行病学家敲响了警钟：人类必须紧急收集并冷冻尽可能多的精子，从而避免最糟糕的情况发生。他们说，如果没有紧急精子库，我们最终就会在一个几乎没有孩子的星球上迅速迈向老龄化。

据 Facebook 发布的数据，目前已有超过 5 000 万名男性向全球精子紧急激励项目捐献了精子，Facebook 正在协助捐赠人参与。但科学家指出，捐赠人数至少需要达到 2.5 亿，才能保证有足够的高质量精子，从而为未来几代人提供保障。

今天给人的感觉，就像是一个重要的选举日。为了鼓励人们参加精子激励项目，上班族享有带薪休假。人们自愿免费开车送他人去捐赠中心。为了提升社区的捐赠率，著名的运动员、演员、音乐家和其他名人已经开始分享带“我已捐赠”和“未来父亲”贴纸的自拍。组织者已承诺，要努力确保捐赠的公平性以及充分的基因种类。“收集人类的全部基因并保证它们的多样性非常重要。”社区对外发言人指出。但人们越来越担心，那些代表性不足的群体可能会在捐赠中面临结构性障碍，而那些在历史上曾遭受歧视和虐待的种族也不太可能信任政府和医疗界。

科学家正在尽最大努力建立人们对精子保存工作的信任。他们表示，除非全球人口替代率低于平均每名育龄妇女生育 0.5 个孩子，否则不会使用储备精子。按照这个速度，用不了几代人的时间，全球人口将从约 90 亿减少到 15 亿。然而，阴谋论依然在社交媒体上肆虐。“虚假的紧急情况”成为热门话题，“这种遗传物质的真正用途是什么？”之类的视频像病毒一样快速扩散。甚至对相信危机存在的人们来说，捐赠者同意书上的细则也令人侧目。它要求捐赠者授予“全球紧急精子库永久的、不可撤销的权利，它能使用或复制你的遗传物质，用于在世界任何地方无限制地创造新生命”。这一切都让你质疑：这是最后一代的亲生父亲吗？

想象一下，你正在经历人类历史上这个奇怪的时刻。有史以来的第一个全球精子紧急激励项目正在进行中。你将如何应对这场危机？你会向谁寻求可信的信息和建议？

选择时刻

如果你具备捐献精子的生理能力：你是否会把自己的遗传物质捐赠给全球紧急精子库？为什么？

如果你不具备捐献精子的生理能力：你想对向你询问建议的男性好友和家人说些什么？是鼓励他们还是劝阻他们捐赠？为什么？

如果你不确定，你需要用哪些信息或谁的意见来帮助自己做决定？

欢迎回到现在。既然你已做出选择，那就让我们继续探索这个可能出现的未来场景。此时，我们还需要考虑一些其他问题。让你的思维在各种可能性之间漫游：

- 10 年后的生育危机对你或你爱的人会有哪些影响？
- 是什么因素让你能信任一个使用你的遗传物质（精子、卵子、DNA 或其他东西）的群体？在如何使用这些材料方面，你需要对方做出什么样的保证？
- 在这个未来，你会有哪些道德和伦理方面的担忧？你能否想出一个解决这些问题的办法？
- 如果 50 年后需要使用紧急精子，应该如何分配？女性是否会像今天这样选择捐赠者？她们能得到多少捐赠者的信息？应该由谁来制定这些规则，是政府、科学家、医生、一个独立的伦理委员会，还是通过全球投票？
- 如果有好几代的男性都没有能力用自己的精子来生孩子，你认为家庭生活是否会发生显著的变化？在一个只有亲生母亲而没有亲生父亲的未来，夫妻关系和养育子女会是什么样？
- 用 1 ～ 10 来打分，你如何评价这个场景的舒适度（1 是极度不适，10 是极为舒适）？

这个场景真的会发生吗？事实上，科学家已经在做出努力，他们通过建立地下安全屋，来防止地球上长期以来的物种减少问题的恶化，以便为未来保存遗传物质。“冷冻方舟”（The Frozen Ark）创立于 2004 年，这个名字是在向《圣经》中的诺亚方舟致敬，它是一家总部位于英国的慈善机构，与世界各地的动物学家和环保人士合作，收集并保存濒危物种的 DNA，目前已有 35 000 个品种。这种做法被称为“濒危动物生物样本库”。

2021 年，生物样本库有了巨大的进展，“自然安全”（Save Animals from Extinction，SAFE）诞生，这是位于英国什罗普郡的一处专用设施，用于储存濒危动物的卵巢和睾丸组织。“自然安全”的科学家们已明确表示，这个生物样本库不仅仅是为了保存物种的完整基因史，他们的目的是，有朝一日能解冻这些材料，用它来完成孕育，从而让濒危或灭绝物种再次繁殖。

被保存起来的不仅是动物样本。千年种子银行（Millennium Seed Bank）也位于英国，它成立于2000年，为未来保存了来自全世界的超过24亿粒种子。这些种子被储存在零度以下的地下保险库里，保险库能够抵御洪水、炸弹和辐射。目前，他们已成功地保存了世界上10%以上的植物样本，其中有12种植物在种子银行开始收集工作后，已在全球灭绝。一旦人类需要让地球上的野生植物重新繁殖，也许是在一场极端的气候灾难之后，种子银行就能够提供遗传物质。与此同时，非营利组织“大堡礁遗产”（Great Barrier Reef Legacy）在2021年公布了“活珊瑚生物样本库”（Living Coral Biobank）的设计方案，这是一个珊瑚方舟，包含全部800种已知的硬珊瑚样本。海洋也有可能重新繁衍。

到目前为止，作为防止生物灭绝的一个保障，生物样本库只涉及动物和植物。人类的生物多样性是否会受到类似的保护？即使社会永远都不需要应对“全球精子紧急激励项目”这样的全球生育危机，但似乎比较明智的做法是，至少要考虑一些安全又公平的生物样本库。尽管这在今天听起来似乎有些荒谬，但我们需要采取协调一致的全球行动，以确保我们拥有进入下个世纪所需的人类遗传物质。

我无法肯定，如果有了人类生物样本库，我们会面临什么样的挑战。但我相信，如果我们现在能为各种可能性训练我们的想象力，那么，我们的未来会变得更美好。**通过主动思考事物有可能变得多么奇怪，我们可以减少在未来受到震惊的风险，同时也能提升我们塑造未来的能力。**

2021年初，一位曾体验过2008年《超级结构》传染病模拟游戏的参与者给我发了一封电子邮件，内容特别引人注目：“在过去一年，新冠疫情期间发生的事情更像是熟悉的旧记忆，而不是新的经历，”他写道，“有些事把别人吓破了胆，但奇怪的是，我却没有感到那么痛苦。”

游戏化洞察

这很容易理解，生动地想象一个可能出现的未来，为我们创造了一些回忆，让我们体验到未曾真正经历过的事情，因此，他对这次新冠疫情感到熟悉。此外，研究表明，如果我们想象的创伤性未来真的发生了，那么“未来记忆”会对我们的心理产生实际的好处。这不仅是因为我们不会对发生的事感到太吃惊，而且通过“准确”预测未来，我们的自信心也会得到显著提升。这种信心，使我们更有可能采取行动去帮助他人。

之所以如此，是因为：我们在未来发生之前就看到了它，在大脑中产生了特定的反应。我们首先产生的情感不是震惊，而是认可。我们接受了这个奇怪的新世界，因为我们之前曾通过想象在那里停留过一段时间。**认可向我们传达了以下信息：你知道会出现这种情况，你能处理好。这是消除无助感和恐惧的强力解药。我们事前就了解了不幸的情况，这让我们不那么手足无措，让我们更具掌控感，也能更好地为他人提供帮助。**

安格斯·弗莱彻（Angus Fletcher）是一位神经科学家，曾研究过讲故事对大脑的影响。他曾这样描述：“事前就了解这种情况，会在大脑前额叶皮质的‘换位思考网络’中激发出一种命运的反讽，让我们获得一种上帝视角，可以向下俯视‘这些事件’。”这也许会让你想起采用第三人称视角的好处，为了做到这一点，你需要展望未来10年。如果提前了解某种情况，也会促成同样的思维转变，只是这一次，触发这种转变的是一种感觉，即我以前曾见过这种情况。弗莱彻写道："这种上帝之眼的优势减少了我们大脑深层情感区域的活动，就像一个神经减震器，能对抗我们当前的创伤性事件。"他补充道："这种神经感受具有深度的治疗效果……它把我们悲惨的无助感转变为一种乐于助人的心理感受。"

弗莱彻感兴趣的是，小说、戏剧和电影如何为读者和观众提供同样有益的预知感。他指出，希腊悲剧一开始就会做出警告，让观众得知戏剧结尾将会发生的所有可怕的事情，以最可信的方式来激发这种感觉。他还表示，有研究指出，可以将希腊悲剧作为治疗退伍军人的创伤后应激障碍（PTSD）的一部分；研究表明，当退伍军人体验到对故事的预知感时，他们自我报告中的焦虑感和无助感也会所减少。"因此，尽管我们无法像俄狄浦斯一样阻止不可避免的事情发生，但一旦不可避免的情况真的出现，这种事先预知的感觉会增强我们的应对能力。"弗莱彻写道。在此，他引用了一部著名的古希腊悲剧，此类作品在开头就会预言未来的创伤。

游戏化洞察

在体验令人震惊的场景游戏时亦是如此，无论是你自己想出这个未来场景，还是你足够机敏愿意去认真对待它。主动想象能为艰难的未来提供一种预暴露疗法，就像治疗焦虑症和创伤后应激障碍的暴露疗法一样。通过重复性的想象及回忆触发相关情绪的事件，这种疗法可以让大脑的休克反应和恐惧反应脱敏。因此，在脑海中模拟一个艰难的未来场景，其实也是一种对抗未来震惊的疫苗。

英国驻新西兰高级专员公署的高级科学及创新官员詹姆斯·亚拉奇

（James Araci）最近跟我说了一件神奇的事。2019 年，亚拉奇参加了我开设的模拟技能网络课程，这是未来思维项目的一部分。其中有一项主要作业是，简单回忆一下《超级结构》模拟游戏。按照要求，学习者需要提交自己对这个问题的答案："想象一下，世界正在应对一场危险的呼吸系统流行病，没有疫苗，也没有治疗方案。你如何利用自己独特的技能和个人优势来帮助别人？"说来奇怪，这意味着在发现第一例新冠疫情病例之前的几周或几个月里，我有近 7 000 名学生在类似的场景中积极制订着帮助他人的计划，其中就包括亚拉奇。

我联系了一些参加过模拟技能课程的学生，看看他们是否将自己的先见之明转变成了行动，亚拉奇回复我说："实际上，在新冠疫情暴发前玩这个游戏，并对传染病进行思考，这让我准备好了运用自己的技能来应对新冠疫情。"他描述了当真正的传染病疫情暴发时，自己是如何准备好采取行动，自愿承担所在机构的新冠疫情应急反应项目的管理工作的。他与商务部、创新部及就业部合作，发起一个创新加速基金，用来支持有计划抗击新冠疫情的新西兰企业。此外，他还协助开展相关的速成培训，以支持新西兰的组织机构转向远程工作和远程协作，即便在世界各地执行最严格的封锁政策期间，也能让它们在无须裁员或让员工休假的情况下，就能适应全面封锁状态。

"我已经体验过思考传染病而引发的恶心症状和不确定的感觉，所以当新冠疫情开始暴发时，我已经考虑过自己可以用哪些技能来帮助别人了。它真的有助于让我快速采取行动，"亚拉奇说，"在过去的 18 个月里，我看到人们处于震惊状态。但对我来说，未来模拟游戏有点像练武术，你是在一个安全的环境里练习技能和技巧，从而让你能在保持冷静的同时，变得更快、更有效。"亚拉奇参与领导的项目被新西兰项目管理学院提名为年度最具适应能力 / 最勇敢项目奖，在他所在的领域，这是一个享有盛誉的奖项。在想象及规划未来时，愿意在一开始尝试看上去十分荒谬的想法会让人们受益良多，若要总结这种好处，我想不出比“更具适应能力”和“更有勇气”更好的词来表达了。

当你继续探索本书中的场景游戏时，你会发现自己开始能接受更多的荒谬的想法，能获得更多的先见之明，并且这些想法和先见之明可以作为你的神经减震器和信心生成器。通过模拟一场传染病，我们改变了很多参与者对真正传染病的反应。与之类似，让这段奇怪的全球精子紧急激励项目未来记忆留在你的脑海中，如果真的出现一场紧迫的全球生育危机，这段记忆会影响你做出反应的方式。你将不会那么惊讶，会觉得这个问题很熟悉，而且你也更有可能去寻找帮助他人的方法。即便我们永远不经历这样的危机，你仍然提升了能力，能接受与人类繁衍挑战相关的新信息。既然你的大脑经过训练，已经能集中注意力，谁知道你会发现哪些有关未来的新线索呢？

游戏化洞察

接受让自己感到不适的信息不是一次就够了。你要坚持下去，就像坚持一种习惯一样。被你发现的改变线索越多，你的大脑就会越开放，就越不容易受到冲击。

在下面几章中，我们将回顾这个《难倒未来学家》的头脑风暴游戏。但下次再玩的时候，你就要扮演未来学家了。我会给你一个机会，让你找到证据，证明自己刚才提到的无法改变的事实已开始改变，从而来挑战你的假设。

关于达托定律，我最后想说：对不同的人来说，荒谬的想法和场景是不一样的。就有关未来的想法而言，没有客观标准。你之所以觉得一个想法荒谬，只是因为它挑战了你坚持的一些假设，这些假设规定着事物是什么样，它们需要变成什么样，以及它们永远是什么样。

我们每个人都有自己的一套假设，它决定着我们如何看待这个世界。就一个有关未来的想法而言，你越是觉得它荒谬，它对你越是具有潜在的用处，因为这表明，这个即将发生的变化是最难让你接受的。通过玩《难倒未来学家》这个游戏，你正在培养一种意识，去理解那些被你本能地视作不可能出现的事物，并让你能全身心地进一步查找一些证据，证明世界正像你知道的那样变化着。

想象训练
Imagination Training

规则 4：一开始显得荒谬

当你进行头脑风暴时，要尽情地展开想象，因为未来一切皆有可能。要考虑任何一种可能性，不管它一开始看起来多么荒谬。记住，那些现在看起来无法想象或不可能出现的未来可能性，恰恰是我们最难适应的情况，因此需要更长的准备时间。

要培养这项技能，不妨玩一玩《难倒未来学家》：列出一些你认为未来 10 年不会改变的事情。然后寻找证据，证明这些遥不可及的可能性真的会发生，或者也许现在已经发生了。这个游戏会提升你挑战自身假设的能力，并把你的思维拓展至新的维度。

05

IMAGINABLE

把世界颠倒过来

我总是尝试把事物颠倒过来，看看它们是否变得更棒。

——蒂伯·卡尔曼（Tibor Kalman），平面设计师

把事实想象成是
在创造我们自己的
“颠倒世界”，
我们所知道的一切
都会突然发生变化。

现在，你的大脑已经完成热身，并可以接受一些荒谬的可能性，我可以再教给你一个我最喜欢的头脑风暴游戏，用它来启发未来场景。它叫作《未来万物皆可改变的100种方式》（One Hundred Ways Anything Can Be Different in the Future），规则如下：

- 首先，你选择一个话题，如工作、食物或学习。
- 其次，你要列出100个目前合理的事实。事实越简单、越明显就越好。
- 再次，你逐个改写所有事实，让10年后出现正好相反的情况，无论这些新想法一开始听起来多么荒谬。
- 最后，你寻找线索或证据，证明今天已经发生了变化，证明这些想法是现实的、可信的。

它听起来很简单，但能彻底帮你打开思路。让我们用我最喜欢的鞋子话题来快速演示这个游戏。我们可以对鞋子的未来提出哪些一开始听上去十分荒谬的想法？

创造一个颠倒的世界

既然我们已经有了一个话题，那就开始列出关于鞋子的事实吧！

1. 事实：鞋子不是免费的。人们必须花钱购买。
2. 事实：大多数人拥有一双以上的鞋子，在不同的场合穿不同类型的鞋。
3. 事实：人们在晚上睡觉的时候会脱掉鞋子；他们不会穿着鞋睡觉。

这是3个事实，只要再写97个就够了！

你会注意到，在世界上的许多地区，大多数人都认为这些有关鞋子的事实通常是正确的。但你想到的事实不一定在所有地方对所有人永远100%正确。这一点甚至适用于你的学校、公司或家人。

我们现在不会全部列举出有关鞋子的100个事实，你已经明白了这个想法。还要顺便说一下，对任何事物来说，你都很难自己想出100个事实。我用一个电子表格列出有关鞋子的事实，但我只想到了20个左右，后来不得不向别人求助！因此，最好跟一群人玩这个游戏，人数越多，想到的事实就越多。如果你依然无法达成100个事实的目标，那也没关系。100是一个理想数字，提醒你要尽可能地去完成它。

现在，有趣的部分来了。我们把事实颠倒过来。把它想象成是在创造我们自己的"颠倒世界"，在这个世界里，我们所知道的一切突然发生了变化。如果把鞋子的上述3个事实颠倒过来，我们会得到以下版本：

1. 10年后，鞋子都是免费的。
2. 10年后，大多数人只拥有一双鞋。
3. 10年后，很多人都穿着鞋子睡觉。

在游戏的这个部分，重点在于，不要担心是否合理。即便你认为一个事实的“翻转”版本不可能发生或难以想象，也要接受它。关键在于，我们要尽量多地提出一开始听起来十分荒谬的想法，然后翻转每一个事实，直到清单上出现能替代当前事物的100个方案。

现在，具有挑战性的部分来了。我们必须挑选一些“翻转”事实，并尝试理解它们。这个新的现实到底如何运作的呢？为什么会发生这种变化？为什么现在的鞋子是免费的？为什么人们会穿着鞋子睡觉？在游戏的这个部分，我们尝试将一个纯粹“荒谬的想法”变成一个仅仅是一开始显得荒谬的想法，一个你思考得越久就越觉得合理的想法。想要达成这个目标，最好的方法就是和我们玩《难倒未来学家》。我们必须找到真正存在的趋势或干扰情况，它们有潜力以可信的方式实现我们所定义的新奇未来。

那么，为什么鞋子会免费呢？环顾四周，我们也许会注意到一个已经出现的趋势，即商家提供免费或一定折扣的产品和服务，来换取客户的数据，然后再将这些数据变现或加以利用。想想Facebook这类平台，还有新加坡为公民免费提供Fitbit健身手环，将数据用于公共医疗项目。还有很多正在开发中的带有传感器的鞋子，用于追踪位置，监测身体活动、体重、步态和社交距离，甚至可以抓取站在你附近的人或是与你擦肩而过的人的数据。因此，也许在未来，想获取此类数据的政府或医疗保险公司会免费向人们赠送“智能鞋”？对我来说，这似乎是一个可信的未来，尤其是在后疫情时代，我们正在考虑使用大量新的监测技术来控制并预防未来疫情的暴发。

然而，为什么大多数人在未来只有一双鞋呢？也许我们将在 10 年后看到消费呈显著下行趋势，也许是由于当前的经济状况（我们是否正走向后疫情时代的全球经济大萧条），也许它属于全球气候行动的一部分。2019 年，我们看到瑞典出现了一个值得注意的趋势，名为“飞行羞愧”（flygskam），是指由于高碳排放以及气候的影响，人们对不必要的航空旅行感到羞愧。也许在未来 10 年，碳影响将会从旅行蔓延至消费品？如果在未来，只有一双鞋意味着是在承担气候责任，我肯定也会认同“鞋子羞愧”！

10 年后，人们为什么会穿着鞋睡觉呢？嗯，我亲身经历过一个变化的信号，可以用它来解释这个问题。在加利福尼亚州爆发山火时，有位美国红十字协会的疏散及救援专家建议我，睡觉时要么把鞋子放在床边，要么就穿着鞋，因为人们在需要逃离快速蔓延的火灾现场时，会惊慌失措，会因为寻找鞋子而耽误宝贵的逃生时间。对于我们这些生活在美国西部的人来说，山火给人们带来了极大的创伤，澳大利亚近年来也是如此。因此，也许世界上有些遭遇极端天气，以及气候风险不断升级的地方，那里的一些人会患上与气候相关的创伤后应激障碍？作为气候创伤后应激障碍的一种症状，我们为了以防万一会穿着鞋睡觉？对于一个可能出现的未来而言，这只是一个小细节，但它却开启了我们重要的对话，关于目前正在经历的危机，以及这些危机对我们的集体情感和心理造成的长期影响。

免费的鞋子，“鞋子羞愧”，创伤后应激障碍导致人们要穿鞋睡觉……上述任何一个一开始显得荒谬的想法，都会激发一次心理时间之旅。你对那个未来有什么感受？它存在什么风险？有哪些机遇？为了让这个世界变得更美好，你能采取哪些行动？这是《未来万物皆可改变的 100 种方式》的最后一个挑战。花点时间，认真地想象一个或多个最具争议的可能性。运用自己的情景式未来思维技能，让自己沉浸在你刚创造的那个颠倒的世界中。例如想象一下：

- 你刚收到了一双免费的智能鞋，它可以将关键的健康数据报告给你的医生、城市、雇主、学校或医疗保健服务机构。你感觉如何？你是否会穿这双鞋？
- 你刚因为在一周内穿了好几双鞋而被点名批评。你刚因为拥有太多鞋而在公开场合体验到了“鞋子羞愧”。你感觉如何？你会如何做出回应？
- 你刚收到一条紧急警报通知，它建议你在接下来的 7 天里穿着鞋睡觉，以便你能及时从一次天气灾害或山火中撤离。你感觉如何？你是否会这么做？如果是，你会穿着哪双鞋睡觉？

在游戏后快速完成这种未来情景思维挑战，能帮助你进一步理解自己提出的颠倒的想法。这是一个让你持续完成想象训练的绝佳机会。尽量用更多个人细节填补这些未来想法的空白。**你每开启一段前往颠倒未来的旅行，都是在加强神经通路，从而能够有效地思考一些自己尚未亲身经历过的事情。**

探寻实现目标的新想法

在 2020 年开始为应对新冠疫情采取封锁措施后，我开始收到大量的请求，让我组织大家参与《未来万物皆可改变的 100 种方式》。我把这款游戏带到不同的场景中，包括图书馆的未来、时尚的未来、花园的未来、电子游戏的未来、高等教育的未来、制造业的未来以及职业体育的未来。很多企业和组织似乎都想放弃原来的假设，对如何实现各自的目标有了一些新想法。

我与一家大型芭蕾舞团的艺术总监进行了一次特别棒的对话，对方请我就芭蕾舞现场表演在新冠疫情封锁期间和之后的变化，帮助他完成头脑风暴。我们玩了一个简易版的《未来万物皆可改变的 100 种方式》，提出了一些可以测试的想法，然后很快发现，我们的思考超越了短期内的新冠疫情限制。我们翻转的一个事实是：“与其他职业相比，专业芭蕾舞演员的职业生涯较短，通常会在35岁到40岁之间退出舞台。”当时，我们对它进行了重写，从而让相反的情况成为合理的事实：“在未来，专业芭蕾舞演员会表演到70多岁、80多岁，甚至90多岁。”我们讨论了这对未来的编舞所产生的影响。

衰老的身体能做哪些舞蹈动作？我们探讨了这对艺术形式的影响。如果你的芭蕾舞以老龄舞者为特色，那么，你会用芭蕾舞讲述哪种新故事？我们尝试理解这个翻转事实。哪些变化会导致舞台上出现年纪很大的舞者呢？我们想象出了一种可能性。我们谈到，一些知名的芭蕾舞角色有可能以续集或连续剧的形式，和舞者一起变老，就像长期播放的电视节目或系列电影。例如，凯丽·费雪（Carrie Fisher）在电影《星球大战》中扮演莱娅公主，这个虚构角色有40年的跨度，随着演员一起变老了。那么，芭蕾舞者是否能用一生来演绎《睡美人》中的爱洛公主或是《胡桃夹子》里的糖梅仙子呢？过去，这些女性角色必须在舞台上青春永驻，我们能用她们讲述哪些新故事呢？我不知道芭蕾舞团是否会进一步探讨这个想法，但让我感到兴奋的是，这个想法如今已经出现了，就等着有人进一步把它变为现实。

我还帮助未来研究所筹备了一个研究团队，负责指导一家名为“工资公平”（One Fair Wage）的团体组织尝试《未来万物皆可改变的100种方式》的游戏，目的是改善餐饮及其他服务业从业者的经济状况。“工资公平”团队特别想知道，颠倒的想法如何帮助工人结束其收入低于法定最低工资的局面。这是一种法律漏洞，即雇主向工人支付低于最低标准的工资，并声称差额将由客人支付的小费来弥补。根据美国经济政策研究所的数据，这种做法目前已导致1/6的餐饮业员工生活在贫困线以下。

“工资公平”团队认为，动荡的新冠疫情时期将成为一个让餐馆老板从根本上思考其经营模式的一个机会。毕竟，餐馆业务已经向外带和外卖倾斜，他们应积极创造新的户外用餐体验，并从另一个角度重新考虑餐馆的未来。下一个要推翻的假设是，餐馆只有依赖廉价劳动力才能盈利吗？

“工资公平”团队邀请了一些餐馆老板参加《未来万物皆可改变的 100 种方式》研讨会，会议结果形成一份题为《重新构想餐饮业的未来发展》（*Roadmap to Reimagine Restaurants*）的主题报告。通过挑战一些事实，例如“餐馆是人们前来就餐的实体场所”和“顾客付费用餐”，他们为未来提出了一些更公平的新商业模式，其中我最喜欢的是：“在未来，餐馆通过接受拨款和政府采购，为穷人提供免费的食物，从而让收入变得容易预测，变得更稳定。”顾客不再自己花钱吃饭，而是由第三方支付所有费用。餐馆可以和救援组织及政府机构签订长期合同，每周占用厨房几个小时或几天的时间，为有需要的人制作并派送免费或低价食物。对大多数餐馆来说，由于资金储备量很小，他们难以预测日常收入，所以无法向工人支付更多的工资。但长期的拨款和合同将为老板提供一种新的、稳定的收入模式。如果顾客不再自己买单，小费就不再发挥作用。“工资公平”团队把这个想法命名为“高速公路厨房”（High Road Kitchens）。这个项目已经被美国各地的 100 多家餐馆采用；这些餐馆必须承诺向员工支付全额工资，才能获得新的拨款和合同。

我开始意识到，没有什么严重的或紧迫的全球性问题不能从初听起来十分荒谬的想法中获益。我在《原子科学家公报》（*Bulletin of the Atomic Scientists*）上看到了一篇文章，题为《用荒谬的想法改变我们的核未来》（Transforming Our Nuclear Future with Ridiculous Ideas）。作者埃玛·贝尔彻（Emma Belcher）指出，经过 70 年的失败尝试，全球需要从根本上重新设想核裁军方面的工作。她引用了达托定律，认为需要用初听起来显得荒谬的想法来挑战该领域的两大假设。

- 第一个假设是，核裁军将是一个缓慢的、漫长的、循序渐进的过程，需要几十年才能完成。然而，要是核裁军能够像新冠疫情期间实施封锁那样迅速实现呢？
- 第二个假设是，目前拥有核弹的9个国家决定着我们是否以及何时能够摆脱核弹世界，比如美国、英国、俄罗斯等。然而，要是其他一些独立于上述国家政府的、在正常外交渠道之外的强大机构找到了一种解决方案呢？

如果你愿意找到一种方法，让这些翻转事实变得合理，那么，你就有可能想象这样一个令人惊讶的场景。有个名为"N广场"（N Square）的机构就委托未来研究所的研究员贾迈斯·卡西奥（Jamais Cascio）开展了这样一项工作。他们一起设想了5个场景，描述了令人惊讶和不可思议的核安全后果。他们将这些看上去十分荒谬的想法发表在一本虚构的《核安全创新杂志》（*Journal of Nuclear Security Innovation*）的2045年9月刊上。最能让我大开脑洞的一个场景是，私企认为它们已经受够了政府的不作为，便联合起来领导一次快速的核裁军行动。

这恰恰是这个场景的愿景：在过去大约10年中，一些科技大厂已经想出如何用工程方案来解决最危险的全球挑战，例如全球变暖和无法控制的传染病。它们的技术解决方案成为地缘政治杠杆的终极形式，因为地球上的每个政府都迫切需要它们。因此，这些公司决定向所有国家提出一个后者无法拒绝的协议：任何一个国家想要获得保护人类的相关技术，都必须首先彻底解除核武器。想用这种地质工程解决方案来安全地逆转气候变化对当地造成的影响吗？先清除你的核弹。想用疫苗来治疗这种无法控制的致命病毒吗？先解除武装，然后我们会卖给你。

这个场景创建于2015年。当然，人们那时候很难想象会出现如此紧迫的危机，也很难想象私企能开发出如此神奇的技术，以至于这些企业携手合作，将其作为制衡核武器国家的工具。然而，在经历过新冠疫情后，这个想法就显得不那么荒谬了。要是突破性核糖核酸（RNA）疫苗的制造商一致同意，只将疫苗出售给无核国家，那会怎样？这足以说服各国解除核武器吗？要是新冠疫情变得更致命且更难控制呢？到那时，这个策略还会奏效吗？它听起来太荒谬了。但是，如果我们不采用完全出人意料的想法，怎样才能终结疯狂的核扩散呢？

在重新审视了这个场景后，我发现，美国在 2021 年的财政预算中，有 1 000 亿美元用于制造 600 枚新核弹。我发现，在未来的 25 年中，美国政府将花费约 1.7 万亿美元来维持本国的核基础设施。我了解到，政治学家预计，印度和巴基斯坦这两个核武器国家在 21 世纪都经历着严重的气候危机，从而导致该地区可能会变得更加不稳定，而且存在核战争风险。当我去想那笔钱的用途，想到气候变化会增大地缘政治不稳定的风险，以及生活在核毁灭的持续风险下会给人们造成的心理创伤，我就会产生强烈的愿望，想要想出一些初听起来显得荒谬的想法。

你准备好了吗？让我们来讨论一些实用的细节。我曾多次组织《未来万物皆可改变的 100 种方式》这款游戏，游戏地点涵盖了你能想到的任何地方，教室、大型会议、网络会议、Slack 频道、谷歌电子表格、社交软件群组，甚至把写着各种事实语句的便利贴贴在宿舍的走廊上，给居住者一个月的时间将这些事实翻转。你可以在一小时内召集一群人，快速玩一下这个游戏。或者，你也可以为这个游戏专门创建一个空间，无论是在网上，还是在真实的物理环境中，将游戏时长设定为几天、几周或更长的时间。让人们随时添加事实，翻转未来，稍后你们可以再次聚到一起，理解翻转的事实。在本章的结尾，你会看到我在分析《未来万物皆可改变的 100 种方式》的结果时最喜欢讨论的一些问题。

既然你知道了《未来万物皆可改变的100种方式》是如何运作的，那么，你就可以和团队在办公室、学校、大型会议现场、俱乐部玩这款游戏，甚至在家里和家人一起玩。

我有一个网络课程的学生叫杰里米，来自圣路易斯，2020年1月初，他写信告诉我，他为什么和15岁的女儿玩《未来万物皆可改变的100种方式》游戏，以及这如何帮助他们做出一个重要的家庭决策。以下是他的原话：

> 我的女儿为人谨慎，容易焦虑，有艺术气质，想象力丰富，她的高中生活不是很顺利。她们学校最近开设了一个项目，学生们可以选择全部在线上上课。学校依然保留你的学籍，如果你愿意，你可以去学校参加舞会和动员大会，但所有课程都在网上完成。她曾考虑是否要选择这种方式，但从整体上看，她觉得自己自主性很差，直觉上认为网课的未来前景不太好。我让她针对学校写出100个事实。接着，她选择了其中的3个事实，把它们整合起来，讲述了一个新的故事，即如果她变得更有力量，那她真正想从学校获得的是什么。这是一种很好的方法，能让她有动力做出自己的决定，并极大地缓解了她的焦虑。这帮助她意识到，她在这些问题上确实有选择权，她对学校的许多假设也并不一定是正确的。最终，她决定选择网课！此外，她还能够预测即将发生的变化，例如，由于她会进一步地远离老师和同学们，所以需要找到新的方法，来创造有意义的社交互动。

我之所以喜欢杰里米的故事，是因为它展示了《未来万物皆可改变的100种方式》的两大好处：奏效快和可以长期获益。它立即改善了杰里米女儿的情绪，使她不再焦虑并感觉自己能更好地掌控未来。这是奏效快的一面。但更出人意料的是，杰里米一家人都惊讶地发现，他们为几个月后全球新冠疫情导致的停工停学完美地做好了准备，预先设想到如何在保持身体距离的情况下维持社交联系。**有时，荒谬的未来需要 10 年才会到来，有时只需要 10 个星期。**

翻转你的个人生活

如果你想把个人生活中的一些事实翻转过来，可以快速尝试一下这个挑战。至少列出 5 件你当前生活中的真实的事情。然后改写它们，从而让相反的情况变得合理，或者提出一个新奇的替代方案。无论你首先想到哪种替代方案，都要接受它。例如，我在自己的清单上写道，“我是一个美国公民”“我有两个女儿”“我是一个作家”“我在晚上睡觉”“我讨厌坐飞机”。然后我把这些事实翻转成“我是一个英国公民”“我有三个女儿”“我开了一家甜甜圈店”“我白天睡觉”“我喜欢坐飞机”。

无论你提出什么想法，选择一个翻转后的事实，然后开启一次快速的心理时间之旅，看看自己能在多大程度上生动真实地想象这些变化是合理的。这种变化是由什么原因造成的？这很重要，不要跳过这个部分。试着想出一个可信的解释，无论这个变化一开始听起来多么荒谬！你觉得它怎么样？在这个颠倒的未来，你能采取哪些今天无法采取的行动？你认为脑海中为什么偏偏出现了这个替代方案？

这个小游戏的重点在于，不要试图想出一个能让生活实际发生重大改变的方案。这只是训练想象力的另一种方式，是为了让你的想象力更灵活。此外，它会帮你获得一个新的视角，审视自己愿意放弃哪些有关个人生活的假设。你也许会断定，自己提出的所有替代方案都不可能发生。或者，你愿意放飞自我，今天就要变成翻转后的样子。

游戏化洞察

无论你想象什么，都要认真地对待这些生活中的其他可能性，在你的脑海中模拟它们，从而提高自己接受新想法的能力。你会越来越擅长审视那些一开始听起来荒谬的想法，能从中发现它们的合理性和潜在好处。此外，你会像我一样发现，花几分钟畅想一下自己在一个截然不同的生活中醒来，能让你今天就感受到微妙又明显的自由和创造力。

重塑未来职业

是时候开始另一段前往未来的10年之旅了！以下场景的灵感来自我的一个学生，她是一位医学博士及教授，曾经和自己的医学生一起玩过一次《未来万物皆可改变的100种方式》游戏。他们决定找一个医学领域目前公认的事实，即“医生开药”，然后把它翻转过来，以便尽可能用更多的不同方式重新想象他们的职业。在未来，医生除了开药之外，还能开什么处方呢?

处方是一个用于改变的强大杠杆，其原因有两个。第一，它能让人们更容易接受改变：医疗保健服务商或保险公司通常会支付处方的部分或全部费用。第二，它们更有可能带来改变：研究表明，如果是正式处方，患者更有可能遵守医嘱，改变自己的行为，例如开始锻炼或冥想。

那么，除了药物之外，医生未来还能开哪些处方呢？以下是医学生们提出的一些想法，以及我找到的一些可以支持他们想法的线索。

10年后，医生会开出拥抱处方。没过多久，我就想出了一个有关这个未来的线索。还记得2021年在社交媒体上疯狂传播的一个帖子吗？当时有位医生给一位刚接种过新冠疫苗的老奶奶开了这样一个处方：“你可以拥抱孙女了。”想象一下，我们所有人都能收到一笔旅行补贴，每年至少拥抱一次远方的朋友或家人，把它作为心理健康计划的一部分。

10年后，医生会开出游戏处方。2020年，经过7年的临床试验，美国食品药品监督管理局批准了第一款处方电子游戏《努力处方》（EndeavorRx），适用于8岁到12岁患有多动症的儿童。研究人员发现，每周玩5次这款游戏，每次持续25分钟，4周过后，患者的注意力和认知控制力能够得到提升。想象一下，10年后，你去看医生时，能从数百个“对你有益的”正式处方中挑选电子游戏。

10年后，医生会开出小狗处方。研究表明，在养狗家庭中长大的孩子患哮喘、过敏症和糖尿病的概率较低。狗让孩子接触到更广泛的细菌和肠道微生物，从而改善免疫系统和新陈代谢。这是一个天大的好处！但是养狗的费用很高，不是每个家庭都能负担得起。未来处方计划能否承担孩子最初几年的狗粮和兽医护理的全部费用？

10年后，医生会开出鞋子处方。在“运动即良医”（Exercise Is Medicine）等全球健康倡议的支持下，医生已经开出了运动处方。然而，一项由美国国家卫生研究院资助的研究发现，在体育活动中一个常见但容易被忽视的障碍是，人们没有合适的衣服或鞋子。因此，也许在未来，给你开运动处方的医生也会给你开一双新的徒步鞋或跑鞋。啊哈！未来又多了一个获得免费鞋子的途径！

拥抱、游戏、小狗、鞋子成为医疗保健处方的一部分，为社会的、情感的、心理的和身体的健康提供支持，好吧，这确实有点荒谬。但它的确让你好奇，在不久后的一天，医疗保健系统是否能（或应该）演变成一个更具活力的基础设施，为我们的整体健康提供支持。

让我们更加认真地想象一下这个想法。下个场景游戏与未来处方有关，它与你之前尝试过的其他游戏有点不一样。这是一个位置明确的场景。当你把一个场景带到一个特定环境中时，现实世界中的细节会帮助你填补想象中的空白，帮你更生动地想象未来。你可以把它当作为大脑提供的增强现实，但不需要借助炫酷的眼镜或屏幕。通过在相同的物理环境中想象未来可能会有哪些不同，你将能够想象未来，并将未来投射到周围的现实世界中。

未来场景 4：爱心包

Imaginable

10 年后的一家杂货店、路边的水果摊或农贸市场

这是你第一次带着崭新的“爱心包”开启购物之旅。你迫不及待地想填满它。这个爱心包是一种可重复使用的手提袋，布料上印着独特的条形码，将爱心包与你的医疗保健档案关联起来。你每周可以免费装满一袋子自己想要的新鲜农产品。可以是任何水果，任何蔬菜，地点可以是杂货店、农贸市场、街角或路边的水果摊，只要你想要，就可以装进你的袋子。

你原本可以选择每周接收一个由社区支持的农产品礼盒，但你却选择了这个袋子。你喜欢这个属于自己的“超市大赢家”的体验，来回逛逛农产品摊位，想拿多少就拿多少，不用担心价格，甚至不用查看价格。你的爱心包属于医疗保险公司提供的新项目，目的是

让初级保健医生给尽可能多的人开出新鲜水果和新鲜蔬菜的处方。该项目最初是为心脏病和糖尿病患者等高风险人群设立的，但因为它在改善健康水平和降低医疗成本方面效果显著，所以最终拓展至所有人。每个家庭成员都有自己的爱心包，包括孩子们。

想象一下，你生活在这样的未来场景中。在这个世界中，健康食品是免费的，每人每周至少能得到一包。为了帮助你更生动地想象这个未来，我希望你把这个场景记在脑海中，直到觉得身边充满了新鲜的农产品，无论是杂货店还是农贸市场，或是水果摊。当你身处现实世界的环境中时，在脑海中回放这个场景。将这个医生会开出免费蔬果处方的颠倒未来，作为一个心理上的增强现实过滤器，来改变你对当前环境的体验。不只是想象，试着去感受它。

当你能将未来场景与现实世界相结合时，就要在这个未来做出你的第一个决定：

选择时刻

环顾四周，想象一下，这些都不用你花钱。你用什么装满了袋子？简单说说，你在这个未来有什么感受？

这个未来真的会发生吗？我认为可能性极高。美国国家农产品处方合作会（National Produce Prescription Collaborative）和食疗联盟（Food Is Medicine Coalition）这两个协会目前正在努力实现这个未来场景。这些团体由公共卫生科学家、医生和农产品种植者组成，他们指出，预防慢性病和改善公共卫生的最佳方式是，让人们更容易享受高质量的新鲜农产品。在这场日益壮大的运动中，这种理念得到了哈佛大学法学院卫生法律与政策创新中心等科研团体和洛克菲勒基金会等资助者的支持，目的是将农产品处方项目推广到“主流”人群。

根据美国国家农产品处方合作会的定义，农产品处方项目是“一种面向患者的医疗或预防服务，这些患者存在与饮食相关的健康风险或疾病，面临食品缺乏安全保障或者其他记录在案的无法获得营养食品的情况应由医疗保健服务机构或健康保险计划推荐。这些处方是通过食品零售实现的，让患者能在不增加脂肪、糖或盐的情况下以很低的价格或免费获得健康的农产品”。现在，成千上万的美国人有机会参与这样的项目。有一个例子是非营利组织“健康浪潮”（Wholesome Wave）推出的果蔬处方（FVRx）项目。该项目平均每月向低收入家庭的购物账户存入 100 美元，用来购买新鲜农产品。癌症患者也可以通过果蔬处方项目获得处方。研究表明，水果和蔬菜能为身体补充微量元素和抗氧化剂，使化疗更有效。2020 年，果蔬处方项目开出了 180 万份免费的果蔬处方。这类项目正在受到鼓励，部分原因是，在 2018 年的《农业法案》（*Farm Bill*）中，有 2 500 万美元用于为农产品处方试点项目提供资金支持，直至 2023 年。美国国家卫生研究院发布的一项展望 2030 年的 10 年战略计划中，就特别强调了可被当作药物的食品，这也是证明“爱心包”这样的场景具有可信度的另一条线索。

这些项目真的有效吗？早期的证据表明，答案是肯定的。有一项研究发现，根据现有项目当前的影响力，一个覆盖 1/3 美国人的果蔬处方项目，将在 18 年的时间里预防 193 万次中风和心脏病发作，避免 35 万人的死亡，并节省 400 亿美元的医疗费用。研究人员预计，该项目只要实施 5 年时间，节省的医疗费用就能超过它的运行成本。换句话说，如果不去大规模地推行这一项目，所需的费用将会高昂得多。

如果这个场景激发了你的想象，你也许想要考虑一下，一个大规模的免费果蔬项目可能会产生哪些连锁反应。如果对新鲜农产品的总体需求增加，农场将如何适应？除了传统的杂货店、农贸市场和水果摊之外，还会出现哪些能填满人们“爱心包”的新业务？如果越来越多的厨房里摆满了新鲜的农产品，我们的烹饪和饮食方式还会发生哪些变化？你能想到食品处方项目有哪些缺点或风险吗？一个场景并不是想象的最终目的地，它是一个起点。随着一件事的变化，更多的新机遇也会随之出现。

如果每个人在未来都能获得农产品处方，那么除了食物之外，还有什么东西能在未来正式成为“药物”呢？也许尽情享用免费果蔬这一想法并不会让你太兴奋。你想用什么装满自己的未来爱心包？今天，名为“食物即良医”和“运动即良医”的联盟推广了这些代表性观点。你能否想象其他“某物即良医”的运动？

“爱心包”提醒人们，未来的场景不一定只对危机或极端破坏有用。有时候，花点时间待在一个事物能变得更好的世界、一个让我们比现在有更多机会和力量来帮助自己和他人的世界的感觉真是太棒了。当你在这个世界上穿行时，带上自己的翻转事实，无论走到哪里，你都会开始看到并感受到未来的其他可能性。

当你翻转了一些事实，并想出了一些一开始显得荒谬的想法后，花点时间来分析一下你已经想象出来的内容。你可以在小组中思考和讨论以下问题：

- 你认为今天的哪个事实是向前发展的最大挑战？你准备放弃什么假设？
- 当你为了解释颠倒的未来而寻找线索时，哪些造成改变的原因最可信或出现得最频繁？

- 你最想在哪些可能颠倒的未来中醒来？为什么？
- 10 年后，在为了让这个未来更有可能出现的所有努力中，你会为自己现在采取的哪些行动感到自豪？
- 你最想避免哪些可能颠倒的未来出现？为什么？
- 10 年后，在你努力避免让这个未来出现的所有行动中，你会为自己现在采取的哪些行动感到自豪？

想象训练
Imagination Training

规则 5：把世界颠倒过来

如果你的想象现在出现了卡顿，那就重新写下今天的事实。列出 100 件今天真实的事实，然后把它们翻转过来，从而让与现在相反的情况成为事实。为每个例子提供一个“一开始显得荒谬的”的未来替代选项。

花点时间，让自己的思维沉浸在这些“颠倒的世界”中。要理解它们为什么会发生这些变化，这个新的现实是如何发挥作用的，在新闻、社交媒体以及自己的生活和社区中继续寻找线索，让这些翻转的事实看起来更真实可信。把这个世界颠倒过来，以便弄清楚你想对社会和自己的生活做出哪些改变。

IMAGINABLE

第二部分

在游戏中寻找未来的答案

任何没发生的事都终将会发生，没什么能幸免。

——J.B.S. 霍尔丹（J. B. S. Haldane），
进化生物学家

毛毛虫或若虫未来也许无法飞行，这就是不可避免的命运。

——阿德里安娜·默里·布朗（Adrienne Maree Brown），社会正义活动家

当你思考世界和自己的
生活
在未来 10 年如何变化时，

你是担心多一些，
还是乐观多一些？

用 1 ～ 10 来为你的愿景打分：

1 是极为担心，
10 是极为乐观。

06

IMAGINABLE

寻找变化的信号，构建未来场景

我习惯放飞自己的想象，但它还会回到我身旁……而且会带回来各种可能性。

——瓦莱达·富伍德（Valaida Fullwood），慈善家

“

变化的信号能说明
世界有一天会如何变化。
它真实存在，
不是一种假设的可能性。

”

雕刻家使用黏土，作家使用文字，计算机程序员使用代码，作曲家使用音符，厨师使用食材，时装设计师使用纺织品。每种创造形式都有自己的原材料。

对未来学家来说，原材料就是线索。我们根据未来可能会发生的变化的线索，来收集、组合和构建未来场景。

重视偶遇的变化的信号

为了找到未来的线索，你需要开发出一种新方法，用它来看待你周围的世界，发现别人忽视的奇怪事物。你必须不断地关注并进一步了解那些以前没有遇到过的东西，那些让你说出“哈，这很奇怪”“嗯……我想知道这为什么会发生”“哇，这太奇怪了，我想进一步理解它”的东西。

我把这种看待世界的方式称为“奇见之明”（Strangesight）。你不再只被那些符合自己预期的人、信息和想法所吸引，而是越来越倾心于挑战自己假设的东西，这些东西让你一开始会感到不寻常、震惊、不安或难以理解。

游戏化洞察

奇见之明是先见之明（Foresight）的先驱。在你能够更好地预测未来可能会发生或需要什么之前，你必须先往大脑中装满线索。需要特别注意的是，未来学家通过训练去探测并处理一种线索：变化的信号。

一个变化的信号是一个具体的例子，能说明世界有一天会如何变化。它也许是一个微小的变化，只发生在一个城镇、一个学校、一家公司或个人生活中，但它真实存在，不是一种假设的可能性。它现在正在发生，它证明了有可能发生某个特定类型的改变。正如科幻小说家威廉·吉布森（William Gibson）的那句名言：“未来已经到来。它只是分布不均罢了。”变化的信号会让你关注人们现在如何主动地实验、测试、播撒并发明未来的想法、技术和习惯。

在新闻报道、社交媒体、科学期刊、TED 演讲、播客访谈和抗议活动中，你都能找到变化的信号。每当人们分享新的想法时，每当有令人震惊的事件发生时，它们就会出现。你甚至马上就能找到一个，只要在你最喜欢的搜索引擎中输入“× × 的未来”。去试一试，选择一样有趣的东西，例如，业余爱好、体育运动或最喜欢的事物。我只搜索了“蛋糕的未来”，然后就被震惊到了。实际上，有人计划用“可食用的凝胶块”来制作一个“星系”蛋糕，方法是将食谱从地球传送到火星上的 3D 食品打印机上，以庆祝第一个在火星上出生的婴儿的生日。记住，当你在寻找线索时，这些信号并不像“人工智能”或“年轻人不大热衷于宗教信仰”等趋势那么普遍。它们是创新、变革或发明的案例，十分生动、细致入微又非常特别，例如“机器人观音”（Mindar），它是一个身高 1.8 米的铝制机器人观音，没有性别。日本一座有 400 年历史的寺庙用它传播佛法，以激发年轻人对宗教教义的兴趣。这是未来人工智能和未来宗教的信号。

如果你能讲述一个有关未来信号的故事，包括人物、事件、时间、地点和原因，那么你就找到了一个信号。根据我的经验，最强大和最让人脑洞大开的信号，是在自己的社区和生活中遇到的信号。让我给你讲讲，5 年前我是怎么在一个本地公园偶然遇到一个变化信号，以及为什么它现在依然影响着我的想法和做法。

一天清晨，我和丈夫沿着圣弗朗西斯科湾东部的皮诺角地区海岸线徒步。当时，我注意到在入口旁有个标牌，上面写着“该区域禁止使用无人机”，并画着一个小小的无人机，上面加了一个有反斜杠的红色圆圈。

“那是新设立的吗？”我问丈夫。他说是，我们以前肯定从未见过这个标志。“哈，”我说，“难道现在有很多人使用无人机，以至于需要官方制定一项政策了吗？”

作为未来学家，我觉得这个挂在树上的标志是一个潜在的转折点。它标志着一个转变，从一个世界，即无人机只是少数科技发烧友使用的新奇事物，到另一个世界，即无人机突然普及开来，需要当地公园设立专门的标识。它激发了我的“奇见之明”，让我感到好奇。无人机是新常态吗？也许将来的无人机跟现在的汽车或手机那么多，我是否应该为一个满是无人机的世界做准备？

在散步时，我和丈夫开始讨论这个变化的信号。“你觉得公园为什么要禁止无人机？”我问道。我们通过头脑风暴来思考它的潜在原因。

无人机会发出恼人的蜂鸣声。也许这项禁令是为了防止噪声污染。或者，它是为了防止视觉污染，在公园里你希望一抬头就能看到蓝天，而不是一堆四处乱飞的机器。也许是出于隐私的原因？许多无人机上都安装了摄像头。

当头顶有无人机飞过时，谁知道是什么人正在监视你呢？我听到有传言说，有些美国城市正开始探索用无人机执行远程警务工作。也许那个“该区域禁止使用无人机”的标志实际上是在禁止警用无人机。此外，这类标志可能并非禁令而是一个承诺：欢迎来到一个无监控的空间！当地社区已禁止在这里使用警用无人机了。

我们讨论得越多，我的问题就越多：如何执行无人机禁令？当有人在10千米之外的地方驾驶无人机时，谁会监视空域并追踪无人机远程操作员？如果我看到一架无人机，我是否应该举报它？我该向谁举报呢？顺便问一下，公众是否有机会讨论并帮助制定这些有关无人机的规章制度？

哲学家萨姆·基恩（Sam Keen）曾说过：“踏上求索之路，意味着要成为一个提问者。”**调查一个变化的信号，就像是开启了求索之路。探索的目的不是为了预测未来会怎样，而是提出一个又一个关于未来的问题。**

信号可能是“微弱的”，你只能找到一个例子；它也可能是“强烈的”，你观察得越多，找到的有关变化的例子也就越多。我想看看我能否找到更多与这个变化信号相关的例子，所以那天晚些时候，我在网上用“该区域禁止使用无人机”的标志做了一次以图搜图。我发现世界各地都出现了类似的标志。这并不是一个微弱的变化信号，而是一个强大的信号。

我找到一个住在不可使用无人机地区的朋友，问她对这些图片了解多少。我发现，与我在美国的经历相比，那里发生了一些更神奇的事情：微型“自拍无人机”开始流行起来。我了解到，自拍无人机就像你专属的航拍摄影师。它从你的指尖升起，可以360度旋转，从空中为你拍摄激荡人心的全景照片，然后回到你的手中。显然，有太多人在热门旅游景点使用无人机自拍，以至于天空中挤满了这些讨厌的机器，所以，无人机被有关部门禁止使用。这也许是公开发布禁令的其中一个原因。

现在我知道，我发现一个强烈的变化信号。但到底发生了什么变化呢?人们正在用一种新的方式使用技术。这些新的行为带来新的潜在危害，如视觉污染和噪声污染，引发新的风险，如侵犯隐私，还带来新的能力，如用航拍视频记录现实。作为回应，官员正在制定新的规章制度。所有这些变化都向我表明，我们正在接近一个转折点，却依然不清楚我们要转向何方。

有一点是显而易见的：我们正在进入一个带有不确定性的时期，不知道什么时候可以接受或限制公共空间中的无人机，因此会感到不安。恰恰是这种不确定性和不安感，才让变化的早期阶段显得如此有趣。

当不确定性出现时，我们仍然有机会对接下来将要发生的事情有发言权。当不安感出现时，我们就有机会弄清楚自己害怕什么，并决定我们是要顺从这种不适感，还是要克服它。

从去公园的那天起，我自己就开始使用无人机技术，以便获得第一手知识，克服自己的不适感。我仍然在寻找线索，以便能更好地理解这项技术的未来走向，以及它将如何改变我们的生活。

这就是“奇见之明”的魔力：你开发了一种用来寻找新证据的高效雷达，

如此一来，即使你并未有意识地寻找线索，线索也会不断地向你涌来。例如，在新冠疫情期间，我被无人机摄像头的力量震惊到了，它改变着我们看待世界的方式。在封锁期间，无人机拍摄的空无一人的城市街道的影像成为一个窗口，让我们探索自己无权进入的世界。它赋予我们一种间接的逃离体验；它不受限制，又令人震惊。自己待在家里并在理智上知道别人也待在家里是一回事，然而，能通过鸟瞰视角亲眼看到这个世界似乎被彻底清空，却是另一回事了，这是另一种顿悟时刻。

然而，它赋予普通人新的视觉权力，同时也会赋予政府一些新的权力。另一个变化的信号是：在新冠疫情期间，无人机成为一种更重要的监控工具。从美国到西班牙，公共卫生系统及警方均使用无人机执行居家令，驱散不遵守社交距离要求的人群，并提醒人们戴口罩。有些无人机甚至配备了生物识别技术，可以从远处探测发烧、咳嗽，以及其他新冠疫情的症状。此类实验并没有促使这些城市设立永久性的无人机监控基础设施。但种子一旦被种下，就有可能生根发芽。如果政府尝试过无人机执法，那么再次尝试就会变得很容易，而且规模也会更大。我们将不得不权衡无人机的潜在好处和危害，一方面，它让人们能广泛使用这种新型的视觉力量；另一方面，它也悄悄入侵着我们的日常和私人生活。

我发现这种矛盾情绪始终在我的脑海中萦绕。对一些历史时刻来说，能使用视频拍摄至关重要。如果手机上的摄像头由于潜在的泄露隐私的风险而在早期被禁用，那还会出现这样的时刻吗？

将带摄像头的手机交到数十亿人的手中，能让公民记录真相，并让当权者为不公正、暴行和侵犯人权承担责任。在有冲突发生的地区，在抗议者与警察的冲突中，在实施种族灭绝行为和发生自然灾害期间，无人机能捕捉到手机无法拍摄的镜头。想象一下，如果无人机摄像头变得像手机摄像头一样无处不在，被普及开来，未来会有多少个像达内拉·弗雷泽（Darnella Frazier）一样的人能够勇敢地见证历史，并让世界无法对此视而不见。

如果我们想保护自己获得鸟瞰视角的集体权利，那么，我们很快就会决定，要反对增加“该区域禁止使用无人机”的标识。也许我希望能避免被监视，也许我希望能继续享受安静的自然美景和晴朗的天空，但我不想醒来后发现，未来只有警察、政府和军队才能拥有视觉权力。

偶然遇到变化的信号，能帮助你培养自己对重要的新技术、新想法和新社会运动的好奇心。它能激励你立即亲自尝试去做一些不一样的事情。那么，在5年前第一次发现“该区域禁止使用无人机”的标志后，无人机线索将我和丈夫指向了何方呢？

我开始定期向一个名为“见证者”（Witness）的组织捐款，该组织帮助人们使用视频技术来记录不公正的现象并保护人权，因为我能生动地想象到这样一个未来：公民可以使用航拍镜头在社区中创造积极的改变。我的丈夫是一名作家兼电影制作人，他开始将无人机拍摄的镜头纳入自己的视频中。他告诉我，通过他现在的工作，他可以产生更多的敬畏、惊奇和谦卑的感受，“因为用无人机很容易展示人类在万物中是多么渺小”。我们一起决定为孩子们买一台无人机摄像机，原因如下：为了让她们长大后能自信地使用这项技术，让她们有更多的时间可以使用远焦视角，让她们能基于自己的亲身经历对无人机的未来生成自己的见解。

最后，我把“无人机基础设施”和“无人机监控”纳入由我协助负责的未来研究所技术伦理培训的课程中，这样，从市长到硅谷高管，让所有参加我们培训的人都能通过对话来讨论改变天空将带来哪些长期的风险和收益。从这些对话中我们得出一个重要的见解，即在发展城市无人机基础设施时，我们需要向公众介绍它可能造成的创伤。全世界有数百万人都具有创伤后应激障碍的症状，要么是因为他们曾在军事无人机袭击的恐怖威胁下幸存下来，要么是因为他们自己也参加了暴力的军事无人机袭击。如果不承认无人机作为战争武器所造成的极端伤害，那么就不可能、不应该创造一个充满无人机的世界。

游戏化洞察

当你发现一个改变的信号真正激发出你的激情时，那就撸起袖子采取行动吧。正如哲学家阿伦·瓦兹所写的那样，“想要理解变化，唯一方法就是投入其中，随之而动，与之共舞。”如果你已经参与到正在发生的变化之中，那你就不太可能对未来感到震惊，或者感到自己被未来抛弃。你也许决定减缓这些变化的速度，或逆转这些变化，或是协助它们加速。也许，你只是享受那种获得自信的感觉，能看到它的到来，能在它尚在形成的过程中就认出它，并参与其中。

把线索和问题转化为思维实验

变化的信号是未来学家工作的素材。然而，我们如何将这些原始素材转化为一个可能出现的未来故事呢？通过以下方法，你能在最短的时间内将信号转化为场景：描述一个世界，让变化信号在里面不再显得奇怪。现在，它很普遍，而且完全正常。跟其他人描述一下这个世界。问问他们，在这个新的现实中，他们会做些什么，他们会有什么感受。

让我们一起用更多有关无人机的线索和问题来试试。你看过空中无人机灯光秀吗？如果还没有，有一天你会看到的。在新冠疫情期间的首尔，300 多架照明无人机同步飞行，表演了短暂的灯光秀，数千米外都能看到。无人机排列成提醒人们戴口罩的图案，并拼出了政府在新冠疫情期间实施经济复苏政策的宣传口号。在费城和伦敦，无人机灯光秀向一线工作人员和医护人员发送了感谢信息。在 2021 年的上海，1 500 架无人机在空中组成一个巨大的灯光二维码，观众可以扫码登录一款热门电子游戏的网站，这可能是世界上第一个无人机灯光秀广告。

看到这 3 条线索，我不禁好奇：未来，人们是否会像现在在社交媒体上所做的那样，通过“天空媒体”发表仇恨言论、骚扰话语和阴谋论？我们现在是否需要开始就言论自由展开讨论，能用无人机表达哪些内容，不能表达哪些内容？这种新的表达媒介能带来什么好处？

现在，让我们把这些线索和问题转化为一个快速的思维实验。场景如下：

> 想象一下，10 年后，你加入了“无人机灯光秀联盟”。你和其他 5 万人一起，每月支付一笔费用，共同分担一个照明无人机舰队的维护及驾驶费用。每个月，你有一次长达 30 秒的“广播时间”，在当地的天空中展示你想发布的任何信息或图形。
>
> 今天，轮到你了。你会如何使用自己的广播时间？你会在天空中展示哪些信息或图像？你把它安排在哪个时段？它会在哪里出现？简单说一下，当无人机创造出你的灯光秀时，你有什么感觉（如果你想让自己的想象更生动，那就试着画个草图）？

让我们用更多的线索、更多的问题和另一个场景再做一次实验。

你是否收到过无人机快递？如果没有，那你很快就能体验到。英国的高度天使公司（Altitude Angel）、加纳的高空飞索公司（Zipline）和日本的翼升机公司（Wingcopter）已经开始搭设无人机网络基础设施，以便在城市和偏远的农村地区更快地运送血液、药物和疫苗等医疗用品。在世界上许多地区，不那么紧急的无人机快递也可能变得很普遍，美国首先做出了尝试。由亚马逊、谷歌和美国联合包裹运送服务公司（UPS）创建的无人机部门都已获得了美国联邦航空管理局的许可，开始测试无人机送货服务。它将如何运作？有一个关于城市无人机基础设施的想法已获得了专利，包括悬浮在城市或社区上空的浮动仓库，用无人机来快速调度和补充送货。

我在试着想象这样一个未来，如果一个巨大的亚马逊仓库在我的社区头顶悬浮，我会有什么感觉。我们为了追求便利而放弃一些东西，它是否有一个限度？不再需要“该区域禁止使用无人机”的标志，但如果我想设立一个“该区域禁止设立悬浮仓库”的标志，应该找谁谈？当我想到这个可能出现的未来时，我已经开始怀念我还没有推动的安静、晴朗的天空了。我发现自己现在会花更多的时间仰望空旷的天空，细细品味。

现在，回到场景中，把这些新线索与我们讨论过的一些其他无人机信号结合起来。

> 想象一下，从现在开始的 10 年里，无论你在网上订购什么东西，通常都能享受免费的无人机送货。它不仅更便宜、更快，而且更具可持续性：事实证明，与传统的卡车送货相比，无人机送货极大地减少了温室气体排放。难怪它能流行起来。

然而，其他种类的无人机现在也很常见，包括警方监控、由社会活动人士领导的人权监控，还包括由 Facebook 和谷歌这样的科技公司运营的数据收集无人机。

目前，还不完全清楚这些科技公司在收集哪类数据。谷歌表示，它正在监测环境数据，如海岸侵蚀和森林砍伐，此外还有“其他项目”。据报道，Facebook 为无人机优化了人脸识别算法，能在近 1 千米以外成功识别地面上的人。

> 现在想象一下，你处于这个未来，能听到无人机接近时令人熟悉的嗡嗡声。你在哪里？你在做些什么？听到无人机的声音后，你的第一感觉是什么？

在想象完自己的反应之后，和其他人一起尝试这个场景。我遇到的“第一感受”，从兴奋到释然，到好奇、疲惫、连接、愤怒、恐惧，帮助我从多个不同的视角看待这个未来，其中，有一个反应将这个场景又向前推进了一步：“我甚至不会听到无人机的声响，因为 10 年后，我们会使用居家隔音技术和降噪耳机来处理新的噪声污染。”有道理！

让自己成为变化的信号

很多学生告诉我，他们从我的课堂上学会的最持久的习惯，就是寻找改变的信号，他们说这个习惯“有趣”“令人兴奋”并具有“启发性”。今年，我对未来学院的校友们开展了一项调查，询问他们的未来思维培训是否产生了持久的影响，结果出现了大量的信号：

- “我用另一种方式看待这个世界，不断地寻找信号，用新的方式思考。感觉就像得到了一把打开秘密大门的钥匙，发现了新的机会。”

- “当你真正放眼看去，信号无处不在，你一旦看到它们，就无法对其视而不见。”
- “对我来说，学习如何找到改变的信号，就像开启香槟酒瓶上的软木塞一样。它重新激发了我想改变世界的热情和激情。我现在因为这些新想法而感到快乐。”

你可以收集各种事物的信号，但要选择一个对你本人更有价值的话题，从而让这个练习更有意义。以劳尔为例，他住在爱尔兰都柏林市，有两个年幼的女儿，他最近开始收集有关神经多样性的未来信号。所谓神经多样性，是指人类大脑在社交能力、学习能力、注意力、情绪以及其他心理功能方面存在的巨大差异。神经多样性理论认为，孤独症谱系障碍是正常范围内的一部分，而不是将其视作一种病理症状或残疾。对劳尔来说，这是一个很重要的话题，因为他的两个女儿都患有孤独症。“我一直觉得，如果我想让女儿们为长大后的世界做好准备，那么，我现在就得开始准备。她们现在一个5岁，一个7岁。”他在一封电子邮件中告诉我，“我发现，如果我想象一下自己想让这个世界10年后发生哪些变化，那我就更能集中精力去思考如何为她们创造一个更美好的世界。”

许多孤独症患者对他们听到、看到、闻到、尝到或触摸到的东西都极其敏感。其他人可能根本注意不到或者忽略的东西，比如，明亮的光线、衣服标签摩擦皮肤或者电器的嗡嗡声，都会导致他们极度不适，难以集中注意力，并引发情绪崩溃。因此，劳尔在寻找“感官调节”的信号。

“现在，有一些场所提供了安静或黑暗的房间，用来帮助人们缓解感官过载，大部分设在机场，宜家也有。”劳尔写道，“还有一些场所设置了对感官友好的时段，如超市或电影院。我的愿望是，任何地方都应该如此。如果我找到并分享这些早期的信号，也许我能激励更多人做出同样的调整。”

他还研究了一些特殊群体的变化信号，认为这也许会为孤独症群体提供一些线索，提高社会对该群体的认知，帮助他们自我接纳。“我希望年轻人感到被了解、被接受，让公开自己有孤独症不再成为一个问题。但愿等我的女儿们再大一点时，我们就能把世界孤独症日转变为一个更值得庆祝的节日，一个神经多样性骄傲日或骄傲月。”

劳尔告诉我，他不仅收集变化信号，还尝试让自己成为一个变化信号。“我相信终有一天，如果一个神经多样性儿童在超市崩溃，人们不会把你当成一个糟糕的家长，因为他们明白发生了什么。因此，我永远不会把家人藏起来而让她们与世隔绝，也不会因为我们即将遭遇的事情，而不再去一些地方。我在试着让自己成为改变的信号，让人们了解我们的存在这样一个事实。”

我喜欢劳尔的想法。**如果我们能在这个世界上保持真我，甚至敢于抗拒现在的“正常”标准，那我们也能成为他人的线索。**

交换信号，发现错过的线索

我建议你选择几个人，定期交换信号，并养成习惯，在喝咖啡、喝酒或吃晚餐时一起讨论这些信号。交换信号将大大拓展你的“奇见之明”，因为别人能找到被你错过的线索。

“你听说过灰北极熊吗？”一个朋友在上周末问我。我们经常互相交换信号，他分享了一个很好的信号。“这是一种新的杂交物种，是北极熊和灰熊的杂交品种，”他告诉我，“由于全球气候变暖，北极熊向南迁移，进入了灰熊的领地，突然间，它们开始互相争夺资源。”他解释道，这对北极熊不利，因为北极熊早已濒临灭绝，而且食物经常被灰熊抢走。“雌性北极熊并没有饿死，反而开始与雄性灰熊交配。”

我迅速掏出手机，查找更多的信息。我发现了新物种的照片：灰北极熊遗传了北极熊的乳白色皮毛和灰熊的体型，头骨比典型的灰熊大，比典型的北极熊小。我了解到，2006 年，人们通过 DNA 测试发现并确认第一只灰北极熊。它们现在之所以又重新登上了新闻头条，是因为有一份新报告称，野生灰北极熊数量正在增加。研究这种动物的科学家认为，杂交熊也许比任何一个原始物种的熊都更适应气候变化。

“那么，你认为这是一个什么样的信号呢？”我向朋友问道，接着我们开始探索它的含义。他说：“显然是气候变化，它就像一个危险的先兆。如果北极熊必须变成一个全新的物种才能生存，那么，这不禁让人去想其他物种要如何去适应。包括我们。”

我还在浏览关于灰北极熊的文章。“是的，”我说，“这是个坏消息，但也许也是个好消息？听听这位科学记者是怎么说的。”我给他读了一篇文章中的几句话：“今天的杂交品种也许不仅意味着对生物多样性的侵蚀，它们可能还显示出生物在面对环境突变时所产生的一种适应力。”

然后，我们的对话转向了未来场景，这些场景是我们从这种变化信号中创造出来的。“我不认为我们需要想象一个充满灰北极熊的世界，尽管那很迷人，”我说，“但这个线索让我想到地球上的空间越来越小。未来，不仅是熊，还包括人类，哪些地方适合居住，哪些不适合居住？”

最有可能出现的情况是，人类也会经历同样的迁移，远离极端气候，聚集在比我们习惯的环境要更拥挤的地方。我们将不得不找到一种方法来和很多一开始对我们来说是陌生人一样的人生活在一起。但谁是北极熊呢？哪些人群要被迫迁徙？谁又是灰熊呢？哪些人群不得不腾出地方？

我打开了一篇保存在手机里的文章，这是一篇发表于 2020 年的科学论文，标题为《人类气候生态位的未来》（*Future of the Human Climate Niche*）。它是我以前发现的一个信号，并一直记在心里，以便将来参考。这篇论文由来自美国、中国和欧洲国家的气候科学家联合撰写，它指出，在 50 年内，多达 30 亿人将生活在撒哈拉沙漠那样的环境中，并“告别过去 6 000 年来为人类服务的气候条件”。科学家预测，在未来几十年中，这 30 亿人将需要离开新的不宜居地区，迁移到世界上仍然能继续维持人类生存的日益拥挤的地区。根据预测，北美、欧洲和亚洲的大部分地区受到极端高温的影响最小，但它们可能会经历其他极端天气，如洪水，而非洲、南美洲和澳大利亚的大部分地区则将面临最不适合人类居住的条件。

我们将需要学习如何在更小的土地上共同生活，以及如何安全平等地支持必要的移民。当前，很多国家都要求难民住在难民营里。在美国，我们把绝望的移民关在拘留中心。未来，数十亿人必须移民，否则就会死亡，而当前，全球实施的移民限制并不符合未来所需的人道或伦理标准。与此同时，合法移民正在改变一些社区的历史人口结构的状况，根据社会科学家的记录，种族民族主义、白人至上主义的活动、（美国的）枪支拥有权以及针对少数族裔的暴力行为有所抬头。如果这就是我们今天的生活方式，那么，到了 2070 年，我们将如何和平地适应大概 30 亿的流动人口的情况呢？

你也许觉得 2070 年过于遥远。离现在将近 50 年，也许比你活着的时间还要长。但充裕的时间将帮助我们解决这个异常复杂的问题。根据联合国教科文组织的关于目前的平均年龄及寿命的数据，现在活着的人当中，有一半以上的人能活到 2070 年，其中包括目前生活在美国的 1.8 亿人。这是今天大多数人将要经历的未来。当然，用不了 50 年，人们就会为这个问题坐立不安。根据慈善机构乐施会公布的数据，在过去 10 多年中，每年有超过 2 000 万人因气候变化被迫离开家园。气候迁徙目前正在发生，而且每过 10 年，它发生的频率也会进一步提高。

感谢我朋友发出的改变信号，让我能想象到以上内容，现在我想把这个信号交给你。从你的视角来调查这个灰北极熊的线索。想象一下，在未来，你目前所在的社区正在应对大规模的气候迁徙。你现在无须解决任何问题，只是为你的大脑热身，创造性地认真思考这个可能出现的未来。方法如下：

你今天住在哪里？它属于因极端高温而不适合人类居住的区域，还是依然宜居的区域？

如果你现在住在一个未来可能会变得不宜居的地方：开启一段长达 20 年、30 年，甚至 50 年的未来心理时间之旅，试着想象你的社区在气候危机期间被大多数人遗弃，也许是被所有人抛弃。想象一下，有人刚刚用无人机拍摄了你以前生活过的家乡或城市。当无人机起飞后，你看到了什么，或是通过音频听到了什么？试着尽可能清晰地想象它，就好像这是你今天能够看到并审视的真实镜头一样。那里发生了哪些变化？你离开后有什么感受？你现在住在哪里，你在哪里观看或收听这个未来场景中的无人机影片？

如果你现在住在一个未来可能依然宜居的地方：开启一段长达 20 年、30 年，甚至 50 年的未来心理时间之旅，试着想象你现在所处的社区由于大规模的气候迁徙，人口达到现在的两倍或三倍。想象一下，未来至少有一半的居民是被迫背井离乡的移民。尽量不要想象一个最坏的场景，即移民会引发冲突和苦难，而是想象一下，你的社区有很强的适应能力，大家一起创造了一些新的东西，而不是彼此争斗。你的社区是如何适应的？楼房、建筑、道路、公园和公共空间发生了哪些变化？为了支持和欢迎新居民，社区推出了哪些新举措？如果你有一架无人机飞过这个适应能力强的未来城镇或城市，你会捕捉到哪些镜头？人们到底会看到或听到哪些内容？

如果你不确定气候变化将如何影响自己现在的家乡或城市，那就分别想象一下可能出现的两种场景，一是你要离开，二是你要留守。然后，可以再找一个线索：试着搜索自己的家乡或城市，再加上“极端高温”“极端天气”或“气候迁徙”这样的关键词。

想象关注哪里，变化的信号就在哪里

2021 年夏天，也就是我第一次发现“该区域禁止使用无人机”标志的几年后，我看到了这样一条新闻标题：“一代海鸟被无人机消灭了……科学家担心它们的未来。”在南加州的博尔萨奇卡生态保护区（Bolsa Chica Ecological Reserve），一架无人机坠落在丽色凤头燕鸥的筑巢地，这位不知名的驾驶者一直都没有出现。成千上万的燕鸥父母将无人机误认为捕食者，逃离了保护区，留下了近 2 000 只缺乏保护的鸟卵。这些成年海鸟再也没有回来过。所有鸟蛋都没被孵化出来。博尔萨奇卡生态保护区是全球已知的 4 个丽色凤头燕鸥的筑巢地之一，这种海鸟以细高跟鞋状的亮橙色鸟喙而闻名。这是野生动物遭受的一次令人震惊且具有毁灭性的损失。实际上，这是科学家在野外观察到的最大规模的放弃孵蛋的行为。

在接下来的几个月里，美国西海岸的各级政府制订计划，对海滩、公园、森林和野生动物保护区实施了更严格的“禁用无人机”法令。他们保证，要找到更好的方法向公众普及这些法律，并付诸实施。未来已经到来，但只是分布不均，它将蔓延到更广泛的区域。

海鸟的遭遇是与无人机相关的变化信号。此外，这也是与动物迁移相关的变化信号，如北极熊和灰熊。有时，你所发现的信号会突然变得一致，而这种一致性是一种非常特殊的线索。你也许无法立即知晓这种汇合的影响，也不知道它会激励你采取什么行动。然而它一旦出现，你就能感觉到它，就知道你在朝着正确的方向训练自己的奇见之明。

解释一个变化的信号，并非一条笔直的坦途。这是一条蜿蜒曲折的道路，你的想象贯注哪里，它就会通往哪里。有人提醒我，“线索”一词源于 clew 这个古老的词，意为“一个线团”。在希腊神话中，忒修斯用一个线团成功地进出迷宫的中心，他解开了身后的线团，然后再沿着它的轨迹走回来。变化的信号就像一个线团，能带着我们走过迂回曲折的路。在沿着未来的新线索前进时，我们也许不确定自己最终会走到哪里，但如果我们遵从自己的好奇心，通常就会到达一片空地：**一个新事物得以存在的开放空间，一个让我们开始考虑做出重要改变的地方。**

寻找变化的信号的提示与技巧

寻找变化的信号是一种习惯。以下是一些有关如何进行练习的建议。

- 一个策略是承诺每周花 5 分钟来寻找一个新的变化信号。每周挑选一天，把它设定为你寻找线索的日子。我的建议是周二，就叫“线索日”，或者“未来星期五”，怎么样？寻找信号并不难，就像在新闻报道或社交媒体上快速搜索。若想找到线索，最简单的方法是搜索“未来”，再加上你感兴趣的任何一样东西。本周，我搜索了“监狱改革的未来”“心理健康的未来”和“宠物的未来”。“宠物的未来”是一个特别有趣的搜索，我了解到恐龙鸡、机器人康复坐垫，以及“狗如何在火星上生活”等信息。你还可以添加“创新”“实验”“惊人”“趋势”“前沿”“怪异”“奇怪”“创意”“新现象”“科学研究”等词。

- 另一个策略是向别人提问，了解他们在这个世界上看到了哪些使其兴奋或担心的新事物。有时我会在社交媒体上发布以下问题：“就加密货币而言，现在最奇怪或最极端的事情是什么？”“我正在寻找有关未来投票的前沿项目和想法，你有什么能和我分享的吗？”“你希望更多人关注世界上发生的哪些事情？”我的学生们已经组建了线上或线下的信号分享小组。他们每月组织一次信号交换茶话会。他们制定了一条新规则，每次会议开始时，都要先由一个小组成员分享一个新发现的信号。他们用电子邮件、各种社交平台来交换信号。“这就跟组织读书会一样，”有个学生告诉我，“只不过我们不是每个月读一本新书，而是选择一个新的未来话题，每个人都至少分享一个变化信号。”

收集信号是一种增强好奇心和想象力的方式。仅仅注意到这些信号，并分享给其他人，就会非常有趣。如果你想把一个信号变成一个场景，那么接下来就要通过以下问题对这些信号稍加分析：

1. 这个例子说明了什么样的变化？
2. 是什么在推动或促成着这些改变？它为什么会发生？
3. 这个信号有哪些让我担心的地方？有哪些让我激动的地方？
4. 如果这个信号变得普遍，那世界会变成什么样子？
5. 我是否想在那个世界醒来？这是我想要的未来吗？

如果你在收集和分享信号，那么，这些问题可以激起讨论的火花。

现在，是时候开始你自己的信号寻宝游戏了！在你翻到本书的下一页之前，不妨去新闻报道或社交媒体上快速搜索一下。试着找到一个新闻标题或故事，能让你说“哇！这很奇怪！”或“我以前从未见到过那样的情况”。你可以用自己感兴趣的任何一个未来话题作为搜索关键词，但我建议你选择在第 4 章中玩《难倒未来学家》时你提到的话题，你觉得任何一个无法改变的事实。既然你知道了如何调查变化信号，就应该能证明自己是错的，并找到证据，证明这个看似无法改变的事实至少在某种程度上已开始改变了。记住：当你找到一个新的信号时，要写下你遇到的所有疑问。**每个问题都是一条潜在的新路径，你要沿着这条路径去做调查。**

想象训练
Imagination Training

规则 6：寻找线索

收集和调查“变化信号”或能反映世界如何改变的真实案例。让这些信号来激发你的好奇心。沿着这些线索的轨迹前行，无论它把你带向何方。

通过寻找这些有关未来的线索，你会培养自己的“奇见之明”，它是一种“第六感”，能让你注意到一些令人惊讶的、奇怪的、开阔眼界的例子，让你了解自己的生活和社会可能会发生哪些改变。这些线索甚至会激励你今天就采取行动。

07

IMAGINABLE

关注未来力量，想象可能出现的未来

现在，让我们先承认未来不会“回归常态”。

——凯西·维安（Kathi Vian），未来研究所杰出成员

未来力量
最初只是一个微小的变化信号，
继而在随后的几个月、
几年或几十年间逐渐
积聚起力量。

世界上正在发生着一些比你个人更重要、超出你个人控制的事情，你认为未来 10 年有哪些全球趋势会对你和亲友的生活产生最大的影响？

以下是我的清单：

1. 由于气候变化导致的极端高温和干旱。
2. 疫情过后（我们和地球遭受）的创伤。
3. 年轻人由于社交媒体和阴谋论而变得激进。
4. 人脸识别技术的广泛采用。
5. 全民基本收入保障，前提是我们的国家级、州级或市级政府实行该政策。
6. 重塑高等教育，让更多人能上得起学，并且实现终身教育。

预示未来的未来力量

在我思考自己的人生目标、家人的安全和保障、朋友的计划和梦想，以及我们未来的健康和幸福时，我会把这个清单牢记于心。这些变化会让我们未来10年的生活更具挑战性、更复杂或更有趣。虽然其他多种力量也将塑造我们的未来，但目前我的主要精力就是用来思考和学习这些变化。

在所有我担忧以及希望发生的事情中，我选择用一份未来力量清单来聚焦我的长期想象。这些内容是我的未来力量。

未来力量是一种有可能对社会产生颠覆性或变革性影响的重大趋势或现象。人们有时候称其为“大趋势”“变化的驱动力”或“宏观力量”，它最初通常是一个微小的变化信号，继而在随后的几个月、几年或几十年间逐渐积聚起力量。

任何一个有潜力改变世界的事物都能成为未来力量。它也许是一个快速发展的科研领域，如人类基因编辑或人工智能。它也许是一场社会运动，如“黑人的命也是命”。它也许是一种步入主流的新技术，如比特币和其他加密货币。它也许是一个越来越普遍的政策建议，如把投票年龄降至16岁。它也许是一种消费者行为的转变，如植物基膳食（Plant-based Diets）的兴起。

它也许是被专家和研究人员记录下来的一个日益严重的威胁，例如，由于气候变化导致的海平面上升，或噪声污染对心理健康的影响。它也许是一个重大的人口结构变化，就像非洲的“青年潮”，该地区现在大多数国家居民的平均年龄在15～18岁，而美国居民的平均年龄为38岁，英国居民平均年龄为40岁。它也许是一种长期的监管工作，例如，政府试图限制科技公司的权力和垄断。它还有可能是一种普遍的文化变革，例如，在过去 50 年中，全球有 5 个国家的结婚率平均下降了 34%。

游戏化洞察

如果说一个变化信号就像一个诱人的线索，能带你前往意料之外的地方，那么，一种未来力量就像一个闪烁的庞大霓虹灯箭头，为你指出了一个明确的方向。它相当于成千上万个连接起来的变化信号，共同预示着同一个可能出现的未来。未来学家不太经常使用“无法避免”这个词。然而几乎可以肯定的是，一旦涉及未来力量，我们都将不得不以各种方式来考虑它们。

你可以对抗一种未来力量，尝试让它变弱，变得缓慢，或是防止它在未来造成伤害。关注气候危机的社会活动人士正在用这样的方法努力减轻气候变化导致的风险。

你可以与一种未来力量合作，帮助它传播得更快。全民基本收入的倡导者正在用这种方式为自己的试点项目和研究筹集资金，并尝试向政府证明这项政策会造福大众。

你也可以用开放的心态去探索一种未来力量，尝试从中发现新的机遇。2021 年，美国几乎每家快餐连锁店都推出了至少一种受欢迎的植物基膳食乳制品或肉类。

无论你怎么做，你都要明白，自己永远无法控制任何一种未来力量。我做不到，任何人都做不到，即便是全球最大企业的首席执行官、国家总统、最富有的亿万富翁，或是最有影响力的社会活动家，都做不到。未来力量比任何个人、国家或组织都要强大。它们是最强大的变化飓风。

知晓变革之风吹向何方，将为你带来好处，不要低估这一点。俗话说，“你不能改变风的方向，但可以调整帆的位置”。

找到那些让你不舒服的未来力量

你要如何开始思考那些生活中最强大的力量？你必须先找到未来力量。好消息是，如果你愿意接受现实，那么，未来力量往往会很明显。然而，强大的未来力量常常会让我们觉得不舒服，这说起来容易，可做起来难。未来力量之所以会让我们感到不舒服，可能是因为我们还不够了解它，因此无法理解。还有可能是因为它要求我们用不符合自身意愿的方式做出改变，或者是我们还没有做好改变的准备。一种力量也许会让我们觉得不舒服，或让我们害怕，这是因为它似乎在把我们直接推向灾难，而我们却不知道如何阻止它。

未来力量越让你感觉不舒服，你就越应该仔细地审视它。我曾多次被问到，能做出像《超级结构》和《唤醒》这样超级精准的未来预测，到底有什么秘诀。一个不起眼的事实是，这些危机模拟游戏是受到了未来力量的启发，许多全球专家多年来一直在发出警报，但大多数人都忽视了。我们的场景准确地预测到失控的呼吸道传染病，史上最严重的气候变化引发了山火，不法分子故意通过社交网络散布虚假信息，由于用于基础设施建设的资金过少而导致电网出现故障，这并不是因为未来研究所或世界银行可以预知未来，而其他人不知道。恰恰相反：我们的模拟游戏只是一个途径、一个渠道，用来传达一些已经很清晰的、很明显的、即将发生的事情。我们编撰了我们能找到的最强大的未来力量，那些多年来一直持续增强的力量，那些似乎让大多数专家彻夜难眠的力量。据我所知，真正让《超级结构》和《唤醒》显得独特的唯一一个原因是，我们愿意想象所有危机可能会同时发生，并考虑上述所有风险如何变得更复杂、更严重的。

游戏化洞察

我从未来研究所的场景设计专家那里学到了很多知识，其中最宝贵的是：就遥远的未来而言，我无须尝试弄清楚哪些值得自己担心，你也一样。世界上到处都有值得信赖的专家，他们的全职工作正是研究、分析和警示其他人未来可能会出现的风险和遭受的破坏：气候科学家、流行病学家、技术伦理学家、调查记者、人权活动家、国家安全研究人员、经济预测专家。我们只需要听听他们说了些什么。

世界经济论坛发布的年度《全球风险报告》（*Global Risks Report*）是我获得先见之明的最重要的来源之一，在过去的 15 年中，我也一直用它来收集未来力量。这份报告是由一个研究员团队整理而成的，该团队向 650 多位来自商业、政府和全球发展领域的全球顶级领导人发放了调查问卷。这些领导人分享了自己目前最关心的未来力量，并对各个风险的紧迫性进行排序。他们还预测了每种风险具体会在什么时候产生全球性影响——今年、明年、5 年后、10 年后。这种集体智慧被分析并汇总为一个特别清晰的指南，列出了哪些东西让一些世上最博学以及最有影响力的人彻夜难眠。

如果你像我一样每年阅读这份报告，你就会发现，同样的未来力量将源源不断地涌现在你的列表上。2021 年，《全球风险报告》将以下“常见问题”

确定为未来 10 年最有可能对全球产生重大影响的因素：

- 气候变化导致的极端天气、海平面上升以及全球变暖。
- 传染病，包括新冠疫情的长期影响、疟疾等可预防疾病以及未来的新型流行病。
- 大规模杀伤性武器。
- 由缺乏工作机会、普遍失业、负债和收入过低引发的社会动荡。
- 对供水系统和电网等数字网络和重要基础设施的网络攻击。

这不足为奇，以上威胁众所周知，而且有据可查。实际上，这些力量显然已经对人类造成了危害，并将继续给未来投下一道长长的阴影。

如果我在为下一个大型社会模拟游戏做规划，那我自然要关注这五大风险。我会向数万人提问："如果这场危机真的发生了，你会怎么做？""你需要什么？""你能提供哪些帮助？"我会分析他们的答案，从而揭示这场假设的灾难引发了哪些难以预测的社会后果和令人惊讶的连锁反应。正如我们从之前的模拟游戏中看到的那样，这些见解能够更有效地管理灾害，能减少危害，并控制损失。

社会模拟游戏能让参与者有机会彼此合作，一起提前处理自己感受到的冲击，从而能让他们在危机真正发生时更快地采取行动，更快地适应。也许，人们一直都希望提前经历一场假设的全球灾难，以便激励更多人现在就采取行动，做出改变，从而避免一场真正的灾难。

是的，如果我今天正在设计一个名为《超级结构 2030》或《唤醒 2035》的模拟游戏，那么，我会从最新的《全球风险报告》中选择前五大风险，将其整合为一个令人沮丧的超级场景，然后启程前往我们将要抵达的那个未来。我也许还会使用一些被世界经济论坛视作未来 10 年值得特别关注的其他未来力量，也就是以前的清单上没有列出的新风险。

例如，在最新报告中，最大的新风险是数字不平等，它是指人们在获取高速互联网连接方面所存在的差距。这种差距所引发的问题已日益严重，因为社会已经开始转向虚拟化，人们要通过网络完成学习、工作和社会交往。如今，世界各地有近 30 亿人无法上网，其中包括 3 000 万美国人。正确地看待这一危机，你想象一下，在家里没有网或手机无法上网的情况下，你能顺利渡过新冠疫情吗？真的，试着想象一下。在这种情况下你对新冠疫情的体验将会发生多大的变化？会增加多少困难？

年轻人理想幻灭是另一股日益壮大的力量。根据定义，它指“在全球范围内，青年人对现有的经济、政治和社会结构缺乏参与，并对其失去信心和（或）信任”。目前，全球 15 岁至 24 岁之间的年轻人有 12.1 亿，根据调查显示，他们对老一辈的腐败、不公正和危害气候的行为越来越感到沮丧。因此，在过去 10 年中，由青年主导的运动一直持续爆发，从“阿拉伯之春”到全球气候罢工，再到越来越多寻求社会及种族平等的民权运动。这种未来力量可以成为积极变革的巨大催化剂，但前提是，老一辈愿意采纳它，并让年轻人来主导。如果年轻人在谈判桌上没有一席之地，没有机会为自己发声，如果父辈不愿意重新思考“惯常做法”中更具破坏性的方面，就会爆发更激进的青年运动。极端激进的年轻一代会破坏全球民主及经济的稳定。如果年轻人理想幻灭，会让社会陷入混乱与极端主义，而不是带来积极的社会变革。世界经济论坛将这种风险列为“全球最大盲区”，在这个盲区中，目前的全球反应严重低估了这一风险在未来可能产生的影响。

提到年轻人，来自 165 个国家的 1 万多名新星企业家、科学家、社会活动家和社区领导人组成了一个名为“30 岁以下精英”的团体，世界经济论坛面向该团体发放了调查问卷，以了解他们认为的最重要的未来力量有哪些。有意思的是，该组织将心理健康状态恶化列为未来 10 年对全球产生最大影响的头号未来力量，排名超过了气候变化和贫富分化。这个结果令人出乎意料，因为心理状况恶化以前从未在《全球风险报告》中出现过，但也在情理之中。2020 年和 2021 年，由于新冠疫情及其长期的后续影响，抑郁、焦虑、悲伤、倦怠、孤独和创伤等情绪在全球范围内的增幅都达到有史以来的最高水平。这种力量对最年轻的那代人打击最大，研究表明，在 2020 年和 2021 年，全球有 80% 的儿童和年轻人的心理健康状况恶化。在未来 10 年甚至更长时间中，这些问题很有可能会持续下去，并产生连锁反应。

因此，要把数字鸿沟、年轻人理想幻灭和心理健康恶化添加到我们 2035 年的超级场景中。想象一下，这些力量正在与气候变化、日益加剧的贫富分化以及其他最明显的威胁结合起来。如果我们今天模拟了这个场景，然后在 10 年或 20 年后，我们真的经历了一些真正难以想象的组合式威胁，也许是一个威胁，也许是多个威胁。比如，全球可能有 70% 的青年人罢工，一场心理传染病影响着 10 亿人，日益频繁的网络攻击导致全球互联网关闭数月，极端天气迫使人们大规模迁移。到那时，你就不会说我是一个预测未来的天才，而会说：“只要关注未来力量，任何人都能预测到这种情况。”你说得对。

游戏化洞察

这真的很简单。如果不想被未来搞得措手不及，你只需要在专家们滔滔不绝地告诉你某个未来即将来临时，就去主动关注它，主动想象它。你只需要看看那些闪烁的霓虹灯大箭头所指的方向，不要移开视线。

在本章的结尾，你可以制作自己的未来力量清单，列出可能干扰自己生活的头号未来力量，它们可能让你的生活更好、更坏或更复杂。只要有了这个清单，你就会知道自己想在未来 10 年更了解什么，更擅长什么，从而能为接下来将会发生的任何事情做好准备。我还会告诉你，如何使用你的清单开始准备帮助其他人，这样你就不会被未来的力量击垮，而是被它激励并获得力量。当你需要针对 2030 年或之后的某一年创建自己的社会模拟游戏时，即我在这本书中教你做的最后一件事，你独特的头号未来力量清单会为你的场景提供灵感，让你想用这个场景与其他人做游戏。

克服正常化偏误，接受“不正常”的想法

现在我承认，思考全球风险不一定很有趣，即便它“只是一个游戏”或“只是一次模拟”。像“大规模杀伤性武器”和“下一场流行性传染病”这样的未来力量，会被任何一个人排斥在脑海之外，然后说：“不用了，谢谢，我现在不会想象它。”如果你在想：“我能跳到幸福的未来力量清单吗？”我也不会怪你。这很合理：幸福的未来力量清单就在几页后。然而，让我们再多花一点时间，继续关注这些令人担忧的力量。我需要确定，你已经理解了未来威胁模拟游戏中的一个重点。

你不需要花大量时间沉浸在一个假设的危机中就能获得巨大的收益。就危险的未来力量而言，哪怕是一点点的想象也会对你有帮助。如果你能用 20 秒生动地想象一个潜在的灾难，那你就可以立即克服一个最大的神经障碍，从而有效地思考未来。

这个障碍被称为正常化偏误，大多数人在不同程度上都存在这个问题。根据心理学家的定义，正常化偏误是指“拒绝为以前从未发生过的

灾难制订计划，或做出迅速的反应”。当有证据表明人们面对新的或不断增长的风险时，大多数人会拒绝接受这一状态。实际上，正常化偏误如此普遍、如此难以抗拒，以致大约 1/4 的首席执行官因此被解雇：有人针对 286 家企业的首席执行官开展了为期 4 年的研究，结果显示，23% 的人之所以遭到解雇，主要原因是“否认现实”，并否认改变的必要性。

之所以出现正常化偏误，是因为大脑喜欢稳定的模式。当你能安全地假设未来与过去相似时，你会更容易做出规划，制定策略，并采取行动。大脑希望相信，现在正常的事物在可预见的未来依然是正常的；反之，如果一件事以前从未发生过，那在未来也不会很快发生。

当然，我们若仔细推敲这些信念，它们就会彻底瓦解。每天都会发生一些以前从未发生过的事！历史就是由一连串第一次发生的惊人事件构成的：令人震惊的科学发现、令人震惊的技术进步、令人震惊的社会进步、令人震惊的改革、令人震惊的自然灾害、令人震惊的暴力、令人震惊的政府行为、令人震惊的经济崩溃。至于人类的大脑，它应该有的是震惊偏误，而不是正常化偏误。然而，要是不断期待我们周围的所有事物都会发生难以预测的改变，那会让我们精神负担过重，会消耗我们的神经系统，会耗尽我们的情感。因此，**我们要接受正常化偏误，这有助于我们保持理性，并感觉自己能合理掌控自己的生活。**

尽管如此，我们至少可以偶尔或有意地给自己一点震惊。正如历史学家和社会活动家戴维·斯旺森（David Swanson）所说：“几乎所有发生过的重要事情，在发生前不久都是无法想象的。”我们必须积极努力地克服正常化偏误，以便能更有效且更具创造性地思考未来。我们必须训练大脑当这种认知偏误不再有效时能够识别出来。

幸运的是，仅仅通过阅读本书你已经在训练自己的大脑，让它克服正常化偏误了。你练习过的每一个未来思维习惯，以及你玩过的每一个头脑风暴游戏，都会让你的大脑更容易接受“不正常的”想法和信息。当你完全认识到未来力量这一事实时，新的未来情景思维能力会为你提供很大的帮助。具体原因如下。

大约 50 年前，心理学研究者发现了一个值得注意的事情：如果你想让某人相信未来会发生某个事件，只要让他去想象这个事件正在发生，而且要尽可能生动地描述细节。

这一发现可以追溯到 1976 年开展的一项研究，在该研究中，参与者按照要求，想象自己提前知道了即将揭晓的美国总统选举结果，当时的候选人为福特和卡特。所有的参与者被随机分配了其中一位候选人，并被告知要想象此人会获胜。按照要求，参与者要在想象中尽量地丰富这一未来时刻的细节，就像你在本书的未来情景思维挑战中所做的那样：当你听到选举结果时，你在哪里？当时几点了？你和谁在一起？你是通过电视、广播或报纸得知的结果吗？最后的比分是多少？你感觉怎么样？稍后，参与者按照要求预测，谁将赢得即将揭晓的 1976 年总统大选。基本上，绝大多数参与者都预测自己之前想象的那位候选人将赢得竞选。即使他们特别偏爱另一位候选人时也依然如此。

在几年后的一项类似研究中，参与者按照要求评估自己在未来有多大可能会感染一种新疾病。其中一些参与者得到的对该疾病的描述是容易想象的症状，如头痛、胃痛和发烧，因为大多数人都有过这样的经历，都知道它们是什么感觉。而其他的参与者获得的疾病信息则是难以想象的症状，如肝痛和感觉异常。之所以说这些症状难以想象，是因为，你知道感觉异常是什么意思吗？你知道肝痛是什么感觉吗？！所有参与者按照要求尽可能生动地想象一段为期 3 周的生活，在这 3 周期间，他们患有这种疾病且出现上述的所有症状，直至最后康复。他们按要求像写日记一样详细描述了自己的感受，以及为了康复都做了什么。在生动想象了这种潜在疾病之后，他们按要求回答两个问题：

第一，想象的难度有多大？

第二，你认为自己得这种病的可能性有多大？

你现在可能已经猜到，被分配头痛这类容易想象的症状的参与者，他们写的日记非常详细，并认为自己会头痛的概率相当高。另一些不得不尝试想象肝痛等罕见症状的参与者则认为很难想象，他们的日记也不那么生动，并认为自己患病的概率很低。这项研究的重点在于，模糊的想象对克服正常化偏误没有多大作用。生动的想象却能创造奇迹。

受到这两项科学研究的启发，其他多项研究相继出现。在此后的近 50 年中，有数百项研究也证明了同样的效果：用生动真实的细节来想象一个可能发生的事件，能让我们相信这个事件更有可能真的发生。几乎所有研究人员都同意导致这种现象的原因。当你在脑海中创造了对未来的记忆之后，下次就能更快地回忆出这些细节。这种容易想象的感觉欺骗了大脑。

心理学家解释说，在一般情况下，你更容易回忆和想象那些频繁发生的常见事件，因为你经历过太多次，有太多与它有关的信息。与之相比，你更难回忆和想象那些不经常出现的事件，因为你对它们了解不多。

游戏化洞察

一旦你觉得某个未来可能性很容易想象，大脑就更有可能把它视作可能发生的“正常”事件，即便它以前从未发生过。更重要的是，这种效果会日积月累：每次你用生动的细节来重新想象一个未来事件时，你就会觉得它发生的可能性会更高。你能想象的细节越多，它似乎就越有可能发生。简而言之：**生动地想象一个事件，能让你下次更容易想象它。由于你的想象在努力工作，你现在会觉得任何一种奇怪的可能性都是正常的。**

对你来说，这项研究意味着什么？如果你不想让未来可能发生的危机或灾难令你感到震惊不已或手足无措，你就必须克服自己的正常化偏误，让大脑相信这些奇怪的事件可能会发生，不管你现在认为它们多么“难以置信”。只要生动地想象一下，今天就能奏效：它会让你的大脑做好准备，将风险视作正常情况，从而在威胁升级时，让你更有可能注意到它，并给予关注。如果风险变成真正的危机，你就会直接跳过震惊和否认的阶段，这些阶段会让其他人困在旧的思维方式中，陷入旧的行为方式中。当“正常”一词不再适用时，你将能够更快地适应，并做出反应。

克服自己的正常化偏误并不需要太长时间。最近，有一项功能性磁共振成像研究发现，只要通过 20 秒的主动想象，就可以形成一个新的可信的未来记忆。因此，这是个好消息：你无须花几天的时间来担心明天的潜在问题，你只要开启一次快速的心理时间之旅，看一看未来的危机，给大脑提供一些可以使用的细节。回答你熟悉的以下问题：未来会有哪些不同？我周围有什么？我感觉怎么样？我想做些什么？如此一来，你将不会轻易受到正常性偏误的影响，而是能够更清晰地思考那些他人否认的威胁、他人忽视的风险和他人拒绝想象的灾难。

享受充裕时间，迈出帮助他们的第一步

好，你现在已经让自己的大脑相信，像青年理想幻灭或全球心理健康恶化这样的未来力量是正常的，是值得担心的。接下来呢？

别担心。真的不用担心。

游戏化洞察

当你经历一场真实而非假设的危机时，你自然也必然会担心的。但现在，你感到时间充裕，你可以做些真正有益的事。

我的建议是：利用现在这段时间，通过一件你能做到的事情，去帮助一个受到这种力量影响的人，可以是现在，也可以是将来。只选一件小事，不要试图拯救全世界，只要能帮助一个人即可。

佩玛·丘卓（Pema Chödrön）曾在自己的文章和演讲中，讨论过如何在个人或集体危机期间保持勇敢和开放的心态。她建议："无论我们平时想什么，无论新闻节目暗示什么，我们都希望成为一个理性且拥有开放心态的人。我们可以将这个希望变得更理智、更善良的愿望，放在一个更宏大的语境中。我们可以将它拓展为一种为所有人和整个世界提供帮助的愿望。但我们需要一个起点，我们不能以整个世界为起点。我们首先需要帮助自己生活中的人，我们的家人，我们的邻居，我们的同事。"据我所知，这的确是最好的方法，可以吸收大量的关于未来的具有挑战性的信息，而不会感到不知所措。

丘卓在其名著《当生命陷落时》（*When Things Fall Apart*）中说过一句

至理名言，我们可以给它换一种说法：当生命可能在遥远的将来陷落时，准备好为自己生活中和社区里的人提供帮助。

谈到心理健康恶化，这意味着想象一下在未来几年里，你认识的大部分人将遭受更严重的心理健康问题，如焦虑、压抑、孤独或悲伤。你可以想象着选择一个人并为其提供帮助。如果那个人将会受到这种未来力量的深刻影响，为了能帮助那个人，你现在会采取什么行动来做准备呢？

当我想象着自己在长达 10 年的全球心理健康危机中帮助他人时，我决定采取以下行动：我报名参加了约翰斯·霍普金斯大学开设的线上免费心理急救课程。该课程的教学目标是努力让更多的社区成员学习心理健康支持技能，从而提高社区的应变能力。在这个课程中，我掌握了“第一响应人”的技能，能为心理健康出现紧急状况的人提供帮助。我练习做一个富有同情心的陪伴者和倾听者。我学会了要提出哪些问题，从而确定对方是否需要紧急的专业护理。如果全球心理健康恶化到需要我们“全民皆兵”的程度，那我希望现在就培养这些技能，为此做好准备，以便能更有效地帮助他人。的确如此，由于迈出了这一小步，我确实对未来感到更有信心，虽然我希望这是一个我们能够避免的未来。

我们总能找到方法，将一股势不可挡的未来力量转化为一个提供帮助的机会。让我再跟你分享几个我生活中的例子。

面对数字不平等，我想让自己变得更强大，所以我决定改变自己对待网络教学的方式。我努力制作低带宽版本的《未来思维》免费网络课程，以便让网络连接不稳定或网速较慢的人都能获取。我没有要求学生参加长达一个小时的实时讲座，而是把讲座分解为 5 或 10 分钟的预录制视频，以便学生可以随时下载和访问。我可以用文字聊天的形式来组织课堂讨论，而不是用对宽带要求较高的视频会议。我无法为所有人解决数字不平等的问题，但我能做好准备，至少可以帮助一个想要上我的课但没有高带宽网络的学生。所以，现在每当我开设一门新的网络课程时，我脑海中都会想象有那样一个学生，并根据他的情况来开发课程。如果有一天，我需要适应一个网络连接普遍不稳定的世界，那么，我的低带宽教学知识将会成为帮助他人的一项技能。

至于如何应对年轻人理想幻灭的未来力量，让我感到庆幸的是，我在未来研究所的一位颇具创意的同事提出了一个想法，这个想法既神奇，又完全可行。一般来说，未来研究所的未来 10 年预测年会只对研究伙伴和客户发出邀请。然而，在轮到我的同事迪伦·亨德里克斯（Dylan Hendricks）策划这个年度活动时，他建议：我们应该邀请青少年来参加。10 年后，今天的青少年将会帮助人们塑造社会。为什么不现在就给他们一个席位呢？2016 年，有 20 名青少年受邀参加未来 10 年预测年会，有的来到现场，有的通过远程会议机器人 BEAM（Biology Electronics Aesthetics Mechanics）参加会议。我们让他们分享，未来有哪些事会让他们兴奋，有哪些事会让他们担心。在 12 亿年轻人中，20 个人只是很小的开始。但这却是最好的开始方式，正因为小，所以任何东西都无法阻止你，你真正做了一些实事，而不仅仅是想象。

我最近问迪伦，在那次经历中，有哪些东西令他印象深刻。他提醒我说，作为 10 年预测活动的一部分，我们要求青少年发明他们认为可以定义他们这一代人的“新的成人礼”，尤其是当大多数年轻人也许不再去做像考取驾照这一类的活动时。“他们的确提出了一个与众不同的仪式，”迪伦告诉我，“到目前为止，这是最受欢迎的想法。他们一致认为，未来青少年最重要的成人礼是第一次亲身经历气候变化导致的毁灭性后果。这比格蕾塔·桑伯格（Greta Thunberg）早了 2 年，比学校因气候问题而罢课早了 3 年。它绝对是这种运动的一个强烈的早期信号。”

对我们这些在未来研究所工作的人来说，这个小小的实验为未来可能出现的更大的行动埋下了一颗种子。我们已经开始开设更多的青年培训，并让青少年有更多的机会来参加我们未来组织的研讨会。在近期的“如何像未来学家一样思考”的培训中，我开设的第一个“仅限青少年参加”的课程刚刚结课，学生是 30 名来自加利福尼亚州各地的被提名作为自己社区领袖的青少年。我相信，如果需要未来研究所帮助疏解全球年轻人理想幻灭的浪潮，我们会做好准备。

如果你觉得，只帮助一个人听起来简单，但仍然不知道自己能做什么，那你就要有点耐心。先设定一个目标，然后等待想法或机会的出现。你有足够的时间。未来不会从今天就开始！时间充裕。与此同时，你可以找找那些已经在提供帮助的人。

当我参加国际行星防御大会时，我惊讶地发现，为了保护地球不受小行星和其他近地天体的撞击，有那么多人都在从事全职的相关工作。这着实令人激动。在长达一周的会议期间，我了解到科学家们在探测并跟踪空中物体方面的工作取得的进展。我了解到他们如何判断哪些物体会构成真正的威胁，以及可以选择什么样的处理方案：使其偏离方向，从而脱离与地球相撞的轨道，或使用核设施消除它，或超级精准地预测出地球可能受到影响的范围，从而大大减少需要撤离的人数（例如从 1 亿降到 10 万）。我看到专家们通过头脑风暴来寻找方案，以便打击虚假信息，并更有效地向公众传达小行星的风险。他们制定了策略，以便能用安全平等的方式疏散大量人员。他们针对一项新公约的优点展开了辩论，根据该公约，各国有权使用核行动来转移或摧毁小行星，因为目前的国际空间条约是禁止这种行动的，尽管它被视作防止灾难发生的唯一途径。这整整5天的经历，让我对人类的未来满怀希望，即便我们所有时间都在想象可能出现的世界末日的场景。由于知道有这么多的人在为此努力，我为自己也能贡献一份绵薄之力而觉得幸运、谦卑和兴奋。现在，我想对小行星科学有足够多的了解，以便能向其他人介绍相关知识，让我能与朋友和家人分享准确的信息，如有必要，还要在社交媒体上澄清错误信息。无比的乐观主义是会传染的，前提是我们自己要有能力被它感染！丘卓写道："当我们观察自己周围的世界时，既包括我们当前的世界，也包括更大的世界，我们会看到许多困难和障碍……它会让人特别沮丧。然而，我们实际上能从这些可怕的状况中获得灵感。我们可以承认并宣布一个事实，即这个世界需要我们。"

人们通常很难思考遥远未来的可能性。我们不愿意想象如此普遍的苦痛或伤害。但如果说未来的风险能教会我们一些东西，那就是这个世界需要我们。借助充裕的时间，我们能找到自己回答这个问题的独特方式。

在追踪上述所有这些变化中的力量的时候，你也许会感到害怕，更不用说将其融入自己的个人愿景和计划中了。但我此时想告诉你的是，它的确很有帮助。**当你愿意承认有更强大的力量在发挥作用时，你会培养出一种自信又清晰的思维能力，如果你想要获得这种能力，就必须要勇往直前地面对风险和变革，而不是否认或避开它们。**

《全球风险报告》帮助我提前十几年预测到几乎不可想象的2019年和2020年的样子，它也可以帮助你提前几年看到未来会发生的危机。因此，我希望你现在停下来，先不去读后面的内容，如果有可能，请在网上搜索一下最新版的报告。你无须现在就阅读它，但先找到它。如果你迈出第一步，未来就更有可能使用这份报告。它不再是一件道听途说的事，而是你自己亲自经手并真实体验过的事。因此，去搜索一下世界经济论坛发布的《全球风险报告》吧。你将敞开心扉，迎接有难度、有挑战性的信息。如此一来，你就能为想象稍微多做一些准备。

成为潮流的引领者

并非所有未来力量都是风险或威胁。只不过有些力量对我们有害，而这些力量来自我们最常否认和忽视的东西。通常，一种变革之风更容易让我们扬帆起航；跟上新技术发展的步伐，会非常有趣；参与社会运动，是有意义且令人兴奋的事；了解科学上的突破，会激发敬畏之心和好奇的火花；至于文化和行为上的变化，我们自己也许就是潮流的引领者，或者至少是充满好奇心的旁观者。

要确保自己的清单上列出了一些能让你感到乐观的未来力量。需要灵感吗？以下是未来 10 年能让世界更美好的 10 大未来力量：

mRNA 疫苗：从现在开始 10 年后，莫德纳（Moderna）和辉瑞（Pfizer-BioNTech）研发新冠疫苗所使用的同一种技术也许能预防或治愈癌症、疟疾、结核病、艾滋病以及其他疾病，这将开启一个公共卫生的黄金时代。

超廉价的太阳能和风能：到这个年代末，太阳能和风能将会比世界各地的石化燃料更便宜，全球有可能出于经济效益的考量而不再使用石化燃料，这将极大减少空气污染和碳排放。

社会保障网络优先于经济增长：在一项全球研究中，研究者在美国、英国、加拿大等13个国家随机选取了1万多名年轻人展开调查，结果发现，在24岁以下的受访者中，有超过2/3的人希望自己的政府能优先考虑国民健康及福利，而非国民生产总值。在25岁至34岁的受访者中，58%的人同意这一看法，在34岁至39岁的人中，也有54%的人表示赞同。从长远来看，这种趋势将会促使社会保障网络得到明显改善，并减小贫富差距。

"生物打印"技术：在10年内，3D打印机也许能够用生物相容性塑料制作出人体器官。这将消除人体器官捐赠的需求，并让患者在生病的早期阶段，就能将器官移植当作一种可行的治疗方案。

活混凝土：在当前全球的碳排放量中，有大约10%来自传统混凝土，但有一项新技术是用细菌、明胶和沙子来制造"活"混凝土砖，它可以吸收二氧化碳，并释放氧气。"活"混凝土可以自我再生，将一块砖切成两半，就能变成两块砖，如果将这两块再分别切成两半，就变成了4块，以此类推。"活"混凝土可以在未来10年及更长的时间里彻底改变建筑。尤其是在资源稀缺地区，例如在沙漠或火星上，实际上如果全球变暖的趋势继续下去的话，那么地球上可能会出现更多的沙漠，到时候"活"混凝土将会非常有用。

现金直接交易：受全民基本收入计划的启发，全球慈善机构现在开始向人们直接发放现金，而非食物、药品、衣服等其他类型的救济或捐赠。这极大地减少了慈善工作的管理费用，为人们提供了更多的资源，并能更快地让人们以自己喜欢的方式使用这笔钱。从现在开始的10年里，无论人们身在何处，资金会迅速且自由地流向有需要的人，从而刺激各种新的市场。

人造肉：它是在生物反应器中培养出来的肉，在实验室生产，不屠宰动物，到 2030 年，在全球的肉类销量中，人造肉可能会超过动物肉。这项技术会带来 3 大好处：通过提供可持续且廉价的蛋白质食品来促进终结全球饥饿问题；减少牲畜的碳排放量；不再让动物遭受痛苦。

努力克服社会隔离：孤独是一个日益严重的公共健康挑战，它与一系列具有破坏性的心理及身体影响有关，包括心脏病、中风和认知能力下降。为了应对这一问题，日本及英国政府任命了“孤独大臣”。他们发起了全民健康倡议，允许医生将烹饪课程、步行俱乐部和艺术团体列入处方。他们调整了邮递员的路线，给他们更多的时间去查看孤独人群，并将其纳入邮递员的日常工作。他们资助了公共生活的实验，从而让老年人能集中资源，共同享有自己的住房，并建立社区意识。照此趋势发展下去，我们所有人未来都会有更多真正的朋友。

免费或低成本的终身学习：美国的免费公立教育持续到十二年级。但 10 年后，免学费的社区大学、提供就业保证的低成本网络证书课程以及其他教育创新，可能会让终身学习成为现实。

抗衰老生物技术：在当前的实验室动物试验中，像“神经元重组工程”一类的新技术能够成功地逆转生物钟，并消除衰老的影响。10 年后，这一类技术可能会将人类的健康活跃状态延长数十年。

在上述的可能性中，哪个会让你对未来充满希望？选择一或两个，并开启一次快速的心理时间之旅，前往一个上述任何一项技术已最大程度地取得了积极影响的世界。花点时间，提前体会一下当这些变革之风吹过你的社区时，你可能会出现的放松、兴奋、欢乐、安全或感激的体验。

就任何一种未来力量而言，即便出发点是好的，人们也需要考虑它可能会带来的新的伦理困境和意想不到的后果。当你想象这些积极的可能性时，你可能也会获得一些灵感，去思考这些不确定因素。

如果你想用更多真实的细节去想象，那就在网上快速搜索一下，这会帮助你了解更多内容。看看你是否能找到当前推动这些力量前进的帮手。也许你会受到启发，成为他们中的一员。

追踪一个未来力量，是一个持续进行自我教育以及再教育的进程。它不是一个速成课。未来力量发展得相对缓慢，需要很多年。

我每年都会重温一下让自己最担心或最兴奋的那些未来力量，这已经变成我的个人习惯。我在每年的1月进行一次年度回顾，因为那时候，世界经济论坛会发布《全球风险报告》。我会读一些文章，听一些播客，看一些视频，并刷新自己的思维。有时，我会判定一种力量失败了，或是成为“新常态”，然后便不再追踪它。有时，我开始追踪一种自己还不太了解的新的未来力量。作为一种处理当前所学内容的方式，我尝试为自己的每个头号未来力量都设想一个新的未来场景，这样我就能开启心理时间之旅，并邀请其他人来帮助我认真地想象这些力量可能会创造出什么样的世界。

以下是我最近一直在玩的一个场景：今天，人脸识别技术只被应用于少数几个场景，例如，解锁智能手机或机场安检。然而，你能否想象或者你是否曾经想象过，当人脸识别技术无处不在时，你的生活会变成什么样子？

未来场景 5：不要通过人脸搜索我

Imaginable

10 年后的某个公众场所[①]

你正沉浸在自己的思绪里，这时注意到有人悄悄地举起手机。他把手机镜头对准你的方向，对准你的脸，只是轻轻地挥了一下手腕。它发生得如此之快，以至于你差点儿就忽略了它。但你知道他正在人脸搜索。

几秒钟后，他开始看自己的手机屏幕，无疑是发现了你的名字、年龄，以及根据设置的人脸搜索参数而找到的一切有关你的个人信息。在这附近，有很多人都在通过人脸搜索应用程序搜索他们的“邻居”或“陌生人”，具体取决于你的官方家庭地址是否位于社区界限内。你知道，最近很多人也一直在通过人脸搜索来查看他人的疫苗接种状态。但这是你本人第一次被人脸搜索，或者至少是你第一次注意到。

尽可能生动地想象一下这个场景。我省略了一些重要的细节，比如你处于什么样的公共空间中，那些把镜头对准你的人有什么外形特征。我是有意为之，我想让你自己填写这些细节，尽量地详细。如果你在一家餐馆里，那到底是哪一家？如果你在人行道上，那到底是哪个街区？以下问题能帮助你尽可能清晰地想象这个未来时刻：

① 事实上，未来几年内可能就会出现这种场景，也许用不了 10 年的时间。如果你已完全接受人脸识别的应用程序将被广泛使用这一可能性，那么，尽管将这个场景的目标日期修改到更接近今天的某个时候。如果你觉得这个场景还过于遥远，那就依然使用 10 年的时间框架。

- 你在哪里？
- 现在是白天或晚上的几点？
- 你是独自一人，还是和朋友、家人或其他人在一起？
- 在你被人脸搜索之前，你正在做什么？
- 是谁在人脸搜索你，他们有什么外形特征？
- 当你意识到自己刚刚被一个陌生人人脸搜索时，你有什么感觉？

选择时刻

你会为此做些什么？你是会对人脸搜索你的那个人说些什么，还是会忽略他？你是会留下来，还是会离开？你是否会迅速安装一个人脸搜索应用程序，然后立即反向搜索他？你还能想象自己在那一刻采取了哪些其他行动？

你还需要回答以下问题：

- 你能否想到这样一个例子，其中，你想要在未经同意的情况下，使用人脸搜索技术来查询陌生人的信息？在什么时间，什么地点？为什么？
- 除了姓名、年龄和基本的个人详细资料以外，你认为人们未来会用人脸搜索技术搜索彼此的哪类信息？
- 知道别人能随时随地人脸搜索你，你是否会改变自己的任何习惯或行为？会改变哪些？
- 如果你重新想象相同的场景，但使用不同的地点，或者让人脸搜索你的人有不同的外貌特征，你的感觉或行为是否会改变？试着改变这些场景的细节，直到你想象自己对发生的事产生了截然不同的反应，无论是变得更积极，还是变得更消极。

这个场景真的会发生吗？从技术上看，它几乎是完全可行的。像 Facebook 和 Clearview AI 这样的公司，都已建立了包含数 10 亿张人脸识别照片的庞大数据库。包括英特尔、微软和腾讯在内的数百家科技企业，也已经开发出自己的人脸识别算法。此外，在整个人脸识别行业中，准确率都特别高：研究显示，准确率浮动在 90% 至 99.98% 之间。推动这项技术向前发展的主要途径是建立更大的数据库，并调整算法，从而提升准确性。

你可能会认为，只要人们多戴口罩外出就会让这个场景变得复杂，无论戴口罩是出于健康原因，还是为了故意干扰人脸识别系统。然而在新冠疫情期间，有些公司成功地重新训练了自家的算法，解决了口罩问题。2021 年 1 月，日本电气公司 NEC 宣布，其软件在识别戴口罩的人脸时，目前的准确率为 99.9%，只用眼睛和前额就可以进行识别。尝试仅仅通过口罩来逃离这种未来，确实很困难。也许我们可以戴上口罩和能屏蔽搜索功能的黑色太阳镜？我能清晰地想象这样一个场景，我也能理解人们为什么会这样做，但我忍不住会想，如果我们彼此看不到对方的脸，人际交往将会变得多么困难。

人脸识别技术需要解决的一个最大的技术及伦理问题是，识别错误率中存在显著的种族差异，这的确是一个大问题。当前，算法在识别非裔和亚裔面孔时，错误率是白人的 10 至 100 倍。种族偏见已被融入这项技术之中，如果该技术被执法部门使用，那将成为一个重大隐患，此外，任何只适合白人的技术都存在着严重的问题。当我想象这种未来力量将如何发挥作用时，我考虑了两种可能性：一种是人脸识别中的种族偏见被成功消除，另一种是它没有被消除。对我来说，这感觉像是两种截然不同的未来。

政府监管也许能减缓或转移这种未来力量。波士顿、波特兰、旧金山等美国城市已禁止警方使用实时人脸识别技术。2021年中，欧盟也发布了类似的禁令。然而到目前为止，没有任何政府对学校、企业、零售场所或为公众设计的消费应用程序中的人脸识别功能实施监管。作为个人和私企的一个工具，人脸识别这项技术的发展速度也许要快于法律的实施。

想想这个大众人脸搜索的信号：PimEyes是一个免费工具，在发布时，它自称是一个“为所有人开发的人脸搜索引擎”。该企业发布了这样的使命宣言：“我们确实相信，有必要普及人脸识别技术。它不应该只被公司或政府使用。”我最近试了一下PimEyes软件。它用不到4.56秒扫描完我的脸，然后找到了453个与我的面部相匹配的图像和网站。其中，有452张照片是我，另外一张是我的同卵双胞胎姐妹。这让我印象深刻。

我曾有过在公众场所用PimEyes搜索一个陌生人的念头，想用来作为这个场景的真实测试。然而，这并不是我想要帮助创造的那个未来。

如果你想把人脸识别放到自己的未来力量清单上，我建议你用以下关键词进一步搜索。将“人脸识别”与下列任何一个词语组合起来：“进步”“突破”“伦理”“监管”“困境”“挑战”“风险”“机遇”“好处”“新研究”“新应用程序”“创新”“意料之外”“意想不到”“预测”“预言”。这组词将为你的积极想象和阴影想象提供动力。你可以用它们在互联网和社交媒体上追踪任何一种未来力量。

挑选几个未来力量，在未来几年中对其进行追踪，这虽然是一个相对较小的目标，但可能产生巨大的积极影响。我建议你每月搜索一次，只学习一件新事物。你可以在日历上标记出固定日期，或者每月组织一次聚会。把每月第一周的周五设为未来星期五如何？至少，你会了解到一堆很酷的东西。你甚至可能会发现一个新的个人目标或使命。在本章结尾，我推荐了24种未来力量，为你下一次寻找线索提供灵感。

共同为真正重要的事情努力

我们刚刚玩了一个场景游戏，这个场景的灵感源于一个让很多人担心的未来力量：人脸识别。现在，让我们来体验另一个场景，它的灵感来自一种让很多人充满希望的未来力量：重塑高等教育，以及创造人们负担得起的终身学习新机遇。这是我经常思考的一种未来力量。10年后的今天，我的双胞胎女儿将要申请大学（如果她们想上大学的话）。当我开启一次前往2032年的心理时间之旅时，我好奇的是，她们会对哪一类大学或哪个专业感兴趣。我试着想象她们有哪些新的学习途径。我还祈祷，大多数人不用为了给孩子交学费而负债数十年。为了建立现实的希望，我一直在追踪变化的力量和信号，这些变化会让她们的学习拥有更光明的未来，因为她们负担得起学费，获得了学位，并追随自己的好奇心，发现了自己的爱好。而且你知道吗？在孩子们长大后，我将有更多属于自己的时间。也许，我会利用一些空闲时间开启一段我自己的学习之旅。因此，我还试着想象：对我来说，10年后可能出现哪些现在没有的学习机会？

有一种可能性让我特别想站在山顶上大喊："嘿！有没有人也认为这是一个很棒的想法？有没有人也想创造这个未来？"在以"未来学习"为主题的未来研究所未来10年预测年会上，我曾组织过一次名叫《未来万物皆可改变的100种方式》的游戏，这是我当时产生的第一个想法。一名游戏参与者将“今天，大学生必须选择一个专业，例如，生物、企业管理、英文文学或政治学”翻转为“10 年后，大学生必须选择一个重大挑战，例如，气候行动、消除贫困、性别平等或零饥饿”。她向我们的小组解释了这个概念：对工程、传播、教育、政治服务、创业、医学、艺术各个学科领域和职业感兴趣的学生将聚在一起，用 2 ～ 3 年时间，培养应对特定全球紧急挑战的知识和技能。大学学习不再是孤立的专业，而是具有更强的跨学科属性以及目标导向。此外，事业不再指选择一个行业或职业，而是决定自己想要帮助人类解决哪些问题，你可以是工程师、心理健康顾问、电影制作人、记者、投资银行家、营养学家、营销创意人、社会工作者，或者你愿意花时间做的任何事情。每种专业或职业都会被重新想象，以便为一些尤为重要的事情服务。每门课都会从一个不同的视角来看待这个问题，如历史、经济、科学、政治、文化，或者从技术、社会、金融、行为等方面探索潜在解决方案的可靠空间或干预措施。没有人会担心自己的专业“无关紧要”，或者自己最终会得到一份较差的工作。大家同舟共济，为真正重要的事情而努力。

当我听到这个概念时，我非常兴奋。突然间，我想在那个未来的明天醒来。我让提出这个想法的参与者再跟我多讲一讲。原来，她参与了由斯坦福大学设计专业的师生开展的一个项目，该项目主要研究 2025 年至 2100 年间学习将如何发生改变，这是该团队提出的五大未来之一。她和我一样喜欢这个想法。然而，她尚未看到任何一所大学接受并实施这个想法，无论是斯坦福大学，还是其他大学。

我想把它变成现实。

我曾考虑过，通过家庭教学的形式，让我的女儿们每年完成一个不同的重大挑战。如果我这么做，那我愿意让其他在家上学或接受非学校教育的家庭参与进来。我还有更雄心勃勃的设想，例如，向我们当地的社区大学宣传这个概念，并提出为他们设计一个大型挑战项目。或者，我也许会说服世界银行或联合国与一所知名大学合作，联合设计并推出一个面向各个年龄段学习者的、附有学习证书的线上大型挑战项目。我个人将以志愿者的身份，帮助设计行星防御的专业或证书项目。

一想到这是我的家人可能会面对的高等教育的未来，我就开始规划这个神奇的 10 年时间轴。也许正因为如此，我才会颇为乐观地感到，这个一开始显得荒谬的想法是可能发生的，而且我本人可以帮助它变成现实。我知道自己无法在接下来的 10 年里袖手旁观，或者只是想象它能够发生。我必须持续地寻找方法，分享这个想法，尝试它，让其他人参与进来。因此，我将与你们分享下一个场景，将其作为采取行动的一小步。如果你在心理之旅中也来到这个未来，也许你也会看到一些令你感到兴奋的东西，或拓宽了视野，或发现了一个我尚未看到的风险或障碍。也许你会像我一样立即行动起来，把这个未来力量列在你的清单上。如果这并不是让你兴奋的场景，那就开始思考那些让你充满希望的力量，以及你能发明的场景，与他人分享这些场景，并为自己寻找未来的盟友。

未来场景 6：“你发表过挑战宣言了吗？”

Imaginable

暮春，至少在未来几年后

又到了每年的这个时候，暮春，全球约 5 000 万大学生和终身学习者正在准备发布自己的挑战宣言。

这是一个激动人心的季节。过去，选择一个专业仅是一个个人决定，但如今，宣布自己的挑战就像是参与一项重大的使命中。

去年，最受欢迎的 10 大挑战按受欢迎程度依次为：

1. 气候行动。
2. 健康与幸福。
3. 可持续发展的城市。
4. 性别平等。
5. 消除贫困。
6. 种族正义与平等。
7. 合乎伦理的技术与创新。
8. 和平、正义与强有力的制度。
9. 零饥饿。
10. 负责任的消费与生产。

几周后，全球的数据将被统计出来，看看各项挑战增加了多少名学习者。整个夏天，参与过各个挑战的校友们将在世界各地举办派对和聚会，欢迎刚刚发布挑战宣言的学习者加入他们的全球挑战社区。

在挑战季，人们即便不在学校也会关注这一盛事。他们都将致力于更大的事业，这感觉很棒。它为世界的未来打了一针强心剂。今年，你格外地关注挑战季，这是因为（选择一项）：

1. 你是一个即将发布挑战宣言的大学生。

选择时刻

你将要选择哪项挑战？为什么？为了帮助自己做决定，你会跟谁讨论这个问题？你用哪种方式把这个消息分享给朋友和家人？

2. 你家里有个孩子正在上大学，是你的侄子或侄女，这个孩子正在试着弄清楚自己要选择哪项挑战，并询问过你的建议。

选择时刻

你提供了哪些建议？描述一个具体的人，然后想象一下你们的对话是如何进行的。此时此刻，你如何才能提供最大的帮助？

3. 作为一种福利，你的老板为你提供了一个机会，你可以选择一项挑战，并获得网络课程证书。在接下来的两年中，你可以用 10% 的工作时间完成网络学习。

选择时刻

你是否接受这个提议？如果是，你将选择哪个挑战？为了帮助自己做决定，你会跟谁讨论这个问题？

4. 你一直在一个委员会任职，你的工作是帮助你所在的城市或州的社区大学设计一项全新的挑战。这个项目将对社区中的所有成人学习者免费开放，并有可能激励其他学校也为自己的学生提供同样的挑战。

选择时刻

你帮助他们设计了哪些新的挑战？你为什么觉得它非常重要？你能否想象一下，学校会提供什么类型的课程，会教授哪些技能，选择这个挑战的学生会完成哪些项目？拓展你的想象，试着涵盖尽可能多的学科和职业路径，从护理、计算机编程、农业、执法，再到特许经营管理和……（有无限的可能性）。

5. 你是一名教师，有机会调整自己的一门课程或改造你的教室，使其聚焦一个重大的挑战。

选择时刻

你能否抓住这个机会？如果能，你会讲授哪些挑战？你会对自己的课程做出哪些改变？你需要哪种支持？

6. 你认为，从传统专业转向重大挑战是一个糟糕的错误。你正在针对新系统的所有问题及其意外危害，创作相关的视

频 / 播客 / 文章。

选择时刻

当被问及为什么觉得这是一个错误时，你会怎么回答？你能提出的最佳论点是什么？应该提前考虑哪些问题？你认为它如何才能变得更好？

7. ……（在这里加上你自己假设的未来！）

这个场景真的能发生吗？我们已经看到许多的信号证明了它的可能性。**目前，联合国设立了可持续发展目标，它是为了应对我们最紧迫的挑战而建立的一种达成全球共识与合作的途径。**2015 年，193 个国家通过了最新的可持续发展目标，上个场景中的那些挑战的灵感就来自这一目标。除了“种族正义与平等”和“合乎伦理的技术与创新”是我补充的挑战，其他 8 个则直接借鉴了当前的一系列可持续发展目标。

此外，还有一个趋势会让这个场景更有可能发生，那就是 X 奖基金会（XPRIZEs）的壮大。X 奖基金会组织设计并举办公共竞赛，其目的是“通过激励对人类有益的重大突破，来促进创新，从而加速实现一个更有希望的未来”。这一知名项目于 1996 年启动，其中一项挑战是建造能够实现亚轨道飞行的私人宇宙飞船。2004 年，该组织为一名获胜者颁发了 1 000 万美元的奖金。至今，这家基金会已经启动了 10 多个挑战。其中，有一项奖金额度为 1 亿美元的竞赛，是为了促进除碳技术的突破，从而避免气候变化造成最坏的影响；还有一项额度为 1 500 万美元的竞赛，名为“明天的蛋白质”，是指“一种鸡胸肉或鱼片的替代品，它通过自我繁殖获得，且在以下几个方面的表现要优于传统的鸡肉和鱼肉：易于获取、环境的可持续性、动物保护、营养、味道和质地”。根据该组织网站发布的数据，到目前为止，已有超过100万人以团队形式正式注册，角逐X奖。在未来，关于各种挑战的证书项目肯定会受到此类竞赛的启发和激励。

我们不能不提到早已存在的大挑战学者计划（Grand Challenges Scholars Program，GCSP），它由美国国家工程院在2008年专门为工程专业的学生创建。截至2020年，全球有大约100所大学被授予GCSP学校称号，为那些致力于攻克重大挑战的学生提供奖学金，并定制学习路径，这些挑战包括“提供清洁水”“大脑逆向工程”及“防止核恐怖袭击”。这些学生太幸运了！我想，这个概念可以超越单个学科，吸引一批专业更广泛、更具包容性的学习者。非洲领导力大学（African Leadership University，ALU）就是这种可能性的一个小信号，它成立于2015年，在毛里求斯和卢旺达拥有1 500名学生。在非洲领导力大学，学生完成传统的本科学位课程，如计算机科学或企业研究，与此同时，他们还要“宣布一项使命”，他们的作业、野外考察以及实习都将以这项使命为核心展开。这些使命的灵感来自那些能够改变非洲未来的挑战，例如“城市化”挑战，因为预计到2050年，非洲将有约10亿人从农村地区迁移到城市。我喜欢这个信号为我们的场景带来的转向，也许很多州立大学和市立大学会关注本地的重大挑战，而不是全球挑战。

在“你发表过挑战宣言吗？”这一场景中，我们还可以想象，有越来越多的成年的持续学习者像刚毕业的年轻大学生那样，选择一个挑战。这现实吗？目前，最大的网络学习平台Coursera已拥有7 700万学习者；edX拥有超过3 500万学习者。此外，根据用户数据，有2/3的人已完成了学士及以上的学位，超过一半的人边从事全职工作，边学习。显然，人们对继续教育有很大的需求，它能够帮助人们获得新技能、新社团、新机遇。其他的未来力量可能会为这一趋势提供更大的动力：无论是工作的自动化，它将促使数百万人寻找新的学习机会，以便为转行做准备；还是免费的社区大学，它将让任何一个成年人都能负担得起重返学校的费用；或者是全民基本收入计划，它会让人们有机会稍微缩短工作时长，去把握更多的个人成长机遇。

我不禁想到，经常玩电子游戏的人超过了 20 亿，他们已经准备好迎接这种教育的转变，尤其是年轻一代，在成长过程中，他们玩电子游戏的时间几乎和用在正式课堂上的时间一样多。在过去 10 年中，人们在努力地将教育“游戏化”。可是，还有什么比给学习者提供一个重大使命，并让他们与全球数百万人一起合作更具游戏感呢？

你每在本书读到一段解释“这种场景真的会发生吗？”的文章，你就是在增加自己对变化信号和未来力量的储备。你在玩《难倒未来学家》和《未来万物皆可改变的 100 种方式》时收集的所有证据，也有同样的效果。现在你已经知道了这些线索的名字，对它们的使用方式有了更好的想法。在你继续训练自己的想象时，要记住：若想开阔你的思维，变化信号和未来力量两者必不可少。

游戏化洞察

变化的信号就像大脑的玩具，它能激发你的好奇心，点燃天马行空的思维火花。收集它们会很有趣，而且它们是取之不尽用之不竭的，每天都有数以百万计的信号在等着你去发现。当你找到一个新信号时，它有助于让你的未来想象更具创造性、更令人惊奇、更生动。

相比较而言，未来力量的数量则少得多。它们不经常出现。你可能会在几年甚至几十年里，追踪的是同样一批未来力量，等待它们的全部潜力显现。要有耐心，持续接受新的信息。**每当你对某个重要的未来力量有了更多了解时，你的想象就会变得更有依据、更真实、更有说服力。**

现在，轮到你列出自己的未来力量清单了。以下清单列出了我们在未来研究所正在追踪的一些头号未来力量。这些力量很有可能会影响你想调查的所有未来主题，或影响你想要实现的所有长期目标。当你看到这个清单时，哪些力量对你个人特别重要？你想对哪些作进一步的了解？我鼓励你至少选择 3 种自己想要追踪的未来力量。试着平衡一下自己的清单项目，你至少要选择一种对自己构成风险的力量，还要至少选择一种被你视作机遇的力量：

- 气候危机
- 疫情后创伤
- 社会正义运动
- 贫富差距加剧
- 由难民危机和大规模移民导致的社会及政治局势紧张
- 工作的自动化
- 西方国家的出生率下降以及非洲的“青年潮”
- 改变宗教多数群体，并提升神学多样性
- 全球可再生能源供应的转向
- 资本主义和市场经济的替代方案
- 由社交媒体驱动的虚假信息、错误信息和阴谋论
- 极权主义兴起，对民主失去信心
- 人脸识别和监控技术的广泛采用
- 数字货币
- 全民基本收入计划和直接现金交易
- 政府或执法部门强制关闭互联网
- “离线权”运动和每周 4 个工作日
- 终身学习和职场中的“技能重塑”
- 就业保障

- 再生设计与循环经济
- 基因组研究与 CRISPR 基因编辑
- 物联网
- 增强现实与虚拟现实
- 卫星网络与太空互联网

在上述的这个清单中，如果有一些是你完全不知道的东西，那这就是一个绝佳的机会，能帮助你找到自己的第一个线索。只要在互联网上搜索任何一种未来力量即可。记住，未来力量并不是什么秘密，它们就隐藏在我们的眼皮底下！了解它们并不难。困难的部分在于，你是否愿意完全承认它们是真实存在的，接受它们极有可能会带来的变革，并在工作和生活中能牢记它们，即使你觉得它们势不可当、令人生畏或无法掌控。当你知道变革之风吹向何方时，你就能够做好准备去适应它，并对自己的未来产生积极的影响。

想象训练
Imagination Training

规则 7：选择你的未来力量

列出一些你无法控制的外部力量，那些最有可能在未来 10 年影响你以及亲友的生活的力量，包括那些让你对未来感到兴奋的事情和让你担心的事情。密切关注大环境，主动承认风险在不断增长这一现实，即便这些风险会让你感到不舒服。持续更新你对未来力量的知识，以便当某个假设的未来风险成为一场真正的危机时，你能做好准备，至少为自己生活中或社团中的一个人提供帮助。

08

IMAGINABLE

努力练习共情，与未来的自己建立联系

如果你想象中的未来没有我，那么，我在那里存在吗？

——霍达里·戴维斯（Hodari Davis），诗人、社会活动家及教育家

高难度共情

让我们的人际关系更具韧性，

让我们更不容易放弃彼此。

对我们来说，未来的自己如同陌生人。

这不是诗意的比喻，而是一个神经学事实。当你想象未来的自己时，你的大脑会做一些奇怪的事：它表现得不像是你在思考你自己。与之相反，功能性磁共振成像研究显示，它表现得好像是你在思考另一个完全不一样的人。

和未来的自己共情

通常情况下，当你想到自己时，大脑中有一个区域会发挥作用，即内侧前额叶皮质。当你想到其他人时，内侧前额叶皮质的活动强度就会减弱。要是你觉得自己和你想到的人没有任何共同点呢？它会变得更不活跃。

如果你想要维持“自我的连续性”，内侧前额叶皮质至关重要。正是因为它，你每天醒来，才会知道自己是谁，接下来想做什么。已有 100 多项脑成像研究证明了这种效应。然而，这个规则有一个显著的例外：在你尝试想象自己未来的生活时，时间设定得越遥远，你的内侧前额叶皮质显示的活跃度就越低。

游戏化洞察

从你的大脑的表现来看，未来的自己好像是一个你不太了解的人，或者说，是一个你不在乎的人。大脑反应中存在的这种小故障，会让我们更难采取对未来的自己有利的行动。研究表明，我们的大脑越是像对待陌生人一样对待未来的自己，我们当前表现出的自控力就越小，我们就越不可能做出有益于社会的选择，以及从长远来看可能会有益于整个世界的决策。我们抵抗诱惑的能力会下降，拖延变得更严重，锻炼变得更少，为退休而准备的储蓄变得更少，在面对挫折或暂时的痛苦时更容易选择放弃，也不太有可能关心或尝试预防气候变化等长期挑战。这听上去合情合理。哈尔·赫什菲尔德（Hal Hershfield）是加州大学洛杉矶分校的一名研究员，他对未来的自我想象进行了功能性磁共振成像研究。他对我说："对你的大脑来说，当它感觉你是把自己的钱交给一个完全陌生的人时，你为什么还要为未来的自己存钱呢？"

然而与其他人相比，有些人对未来的自己能产生更大的共情。他们的大脑运行方式略有不同，其内侧前额叶皮质更活跃一些。他们对待未来自己的方式，即便不像对待自己本人，也会像对待一位亲爱的朋友或爱人一样。他们通常表现出更强大的意志力；因为他们想对未来变化更有发言权，所以他们会更多地参与投票；因为他们不介意通过现在的努力工作来帮助未来的自己，所以他们更容易在实现长期目标方面取得成功。

你对未来的自己有多少共情？幸运的是，你无须借助功能性磁共振仪，就能找到答案。心理学家根据赫什菲尔德的功能性磁共振成像数据制作了一份科学问卷。它可以测量你与未来自我的关系。以下3个样本问题就来自这个《未来自我连续性问卷》：

你在多大程度上能生动地想象自己10年后是什么样？

1. 一点也不生动　2. 不太生动　3. 有点生动
4. 很生动　5. 非常生动　6. 极其生动

现在的你和10年后的你在多大程度上相似？

1. 完全不同　2. 有点不同　3. 少许不同
4. 相似　5. 非常相似　6. 完全一样

你喜欢自己10年后的那个样子吗？

1. 一点也不喜欢　2. 不太喜欢　3. 有点喜欢
4. 非常喜欢　5. 特别喜欢　6. 极其喜欢

从这些样本问题可以看出，有3个不同的因素在影响着你对未来自我的共情：未来自我的生动性，与未来自我的相似性，以及对未来自我的积极情感。你在上述3个维度上的得分越高，现在就越有可能采取行动，去关心并造福未来的你。如果回答上述3个问题的总分为15分及以上，则意味着你对未来有强烈的共情。相反，如果得分为6分或更低，则意味着你对自己的共情相当低。只要没有达到满分18分，就意味着你有大把的机会让自己与未来之间建构一条更强的“纽带”。

通过阅读本书，完成未来 10 年心理时间之旅，你也许已经能在未来自我连续性的其中一个维度上获得更高的分数，这个维度就是想象的生动性。每当你用一个 10 年后的场景玩一次游戏，每次当你用充满细节的故事写下自己在未来可能会有的想法、行动或感受时，你清晰想象未来自我的能力就会得到提升。

但矛盾的是，你花在想象陌生未来上的时间越多，就越有可能意识到未来的你会不一样，这种变化源于你做的选择，你遇到的挑战，以及社会对你的重塑。

因此，问题不在于我们如何感觉与未来的自己更相似，而是我们如何感觉与我们所想象的那个大相径庭的人有更紧密的联系，我们如何树立信心，相信自己仍然喜欢那个人，无论那个人有多大的变化。

若想解决这一难题，你需要深入研究共情本身。

低难度共情与高难度共情

共情有两种。

第一种是低难度共情，发生在我们能与他人的感受建立直接联系的时候，因为我们自己也有过同样的经历。我们不需要猜测。例如，如果你看到一个孩子被人欺负，而你自己小时候也被人欺负过，那么，你可能很容易迅速对那个孩子产生共情。你也许在心理和生理上涌现出一波愤怒、恐惧或被羞辱的感受，或者你自己被欺负时曾体验到的任何一种情绪。你的大脑用这种方式帮助你更有效地理解他人，并与他人建立联系。这种毫不费力的共情，就像共有的情绪，本能地将我们拉回自己的感觉中，通常伴随着汹涌的神经化学反应和生理感受。它本质上是一种情感模拟。

游戏化洞察

虽然情感模拟非常强大，但去承担别人的感受也会让人感到很疲惫。低难度共情之所以是一种“简单的”共情，并非因为它很容易体会，而是因为它很容易获得。它几乎是无意识出现的，无须任何思考或努力。

第二种是高难度共情，需要更多的努力和创造性。当我们没有亲身经历别人正在经历的事，但很想理解它时，我们必须召唤这种共情。有时，我们不赞同别人，但依然要尝试了解那个人的观点，并去理解导致这种观点的生活经历时，就要使用高难度共情。当我们对经历了极大震惊或失败的人说“我无法想象你有多难受”时，这种共情就会出现。当我们缺乏可以使用的直接知识时，我们就必须进行一次想象的飞跃。我们必须让基于自身经历的本能反应平静下来。我们必须在脑海中创造一个空白的空间，在这里把和别人不一样的体验复现出来。我们必须用自己能找到的所有线索来发明、想象，并填补这个空白。此时此刻，如果我是这个人，我会有什么感觉？

游戏化洞察

当我们无法自然而然地和某个特定的人或群体建立联系时，共情就会难上加难。我们都认识一些人，他们无法让我们自然地产生共情，这些人持有与我们不同的政治观点，选择了不同的生活方式，或是生活在世界另一端的文化和社区中，让我们觉得既陌生又遥远。

近年来，我们中的很多人都有自然共情圈萎缩的经历。我们认同“内部群体”，它们以更严格的方式被政治、宗教和种族身份定义。对其他群体的人来说，我们对他们的生活知之甚少。我们对自己核心圈子以外的人感到越来越愤怒、害怕或不信任。

最初，新冠疫情似乎缓解了这种社会两极分化的问题。各行各业的人联合起来，同舟共济。但随着时间的推移，不同党派对戴口罩、居家令和疫苗接种的不同态度，加剧了社会的两极分化。它创造了区分“我们”与“他们”的新标准：戴口罩的人和不戴口罩的人，保持社交距离的人和不保持社交距离的人，疫苗的支持者和反对者。与此同时，有些国家成功开展了疫苗接种运动，这些国家的人发现，自己的生活与生活在贫穷国家的人们的生活相比简直大相径庭，因为后者无法获得疫苗或难以开展疫苗接种运动。

总之，共情变得越来越难，新冠疫情也没有令这一情况好转。

然而，我们需要高难度共情。它至关重要，它能拓宽我们的视野，深化我们对人性的认识，治愈社会裂痕，并让我们为服务他人做好准备。它让我们的人际关系更具韧性，让我们更快地从分歧中恢复过来，更不容易放弃彼此，无论对方是自己的家人、朋友还是恋人。

高难度共情不仅仅对个人有益，培养高难度共情的人越多，一个社会就会越健康。有人对63个国家中超过10万名成年人开展了一项研究，结果显示，一个国家的国民在高难度共情方面的平均分越高，其主观的幸福感、自尊、集体主义和亲社会行为的水平就越高。看来，理解别人的希望和担忧会激励我们，并赋予我们更大的能力，从而为他人提供更多帮助和关爱。反过来，这又让我们对自我价值产生更多的认可。这是一个良性循环，让社会效益呈螺旋式上升。

> **游戏化洞察**
>
> 高难度共情甚至能帮助你与未来的自己建立更加紧密的联系。对于那些生活方式异于常人的陌生人，那些看起来与你大相径庭的人，如果你不断地将他们纳入自己的自然共情圈，那么，即便你的大脑像对待陌生人或与你迥然不同的人那样去对待未来的自我，你依然更有可能去关心未来的那个自我，与那个人建立联系。

高难度共情≠换位思考

我发现，若想练习高难度共情技能，最简单的方法是借助新闻、杂志或社交媒体查找一个故事，故事主人公的生活经历与我的截然相反，几乎存在着难以想象的差异。然后，我会试着想象，自己过着他们那样的生活。

例如，最近我在《纽约时报》上读到一篇文章，讲述生活在印度农村的两姐妹。她们的村子非常保守，对未婚女性有过度的保护欲，以至于两姐妹在偶尔几次前往最近的城市时，她们的兄弟和叔伯会手拉手将两人围在中间，以避免让这对姐妹与外面的男人有任何接触。试着想象一下这个场景：一小群人一起穿过公共场所，其中，两个女人被围在一个由男人围起来的保护圈里。

因为这是一种极为罕见的社会习俗，我想你没有这样的亲身经历，否则，你很容易就与这个村庄的人共情。如果你觉得这个习俗很奇怪，那么，我想让你试着做一个思维实验。

无论你现在住在哪里，如果在你自己的生活中，人们期望你按照这个被过度保护的习俗生活，那会是什么样子？你能否想象，人们认为你如此需要保护，以至于每当你要去一个可能会遇到陌生人的地方，你的亲戚就会在你身边围起一道人墙？或者，如果你愿意的话，要是人们期望你做一个保护者呢？要是人们要求你履行社会责任，为别人设立人墙呢？

我要澄清一下：不要试着想象自己是那两个印度农村女孩。也就是说，不要与她们换位思考。要坚持你就是你，你所处的地点不变。在心理模拟中，改变的是你自己生活的事实。如果你实际生活在纽约，那你要想象的是，你在纽约经常见到人们围着年轻未婚女性组成一道人墙。如果你在现实生活中是一名未婚女性，那么在这个替代现实中，每当你身边有陌生人，你就需要一道人墙来保护你。如果你不是未婚女性，那么在这个替代现实中，人们要求你提供服务，协助组织或参与建立这道人墙。

这种策略似乎违背直觉。说到底，难道共情不是要设身处地的从别人的角度来看待世界吗？是的，但研究表明，当我们尝试着与别人换位思考，但对那个人的情况却缺乏直接经验时，我们就不能很好地想象它。当我们只在脑海中虚构别人的感受或行为，而非基于任何第一手的知识去思考时，我们往往会误解它。我们的想象和其他人描述的亲身经历之间，通常存在着很大的差距。但上文中提到的高难度共情技巧，可以帮助你将别人现实生活中的客观事实与你自己的主观感受和反应结合起来，能帮助你避免掉入这种陷阱。你并非猜测别人的感觉，而是真切地感受到自己的感觉。此外，虽然这可能无法与别人的感受一模一样，但它是一种更真诚的共情。它位于一个中间地带，在你的真实感受和他人的真实生活之间。研究表明，当我们感受到这种“混合共情”时，我们会与那些最初被我们视作异于常人的人建立更紧密的联系，会觉得和他们有更多的共同点，还会更乐于采取行动去帮助他们，或者多了一个让他们的生活环境变得更美好的理由。

> 回到你的想象中，试着感受一下这个人墙的实感和亲密感。让场景尽可能变得生动而具体。到底是谁在保护你，有哪些亲戚或邻居？或者，你在保护谁？你拉着谁的手？你们要去哪儿？你感觉怎么样？

想到这样一种稀奇又古怪的习俗在你自己的生活中变成现实，似乎有些荒谬。有位高管参加了我在斯坦福大学开设的课程，在做这个练习时，他沮丧地说："我实在无法想象这个场景。我太忙了，无法为别人充当人墙。我会直接拒绝。"当然，这就是共情难上加难的原因。我们可能会很无奈地想象到自己生活在各种社会压力、期待或限制之下，这些压力、期待或限制是如果我们有能力拒绝就会拒绝的东西。也许我们不得不通过共情感受一些自己不愿感受的东西：也许是愤怒，或是无力感。

让我再次感到惊讶的是，有人在这种场景下产生了积极的感觉：助人为乐、关心他人或被别人关心，而另一些人在想象时感到幽闭恐惧、被困住、有负担或不平等。上述不同的反应表明，**高难度共情并不是感同身受，而是要对别人的生活感到好奇，它让我们深刻地认识到，与我们的生活相比，还有许多种不同的现实存在着。**

这里还有一个高难度共情的场景，它的灵感来自南非开普敦市严重缺水的问题。

> 假如法律规定，你每天的用水量要比现在少 75%，你该怎么办？即使在这样严格限制的条件下，假如你仍收到警告说，在你居住的小镇或城市，水资源可能很快就会枯竭，当你打开水龙头时，一滴水也没有，该怎么办？

这是很多人在 2018 年的真实经历。经历了 3 年日益严重的干旱，开普敦市实施了一项限水令，要求居民每人每天只能使用 50 升水。

给你直观地解释一下每人每天只可以用50升水是什么概念：你每天只能冲1次厕所（10升），淋浴1分钟（10升），每天刷牙洗手各2次（4升），留下自己和宠物的饮用水（4升）。你必须把每天剩下的份额存下来，以便每周洗1次衣服（70升），用1次洗碗机（30升）。如果你做家务的时候想用一些水，或用水做饭，或给植物浇水，或是淋浴时间超过了1分钟，或是晚上洗脸，或者每天洗手超过2次……那你就必须放弃其他用水的需求。也许今天不冲马桶了？不刷牙了？下周穿脏衣服？

实施限水令，是为了避免当地人所说的“零水日”（Day Zero）的到来。在零水日，该市将不得不关闭所有市政供水系统。届时居民们将不得不去开普敦周边的150个取水中心排队，每人每天的取水份额只有25升。据报道，零水日会在几周后到来，因为大坝的蓄水量持续下降，已不足总容量的15%。

因此，开普敦的居民们每天都不得不面对异常艰难的选择。他们也习惯了不讲卫生。据报道，一些工作场所还举办了“脏衬衫”比赛，鼓励员工减少洗工服的次数，看看谁能忍受得最久。餐馆和酒吧鼓励顾客不要冲马桶，上面的标识写着：“如果是翔，让它醇香。”与此同时，有钱人开车到城外很远的地方，购买大量的瓶装水，以规避这些限制。这很快就导致了瓶装水短缺。

通过集体努力节约用水，这个城市得以持续推迟“零水日”的到来。几个月后，该地区的降水情况得到好转，一切又恢复了正常。

如果你从未经历过长期的用水危机，那这个高难度共情挑战就很适合你：

想象一下，你必须要经历长达数月类似的限制用水的情况，你目前居住的城市也实行了每人每天只能使用50升水的政策。你每天要如何使用这 50 升水？你首先会放弃什么？淋浴？洗衣服？做饭？你最难放弃的会是什么？你会和家人或邻居分享自己的 50 升水吗？如果你家里有个人洗了 20 分钟的澡，把全家一天剩余的水都用光了，你会有什么感觉？生气？沮丧？嫉妒？如果你连续几天都穿同一身衣服，尽管衣服已经开始发臭，那会是什么感觉？尴尬？恶心？还是觉得这是种美德而欣然接受？

试着从物质层面去了解这种情况。试着从社会层面来寻找自己的解决方案，比如，协商用水决策，帮助他人，或为他人牺牲自己的权益。想想自己的零水日生活会导致哪些情绪，是焦虑、恐惧，还是让你更有动力去帮助别人？为了给可能到来的零水日做准备，你会采取哪些行动？你会囤水吗？你会给别人提供哪些帮助？你自己需要哪些帮助？

鉴于全球气候变化以及日益严重的干旱，这种场景可能会在许多其他城市发生。你现在对那些已经经历过前所未有的限水令政策的人产生的一些高难度共情，能帮助你为自己的未来做好准备。开普敦人的生活经历开创了新的先例，是新的“可以想象”之物。这对任何人来说都可能是即将面对的现实。

未来思维与高难度共情的彼此强化

面向遥远未来的思维和高难度的共情会彼此强化。对你的想象力而言，它们是一种“交叉训练”。你在一方面练习得越多，那么在另一方面就会做得越好。

当你开启一段前往遥远未来的心理时间之旅时，你必须打破自己的惯性思维。你必须全身心地切换到另一种现实中：我的周围是什么？我和谁在一起？我在此时此刻有什么感觉？我真正想要做的是什么？高难度共情也需要完全一模一样的想象力飞跃。它需要使用同样的心理模拟技能来填补以下两者间的空白，一个是你自己的经验感悟，另一个是其他人的真实感受。

同样地，当你开始在身心两个层面都感受到别人与你的生活经历不同时，你就会摆脱束缚，更擅长思考各种各样的变化。因为，如果有人现在已经过着一种和你截然不同的生活，那么明天、明年或者 10 年后，你自己和你周围的人也可能会过上截然不同的生活。

从别人的角度看待未来，并非易事，因为他们的生活环境、价值观、经历、希望和担忧都与你的大相径庭。然而，当你不仅仅是猜测，而是真正从他人那里获得他们真正想要及需要什么的信息时，你就更容易做到高难度共情。它会变得非常简单，你只需提出以下两个问题：

1. 当你思考未来时，是什么让你彻夜难眠？
2. 当你思考未来时，是什么让你兴奋地从床上跳起来？

现在，我有一个数据库，是我在过去两年中收集到的 9 681 个人对这两个问题做出的回答。每当我自认为自己知道什么是值得保持乐观的，什么值得去担心的时候，我就会看看这些反应，尝试着不断地给自己带来意外的发现，并拓展我的共情式想象。

你无须建立一个数据库！但在必要的时候你应该提出这些问题。如果你正在主持一个小组或一场会议，那就试着让人们在做自我介绍时，回答其中一个或两个问题，而不是简单地分享他们来自哪里、职位头衔或其他传统的个人信息。这些问题不仅能够开启一场场了不起的对话，还能建立相互了解的基础，让任何形式的讨论或决策都变得更有意义，即使与未来无关。

用自由写作记录想象中的未来场景

在应对一个未来场景时，除了想象或谈论这两种方式之外，还有一种方式是围绕它进行自由写作。自由写作意味着你将脑子里出现的所有内容都立刻写下来，要快，不要自我审查或编辑。

当你针对一个场景进行自由写作时，我建议你使用计时器，将时长设定为5分钟，而且只有5分钟！你要描述出，如果这个场景真的发生在你身上，你可能会怎么想，有什么感受，以及会做些什么。你的目标是想象这个未来场景，好像你已经体验过它，就像它是一段真实的记忆，你可以回顾其中特定的细节，并对他人描述这些细节。不妨把它视作一个开启未来之旅的入口。你将描述自己日常生活中的一些戏剧性时刻：

> “我今天一觉醒来，最奇怪的事情发生了。”
>
> “当我听到这个消息时，我做的第一件事就是打电话给我姐，征求她的建议。”
>
> “我第一时间跳上车，启动出发。我要在商店被洗劫之前到达那里。”

你可以独自练习自由写作，但当你和一个搭档或一个团队一起自由写作时，会有奇迹出现。然后，你们可以交换故事或“未来日记”，并快速讨论一下你们的反应中出现的任何惊喜或差异。

写下你的想象，意味着你正在向前迈出重要的一步，从在头脑中对未来进行心理模拟，到对未来进行社会模拟，这意味着你要与他人分享自己的想象。这样做还会强化你的高难度共情技能，因为你将能够直接从他人那里发现他们未来可能会有的感受和需要。

在本书的第三部分，也是你想象训练的最后阶段，你将受邀参加“在未来度过10天”的活动，或是写10篇不同的未来日记，回应一些让人非常震惊的场景。你可以通过网络把自己的故事添加到一个大型社交模拟游戏中，成千上万的人也在这里分享他们自己的故事。用第一人称讲故事，是我们在未来研究所开展的所有社会模拟游戏的“核心机制”。

用游戏开发的术语说，核心机制是指玩家在玩游戏时采取的所有行动。足球的核心机制是踢球，玩乐高的核心机制是搭积木，拼字游戏的核心机制是把字母组成单词。社会模拟游戏的核心机制是针对同一个场景写出简短的故事，让别人读到，每个人都说一说，“我会这么做”“我会有这样的感受”，以及“我将需要这些东西”，从而让他们能彼此同情，并形成有关未来的集体智慧。

现在，在你的未来日记中写下自己对以下两个场景的反应，从而练习社会模拟游戏。其中，一个与互联网的未来有关，另一个与金钱的未来有关。你要写下自己对这些场景的快速反应，可以用笔写在笔记本上，也可以给自己写一封电子邮件，或者通过录音把它存到手机里，或者创建一个记事本或Word文档，选择一个最适合你的方式即可。记住，你只有5分钟的时间，而且你是在自由写作，所以你根本不需要审查或编辑自己的想法。为了获得最真实的社会模拟体验，邀请一个朋友一起玩，以便你们能交换彼此的故事和反应。

如果你依然不愿意拿起笔或打开电脑文档，如果你打算只是阅读并思考这些场景，不打算写下自己的简短的故事，那么，不妨考虑一下我在最近一次的社会模拟游戏中，从参与者那里得到的反馈：

> 把它写下来，跟只是想象它相比，差别太大了。写作让场景更

加具体。我以前根本没有想到写作会有这么大的差别。

只有写下来，你才能知道自己在危机中会做些什么。接着，你茅塞顿开。当你必须写下一些东西时，你的大脑就像换了个挡位。

我真的很喜欢写作的部分。我在日记里写了好几页，然后拍下照片，发给我的男朋友，让他也能读到。我想让他跟我一起体验这个场景。

最棒的部分是阅读别人写的内容。如果我一个人写会很有意思，但读别人的故事，会让这个游戏更令人兴奋。他们的一些想法我从来都没有想过，这让我特别惊讶。

你可以用这种方式，开始挖掘有关未来的集体智慧，也可以用这种方式创造集体想象。那么，你准备好写作了吗？

未来场景 7：大规模断网

Imaginable

10 年后的一个周五早晨

你的手机嗡嗡响了两次，然后发出了一种奇怪的声音。

你看了一眼屏幕，发现这是一则紧急警报通知。

这条信息来自美国国土安全部。总统宣布全国已进入网络紧急状态。

由于一个紧急的安全威胁，今天中午 12 点，全美境内的互联网和所有移动通信服务都将暂时关闭。

上述服务至少会关闭 14 天。在此期间，人们将无法上网，无法使用手机拨打电话和收发短信。

此事件目前还没有对公众构成直接威胁，我们将尽快提供更多信息，感谢您的合作。

你以前从未见过这样的警报。这是真的吗？一想到没有网络或很多事情无法在手机上完成，你的大脑就开始飞速运转。

接着，你看了一下时间。现在是上午 11 点 50 分。还有 10 分钟就要断网了！

想象一下，这一幕发生在你的现实生活中，你会有什么感觉，会做些什么？以下是一些提示，能帮你写下这个未来日记。

1. **设置场景**。当你收到这个紧急警报时，你在哪里？还有其他人跟你在一起吗？如果有，你们会对彼此说些什么？描述一下这个时刻的细节。
2. **感受这个时刻**。你当时体验到了哪些情绪？有哪些生理感受？有哪些想法开始在你的脑海里浮现？
3. **试着理解它**。对于这一切，你能想出哪些可能的解释呢？
4. **说出你的担忧**。如果没有网络或手机服务，而且这种情况至少会持续两周，你将会面临哪些问题？
5. **采取行动**。在收到警报后，你会立即采取哪些措施？开始制订什么计划？

像“大规模断网”这样的未来事件真的会发生吗？让我给你进一步介绍一下启发这一场景的变化信号和未来力量，以及为什么未来研究所认为应该开始为它做准备了。

也许你已经注意到，这个场景有点神秘。我们还不是特别清楚发生了什么事。到底什么是“网络紧急状态”？它为什么会发生？你如何计划有效的行动措施，去应对自己并不完全理解的情况？

这种不确定性实际上是场景设计的一个重要组成部分。不够清晰，是在回应我们现实生活中经历的“难以置信”的事件和“难以想象”的挑战。当一场重大危机爆发时，我们往往不知道到底发生了什么，或者它为什么会发生。理解这些变化，并调整我们的现实预期，都需要时间。一个神秘的场景能让你练习在危机的迷雾中有创造性地、战略性地思考，尽管此时你仍很难分辨到底发生了什么。

然而，我现在能为你消除一些这个场景中的迷雾。以下是“大规模断网”中的实际情况：当前，一些中央及地方政府越发频繁地在几乎不提前通知的情况下关闭互联网和移动通信。这不是一个假设的未来场景，它已经发生了。

2019 年，33 个国家强制关闭了 213 次互联网；2020 年，有 29 个国家又强制关闭了 155 次。其中，62% 的断网行为既影响了宽带服务，也影响了移动通信。断网通常由国家政府下令，时间从几天到数月不等。目前已知的最长一次断网是在缅甸，当时有 9 个城镇正在发生军事冲突，截至撰写本书时，断网令已经实施了将近 2 年。印度在断网方面也是全球范围内的佼佼者，仅在 2020 年就关闭了 109 次。

就关闭通信而言，最常见的理由是维护公共安全、国家安全，以及阻止虚假新闻或“非法内容”的传播。实际上，根据相关研究以及互联网权利组织“即刻登录”（Access Now）的说法，断网更多的是被用于平息抗议、破坏社会运动、掩盖侵犯人权的行为，以及影响选举。在过去几年出现了一种趋势，即断网持续的时间在变长，影响到的人群在变多，而且主要是针对弱势群体。

但它会在美国发生吗？以前没有发生过，并不意味着未来也不会发生，注意不要落入正常化偏误的陷阱！在过去几年中，针对宪法是否赋予美国总统关闭互联网和其他所有电信服务的权力，有了相当多法律方面的讨论和研究。令人惊讶的是，法律界一致同意，根据1934年《通信法案》附带的一项模糊条款（第706条，编号为47 USC 606），宪法允许总统在战时或其他公共紧急状况下关闭上述所有服务。因此，关于美国关闭互联网的想象也许并非那么遥不可及，它或许是为了防止危险的错误信息在国家安全危机期间被传播，或许只是为了防止和干预公众的抗议和政治行动。

这存在着非常大的隐患，以至于在2021年，“即刻登录”在有关断网的全球年度报告中专门发布了美国的最新情况，上面说道：“美国已将切断互联网及通信平台写入法典……在面临任何一种‘公共危险状态’或‘其他国家紧急状态’时，总统就可以行使几乎不受限制的权力，关闭全国范围内的通信平台……美国依然存在着断网的威胁。”

意识到这种威胁之后，2020年，两党共同努力，试图在美国参议院和众议院通过《断网开关法案》（*Unplug the Internet Kill Switch Act*），以扭转早期的法律规定，阻止总统在战时切断任何通信设施，包括互联网。然而，该法案没有获得足够多的支持，并未推进到国会投票环节。

“美国政府追踪”（GovTrack.us）是一家专门提供美国立法信息及统计数据的非政府组织，针对反对上述法律提案的观点，它总结道：“反对者反驳说，尽管《断网开关法案》听起来很像奥威尔的小说，但在这个几乎全数字化时代，它实际上是政府应对国家安全问题的一个必要工具。”他们指出，国外敌对势力或恐怖分子对美国电网、供水系统、数据库和银行系统进行网络攻击的风险日益增加，并认为当发生上述网络紧急情况时，总统需要一个断网开关。同样，这些风险并非假设，它们已经发生，而且频率越来越高。

例如，2021 年，一名恶意黑客远程入侵了佛罗里达州的污水处理厂，将污水处理中的氢氧化钠的含量从 0.001 改为 0.111，如果不是及时发现这一漏洞，那么结果将足以导致人们患上严重的疾病。2021 年，美国最大的天然气管道运营商之一科洛尼尔管道运输公司（Colonial Pipeline）在遭到网络攻击后，不得不关闭 8 800 千米的管道，该管道承载着美国东岸 45% 的天然气供应。2021 年，全球最大的肉食品加工商 JBS 遭到攻击，导致食品价格上涨，扰乱了全球食品供应链。专家表示，在所有的网络袭击中，医院是最常见的基础设施类目标。2020 年，美国发生了一次最严重的医疗健康网络黑客攻击，这次攻击令佛蒙特大学医学中心断网 42 天，导致 300 名员工被迫休假，许多重要的手术和治疗被推迟。这些攻击是一种未来力量，作为一种防御策略，必然会出现各种各样的关闭网络的行为。

也许你想为这个场景做更充分的准备。花点时间思考一下，自己可能会做些什么。也许你会登录“即刻登录”网站，花 5 分钟进一步了解关于这一风险的信息。也许你会主动结识自己不太熟悉的邻居，以便在网络及通信关闭期间能互相帮助。也许你可以设定自己的通信备选方案，从而在移动通信关闭期间依然不受影响。信不信由你，你在 5 分钟或更短的时间内就能轻松完成这件事，当然我不是说让你安装固定电话，尽管这也有用。我想说的是，学会如何使用“网状网络”应用程序，它可以通过附近的手机用户创建一个局域网。

为了应对日益频繁的通信关闭情况，软件开发者和社会活动人士一直在开发新的工具，以便帮助人们在没有手机服务或无法连入互联网的情况下也能发送信息。应用程序离线桥（Bridgefy）就是这样一款工具，通过手机蓝牙，它可以让你向附近任何一个使用该程序的用户发送短信，信号可以覆盖一个足球场的大小，也就是在直线距离约 100 米之内都可以实现。它听起来似乎用处不大，但你要注意，这些用户可以再进一步连接到 100 米之外的用户，而那些用户可以再向远处拓展100米，以此类推，建立一个网状网络，从而让相距特别远的人们之间可以收发信息。使用这款应用的人越多，通信网络就越强大，覆盖范围也就越大。尤为重要的是，它几乎可以在任何条件下运行，包括手机服务中断、断网、断电，只要你的手机有电即可。

其他类似的应用程序还不少。你可以在自己的手机应用商店里找到这些应用。在不到1分钟的时间里，你就能把这些应用程序安装到手机上，以便将来使用。这是一个很好的微行动，因为你无法在断网期间下载应用程序。你必须趁着还能上网的时候就把它们安装到手机上！

只有当大量的本地用户都使用时，这些应用程序才会发挥最好的效果。因此，也许你可以再花4分钟的时间，向朋友、家人或你的“左邻右舍”社区发送一个简短的说明，建议他们也安装它，以防未来出现断网的情况。如果你真的受到启发，想为这个未来做好准备，那么，你可以组织一次本地聚会，测试一下这些应用程序，从而了解如何在紧急情况下使用它们，也许今天就能为它们想出一个有趣的使用方式。

就网状网络的未来而言，这里还有一条振奋人心的线索。在2021年的夏天，新闻中出现了这样一条信息：“亚马逊人行道（Amazon Sidewalk）即将创建一个全国性的‘智能网络’，将其客户的设备连接起来，最先推出的是Echo智能音箱和Ring相机。”没错，亚马逊正在建立自己的网状网络，名为人行道网络（Sidewalk Network）。亚马逊表示，它能让你用蓝牙把自己家里和邻居家里的智能设备连接起来，从而解决连接问题，帮助设备运行得更快，甚至在本地故障期间能提供备用的临时局域网连接。当然，人行道网络的批评者们提出了隐私和安全问题。有一篇文章指导读者说：“为保护个人隐私，你应该立即关闭亚马逊Alexa智能助手功能。”它成为社交媒体上的热门话题。就在该项目发布几周后，一名消费者提起了一项诉讼。

我不知道亚马逊会将这个项目推进到什么程度。然而，一家大型企业通过智能设备，有可能解决未来的断网问题，这个想法绝对激起了我的好奇心。你能想象 2033 年的互联网大战吗？某位总统关闭了互联网，宣布进入网络紧急状态，但只有杰夫·贝佐斯或其他一位科技大佬站出来说："先不要着急。"这是一种新奇的可能性，对我来说，在发现这个最新的变化信号之前，简直难以想象。现在，我忍不住要思考这个问题。

未来场景 8：让你的钱翻倍

Imaginable

10 年后的一个周二下午

今天，满大街都是联邦现金回购计划（Federal Cash Buyback Program）的新闻。它在各个社交媒体平台上都是热门话题。

它听起来好得令人难以置信，但据你所知，它是合法的。以下是它的运作方式。

联邦政府刚刚宣布，推出一种新的数字货币，即数字美元。① 它的价值和传统的美元完全一致。它是一种法定货币，并得到了美国财政部和美联储的全力支持。任何接受现金支付的美国商业或法律团体，现在也必须依法接受新的数字美元，其利率和价值与传统美元相同。从今天开始，企业可以选择用数字美元向员工支付工资。

与传统货币不同，数字货币有些独一无二的特点：

① 注意，这个场景与加密货币无关，因为加密货币使用区块链技术，没有得到任何中央银行或政府的支持，而且目前主要被当作投资工具和投机买卖。与之相反，这个场景与中央银行发行的数字货币（CBDC）相关，它是一种国家法定货币的数字形式。中央银行不再印制纸币，而是发行电子货币，或提供一个账户，由政府完全信任并为之提供背书的账户。

- 它只以电子形式存在，被保存在数字钱包中。
- 你可以通过手机应用程序或借记卡来使用它。
- 转账和支付会实时到账，无须任何费用，所以它能以更快、更低廉的方式被所有人使用。

到目前为止，一切正常。然而，就国家发行的这种新型数字货币而言，有一些细节让人不太满意。你今天刚得知了以下内容：

- 以后不会有匿名的数字钱包。你需要用政府颁发的身份证或生物识别技术创建钱包。
- 美国联邦政府会使用一个中央数据库来追踪所有的数字美元交易。换句话说，政府将完整记录付款人、收款人、交易时间及目的等信息。
- 所有仍在流通的传统货币，将继续被当作法定货币使用。但美国财政部今天宣布：以后不再印刷任何新纸币，也不再铸造任何新硬币；未来只发行数字货币。

这就是联邦现金回购计划诞生的始末。为了激励人们转而使用新的数字货币，政府正在开展一个为期两周的限时优惠活动：一个现金翻倍回购计划。

在接下来的两周内，你可以将任何钞票、硬币或银行资产去联邦政府兑换两倍的数字美元。例如，如果你的银行账户里现在有500美元，你可以把它换为1 000数字美元。如果你有100万美元，你可以换为200万数字美元。

在这两周的窗口期内，美国所有股票及债券交易都将被暂停，这可能是为了防止每个人都去套现，从而导致市场崩溃。在这两周的窗口期内，美国的银行将被禁止发放任何新的贷款，以防止这个系统被“钻空子”。不然的话，人们会忍不住去申请最大额度的现金贷款，再把它换成数字美元，偿还贷款后，剩下的都是盈余。

政府表示，计划在未来 10 年用数字美元取代所有传统美元。所以从今天开始，所有由联邦政府支付的款项，如退税、学生贷款、经济刺激补贴、所有公务员和军人的工资、向供应商支付的款项、各州及地方政府的拨款，都只以数字美元的形式支付，预计每年流通的新型数字货币大约为 5 万亿美元。

从今天开始，你只有两周的时间，把自己现有的钱都换成数字美元。

如果这一场景真的发生了，你会有什么感觉，你会怎么做？以下是一些提示，可以帮助你写下自己的未来日记。想象一下，现金回购的场景正在现实生活中发生。从你的角度出发，写下自己独特的故事，谈一谈这个未来将如何开始展开：

1. **设置场景**。当你得知现金回购计划时，你在哪里？是否有其他人和你在一起？如果有，你们会对彼此说些什么？详细描述一下这个时刻。
2. **感受这一时刻**。你当时体验到了哪些情感？有哪些生理感受？有哪些想法开始在你的脑海里浮现？
3. **试着去理解它**。你认为政府发行数字美元的动机是什么？为什么他们要让传统美元从流通中消失？你认为社会将对此做出什么反应？根据你的预测，大多数人是否会完成这笔交易？
4. **采取行动**。在得知现金回购计划后，你会立即采取哪些行动？你需要哪些信息？你想和谁聊聊自己的决定？你开始制订哪些计划？

像“让你的钱翻倍”这样的未来，真的会发生吗？这个假设的联邦现金回购计划是一个充满变数的场景。一方面，政府将在某个时刻尝试转向全数字经济，这相当合理。到2021年年中，包括美国在内的全球50多个政府及央行已经开始针对央行数字货币展开了研究、原型制作或是发行工作。另一方面，在两周的时间内，金融体系想以如此快的速度完成重大转型，可能性极低。你甚至可以说，这种场景很荒谬。更有可能出现的情况是，有一个长达10年的缓慢转变，这一过程是如此低调，以至于我们几乎没有察觉到它从根本上发生了变化。

如果数字货币大概需要几年的时间才能改变我们的生活，而不是几周，那么，我们为什么还要想象一场对金融系统的迅猛冲击呢？当几乎在一夜之间发生了重大变化时，我们更容易注意到它，对它的感受也会更强烈。无论是我们讲述的故事，或是我们想象的场景，都会和我们实际经历过的体验一样真实。现金回购的场景之所以引人注目，是因为我希望你的大脑能做好准备，真正注意到货币已经开始发生变化，以及注意它将在未来10年如何继续变化。我希望数字货币变化的所有信号都能向你涌来。我希望你在某天醒来并意识到自己已经生活在一个全新的现实世界之前，有充足的时间开始转移自己的货币形式，改变自己的财务习惯，以及表达自己的政治见解。因为这个新的现实几乎一定会到来。

今天，我们习惯了货币以某种特定的方式运作，但在未来，它将通过编程的方式，完成各种新奇的事。

政府可以设定数字美元的失效日期，因此，如果这笔钱没在过期前花掉，它就会回到政府部门。这很可能成为政府发放经济刺激补贴的一种方式：通过一次性设定长达30天或60天的有效期，来确保资金迅速在经济中流动起来，而不是被储蓄在账户中。

因此，如果数字货币不被使用，还会随着时间的推移而贬值。以 1 美元的数字货币为例，如果不花掉它，那它每隔 30 天就会贬值一半。在这种情况下，花钱就像是玩击鼓传花的游戏：你不想留住它太久，以免它失去自己的价值。政府可以通过编程来为一部分资金设计这样的功能，以便鼓励持续消费，而非储蓄。

通过编程，数字货币可以被设定为只能以某些特定的方式，或在某些特定的地点进行消费。例如，如果政府想刺激人们把钱花在乘坐公共交通、旅游、自然灾害后的地方救援上，那就可以发出一个激励程序，设定人们只能把钱支付给公共交通管理部门或与旅游相关的企业，或者只能在具有某个特定邮政编码的企业消费，从而支持当地的经济复苏。在消费完一笔限制性资金后，数字美元的使用规则将恢复正常。

有了数字货币，人们就更容易在经济衰退期间实行负利率，或者防止大量积累待消费的财富。在上述场景中，你可以想象一下，数字美元资产超过 100 万美元的个人账户和超过 10 亿美元的企业账户将出现负利率，也就是说，每年对未消费的资金收取一小部分费用（如 1%）。通过负利率收集到的所有金额都可以通过利息的形式，重新分配给其他所有数字钱包的持有者。

如果政府想要激励某种特定的行为，比如接种疫苗或投票，可以创建专门用于公众疫苗接种诊所或投票站的数字钱包，并通过编程，将数字美元设定为固定额度的一次性交易，例如鼓励每个人在指定的地点消费 100 美元。

现在，你明白美国政府为什么如此迫切地要发展数字货币了吧？在刺激经济、鼓励消费方面，数字货币还有很多事情可以做。它更利于打击欺诈、偷税漏税等行为，因为政府通过中央数据库，已经知道了你有多少收入。如果你不为自己的数字钱包纳税，那么政府就可以直接把钱从你的数字钱包中转走，或者停止数字钱包未来的交易，直到你按照义务缴清税款为止。你未来可能欠下的任何罚款或费用，也会照此处理。

当然，这种监督和权力的升级，会让数字货币的替代品吸引到那些重视隐私的人，或者那些不希望政府推动自己做出某些金融行为的人，或者那些不想让政府了解自己金融活动的人。因此，你在关注数字货币的同时，还要密切关注并投资那些有意对抗上述所有新权力的货币。

当流通中的大部分资金可以通过编程控制时，经济政策的创造性潜力就会爆发。一方面，数字货币的未来力量已在加速塑造着社会，现在几乎每个大国政府都开始发展这项技术。但另一方面，我们看到的只是冰山一角：经济学家、企业家和社会活动家肯定会创造出更多意想不到的方法，以便能充分利用可编程货币的优势。

共同想象比个人想象更能拓展思维

几年前，一家大型科技公司邀请我和他们的产品团队一起组织了几次未来思维工作坊，以便帮助他们预测最新产品会导致哪些意想不到的后果。这种工作往往需要一些高难度共情训练，因为对那些过去曾遭受更严重的不平等、不公正、骚扰或隐私被侵犯等伤害的人，比如，妇女、有色人种、残疾人或慢性病患者来说，新技术具有更大的潜在风险。

当我从事这种工作的时候，我会签署保密协议，所以我不能准确地告诉你我服务的是哪家企业或哪款产品，我们暂且称呼它为X公司生产的Y产品。

在下面的故事中，我省略了 X 公司的细节，但作为一个假设的例子，你可以想象它是一家健康科技公司，正在制造一种新型可穿戴健康追踪设备。我要帮助他们提出并回答以下问题：

- 用户面临哪些潜在的隐私风险？
- 如果用户数据被泄露或被盗，该怎么办？
- 它会被用于公开羞辱或敲诈吗？
- 在最糟糕的情况下，一个恶意的黑客可能会利用它做什么？
- 这项技术是否对用户的心理健康造成任何影响？
- 用户在多大程度上会对这项技术“上瘾”或产生依赖？
- 这会如何改变用户的日常行为，或影响他们的幸福？
- 如果一个独裁政府想要获取用户数据，他们会怎么做？
- 有些数据可能被政府用于监控或进行有针对性的压迫，公司是否有责任避免收集这些数据？

显然，产品设计师和程序员在日常工作中不会碰到这些问题。但如今，这种前瞻性的未来思维正成为硅谷产品设计中更重要的一个部分，理由很充分：如果你不展望未来，比如至少 10 年以后的未来，那就很难对人类产生积极的长期影响，无论是积极的还是消极的后果。此外，Twitter、Facebook、YouTube、苹果等平台没有预测并避免以下问题：虚假信息和阴谋论的病毒式传播，仇恨言论和政治激进化的日益增多，对个人的群起谩骂，以及社交媒体和手机“成瘾”问题。看到这些企业受到批评后，越来越多的科技公司正在尝试践行“伦理的”或“负责任的”创新。

至于这个由 X 公司委托的特定项目，在我们共同完成了第一次高难度共情工作坊之后，发生了一些奇怪的事。我的主要联系人告诉我，从现在开始，企业的法务将参加所有的工作坊。此外，我发给他们的所有电子邮件，无论内容多么琐碎，都应该抄送公司的律师，并备注“律师——客户特权”的字样。

到底发生了什么事？好吧，员工们的集体想象似乎揭示了过多令人惊讶的潜在问题。现在，问题来了：如果一家公司内部对潜在的长期风险有所了解，那么，未来是否会因不作为而承担法律责任？

换句话说：是不是不知道这些反而更好？

值得赞扬的是，该公司并没有取消我们后续的未来思维培训。它不停地问：如果数亿用户使用我们的技术，可能会发生什么？然后呢？然后呢？然而，让法律顾问参与进来，对谈话产生了寒蝉效应。此外，我不认为该公司会根据提前了解到的潜在危害去采取行动。若想培养未来想象力，不应该关起门来进行，或者只局限于特权对话中。可以说，我写这本书的一个主要目的是，我不希望对未来的预测，尤其是对可能影响数百万甚至数十亿人的技术或政策的预测，在秘密进行。

如果你受到了这样的鼓舞，我希望你能把在这一章和本书中学到的技巧教给他人，从而让他们也能教给别人，别人再教给其他人，照此传递下去……如此一来，我们就能一起了解这个秘密。没有哪个人能预料到所有事物，如果能携手合作，我们能对未来做出更多预测。

科幻作家兼科技社会活动家科利·多克托罗（Cory Doctorow）曾说过：

> 我们都是所处时代和环境的囚犯，很难不会认为自己的生活是唯一的一种可能性，好像我们周围的一切都是不可避免的，自然而然的，任何变化都是“反常的”。

然而，社会想象让改变的想法变得自然。当我们看到别人讨论一开始显得荒谬的想法时，我们也允许自己去认真对待它们，并提出我们自己的想法。

共同想象永远比个人想象更能拓展我们的思维。当你下次开启心理时间之旅时，你能邀请谁来一起参与呢？

想象训练
Imagination Training

规则 8：练习高难度共情

他人的生活与你的生活存在着难以置信的差异，用他们的故事和经历，来填补你的生活经历的空白。尽可能生动真实地想象一下，你自己的生活环境变得更像他们的生活环境。在这个替代性的现实中，你有什么感觉？你会做些什么？你想要哪种帮助？这个习惯会帮助你扩大自己的自然共情圈，并让你感到自己与他人有更紧密的联系。它还能提高你想象各种变化的能力。

每当你用未来场景玩游戏时，都能练习共情。只要条件允许，就不要只是猜测未来如何影响他人，而是直接问他们：在这个未来，什么东西会让你感到兴奋？什么东西会让你感到担心？写下你的故事，并将它们分享出去，从心理模拟转变为社会模拟。有些人在环境、价值观和生活经历方面与你存在差异，用他们真正的希望和担忧，来填充你的想象。

09

IMAGINABLE

认清当下的问题，想象治愈的方案

对我们来说，牢记自己拥有强大的能力是非常重要的……既然人类创造了这个系统，那么就能改变这个系统。

——英格丽德·拉弗勒（Ingrid LaFleur），非洲未来战略研究院创始人

想象
是把未来
拉进现在的第一步。

现在，你彻底开阔了思维，已准备好相信几乎任何事物都有可能在未来发生变化。关键问题不是“未来 10 年能发生哪些变化？”，而是“哪些事物应该发生变化？”。

疫情带来的冲击，导致人们产生了一种心理上的裂痕，激进思想从这个缝隙渗透至我们的集体意识中，并在此扎根。正如社会活动家克里斯汀·凯恩（Christine Caine）所写的那样，“当你处于黑暗之地时，你有时会认为自己被埋葬了，但实际上只是被栽种到了泥土中”。

走出疫情的阴霾，我们有机会一起成长，拥有崭新的面貌。但首先，我们必须努力了解自己经历过的真相。

用想象治愈深层疾病

近 30 年来，心理学家一直在研究一种叫作“创伤后成长”（Post-traumatic Growth）的现象。它是一种积极的个人转变，经常会在经历创伤，遭遇难以想象的挑战和难以置信的痛苦之后出现。

游戏化洞察

创伤后成长能让我们更好地理解自己的优势，对新的可能性和机遇保持开放的心态，与其他遭遇痛苦的人惺惺相惜，有勇气对自己的生活做出重大改变，这些变化能更好地反映我们的希望和梦想，还能让我们产生一种新的渴望，即致力于实现一个比我们自身更重要的目标。那些经历过战争、重大疾病及伤害、自然灾害、丧亲之痛、失业和经济压力的人，都经历过创伤后成长。它虽然并不算普遍，但也很常见。专家表示，有 50% ～ 60% 遭受过创伤的人至少会在某一个方面经历过创伤后成长。

矛盾在于，预测创伤后成长的最佳指标是，受到创伤的人出现了一种或多种创伤后应激障碍的症状。这是因为创伤后成长并非痛苦的对立面，它直接源于人们对深度痛苦的体验和理解，以及尝试从这些痛苦中获得意义。当我们被迫重新思考自己的核心信念，承认自己的脆弱性和生命的有限性，并决定哪些东西对自己真正重要时，就会出现这种情况。它始于一场痛苦的斗争，人们要充分消化并理解过去的创伤：发生了什么？为什么会发生这种情况？为了重整旗鼓，我现在该怎么做？

创伤后成长通常被视作个人的成长过程。但现在，也许是我们第一次真正看到它在全球范围内发挥作用。

有人说，新冠疫情是人类历史上规模最大的一次群体性创伤体验，包括由一线工作、社会隔离、经济损失及经济困难、长期焦虑、严重疾病、长期的疫情、失去亲人导致的创伤，以及由被政府遗弃并缺乏保护而引发的悲痛。

在疫情期间，创伤有多常见？在任何一场传染病后，都有平均 22.6% 的人会出现创伤后应激障碍的症状。医护人员是最容易受到影响的人群，占比为 27%，其次是被感染的个人，占比为 24%，普通大众占比为 19%。这是根据 2021 年对 88 个不同研究结果展开综合分析后得出的结论，涵盖了非典、埃博拉病毒、寨卡病毒、中东呼吸综合征冠状病毒和新冠病毒引发的疫情。即便我们把这些比例降低一半，考虑到不同个体及国家在经历传染病时存在的差异，地球上也有近 10 亿人经历过传染病带来的创伤。如果有 50% ～ 60% 的人开始体验到某种形式的创伤后成长，那就有 5 亿多人正在积极地重新思考自己的核心信念，接受新的可能性，并寻找自己想要达成的更大的使命。

也许，这种粗略的计算听起来过于乐观，有点不切实际。然而，耶鲁大学医学院曾在 2020 年底面向 3 000 人展开一项调查，根据已发表的研究结果，有超过 40% 的人已经体验了至少一种由疫情直接导致的创伤后成长。因此，我和其他很多人都认为，未来 10 年将是我们大多数人一生中最重要的机遇，能让我们为社会创造持久的积极变革。

疫情的冲击让我们很多人都质疑，尽管有如此多的资源和预警，为什么全世界还会任由如此多的苦难发生？疫情带来的创伤，让我们开始重新想象和重新发明自己认为理所当然的东西。这些冲击和创伤让全世界变得既痛苦，又迫切渴望情况能有所改善。

利娅·扎迪（Leah Zaidi）是未来研究所的一名研究员和小说家，她认为，应对创伤的常见反应是想要逃避到小说和虚拟世界中，这一冲动也推动着我们想象一个更美好的未来。她写道：

> 你是否憧憬过现实以外的世界？另一个时间，也许是另一个地点……心灵的宇宙与真实的宇宙大相径庭。是因为你厌倦了这个世界吗？我们很多人在生活中的某个时段都被问到过，是否存在一个比当前更美好的时间或地点。然而，我们能做的不止于此，我们还能做得更好。

的确如此，如果非要评价一下新冠疫情期间发生的事情，那就是我们还能做得更好。那么，我们在哪些方面还能做得更好呢？我们接下来应该做些什么？

“现在是过去下的蛋，未来就在蛋壳中。”哈莱姆文艺复兴时期的作家佐拉·尼尔·赫斯顿（Zora Neale Hurston）提出了这个迷思，我们在此找到了答案：为了找到能决定未来的挑战，我们必须回顾自己近期的经历。

想要治愈创伤，我们需要了解发生了什么，以及为什么发生。就新冠疫情而言，这意味着，要承认我们的痛苦有多大比重源于社会长期存在的系统性弱点，也就是可供病毒利用并充分发挥的弱点。正如未来研究所执行主任玛丽娜·戈尔比斯（Marina Gorbis）所说的那样：“杀死我们的不仅仅是病毒，还有我们的社会、经济和政治体系。”为了实现全球在创伤之后的集体成长，我们将不得不尽力解决一个现实难题：新冠疫情导致人们生病、死亡或残障，其中很多情况都是可以预防的。随着病毒在全球人群中传播，本应得到解决的社会问题却进一步加剧，如贫富分化、崩溃的医疗系统、极端的政治分歧、种族歧视、脆弱的供应链、工人过度劳累以及气候危机。我们可以把这些社会问题视作“既往病史”，就像老年人、糖尿病和心脏病等患者更容易感染新冠病毒一样。在未来研究所，我们将这些令新冠疫情的影响变得更严重、更难康复的既往病史称为“深层疾病”。

深层疾病将会为未来 10 年定下基调；我们解决它的方式将在很大程度上决定着我们是在新冠疫情中挣扎求生，还是因为它的出现使未来变得更好。接下来绝不是要事无巨细地分析新冠疫情期间出现的所有问题，或新冠疫情暴发后出现的一切不公。但我希望它们能成为一个达成理解、成长和社会康复的起点。现在让我们看看这些深层疾病的症状，以及它们在未来将以何种方式再次出现，从而让我们能开始想象一种治愈方法。

贫富分化问题

贫富分化，是指社会中不同群体之间的收入和机会分配不均，它本身就是导致痛苦的一个主要原因。在新冠疫情期间，它的危害变得令人触目惊心：它令许多生命在不同程度上处于险境，若得不到解决，它将使病毒带给我们的集体痛苦在未来延续下去。

这种既往病史最明显的症状是，在无法居家办公或保持社交距离的群体中，病毒传播速度要快得多，并令更多人丧命。大多数从事基础工作的人都与病毒有密切接触，他们收入微薄，且没有保障，例如，在仓库、养老院、肉类加工厂、垃圾处理站、厨房和杂货店工作的人。与此同时，有些人居住在人口密集的房子里，多世同堂，这在低收入社区更常见，其感染率也更高，因为病毒更容易在人与人之间传播。继而，收入不稳定导致低薪工人接种疫苗的时间更晚：在 2021 年夏天前，美国有近半数成年人自愿选择不接种疫苗，主要原因是担心疫苗的副作用让自己无法工作，导致失去收入。

贫富分化问题在有所改善之前，可能会变得更糟。有一项研究调查了过去 5 次传染病疫情对经济造成的影响，结果发现，在疫情结束后的 5 年中，收入差异问题在受疫情影响的国家日趋严重。我们已经看到了这种趋势：在疫情暴发后的第一年，全球 10 亿富豪的财富增加了 3.9 万亿美元。相反，全球工人的总收入下降了 3.7 万亿美元。与此同时，根据国际劳工组织发布的一项针对 37 个国家的研究，在疫情暴发后，全球有 3/4 的家庭收入有所下降，其中有 4 亿人失业。这些工作上的损失存在着不平等，女性和少数族裔受到的影响更大。值得注意的是，在数百万“退出”职场的人中，女性占比为 80% ～ 95%（她们自愿放弃工作，通常是为了照顾家庭）。这将导致职场在更长一段时间内都会存在不平等现象：数据显示，失业会导致终身收入减少，因为人们失去了积累经验的机会，技能下降，并对个人的士气和自尊造成创伤。对来自贫困家庭和受教育程度较低的工人来说，尤为如此。

无法返校上学也会带来长期的后果。在新冠疫情期间，估计有超过 10 亿年轻人的学业平均落后了 6 ～ 12 个月。之前的传染病，如 1918 年的流感，导致 14 ～ 17 岁的学生学业中断，造成他们在一生中工资都低于那些顺利完成学业的同龄人。原本就存在的贫富分化也很重要，因为昂贵的私立学校比公立学校更有可能重新开放，而且富裕的家长还为孩子聘请了私教，即所谓的“新私塾”。

全球财富的不平等也产生了影响。虽然较富裕的国家能为企业提供保障，并向公民提供失业补贴或现金补贴，从而缓解疫情封锁期间的一些经济困难，但较贫穷的国家却无法做到这一点。例如，有一半关于较贫穷国家的家庭报告指出，新冠疫情造成家庭收入的减少，他们因此要减少餐食数量。童年时期的营养不足会对人们的心理、身体和情感健康产生终身影响；整个社会普遍缺乏营养，则意味着整个国家在未来几十年将遭受严重的后果。难怪最近一项针对史上数百年来传染病的研究发现，在疫情出现的平均

20 ～ 30 年后，往往会出现经济低点。世界经济论坛在 2020 年针对不平等议题发布的报告指出："传染病是一个破坏经济的重锤，在各个代际间都会产生影响。"日益严重的贫富分化和收入不稳定对人们的心理造成了影响，这种影响本身也许就是一种新的潜在健康风险。**研究表明，收入不稳定且薪水低的工作导致严重的精神及情感压力，以及生理上的压力，并进一步影响心脏健康，破坏免疫系统，让人们更难从疾病中康复。**

为了治愈这种深层疾病，我们必须开始长达 10 年的经济转型。我们要怎么做？当前，为治愈这种疾病，世界各国政府、社会活动家和经济学家提出了以下重要议题：

- 我们能否向在疫情期间工作的所有基层工人支付一次性的全球奖金？什么样的奖金才是公平的？
- 若想给未来创造真正的希望，什么样的最低工资才能既公平又能满足生活需求？除了一点一点地增加数额之外，是否可以设定一个美元额度，以便促进一波经济复苏的浪潮？
- 那最高工资标准应为多少？年薪的公平上限是多少？这将如何改变人们喜欢的工作类型？
- 我们能否想象一个设立联邦就业保障的新时代，把政府变成失业工人最后可以求助的"雇主"？他们应该做些什么样的工作？为了创造一个更美好的世界，我们还需要更多人去做些什么？
- 要是我们把保障食宿视作一项普世的人权呢？我们如何才能创造一个为所有人提供食宿保障的新世界？
- 现在是否应该建立一个普遍的基本收入制度，由政府每月为每个成年公民提供一定额度的金钱，用于支付基本生活费用？
- 我们能否为所有人提供一份基本收入，无论出生在哪里，无论是哪国公民？或者为所有人提供最低工资，不仅在一个城市或一个国家实施，而且要为此颁布一条国际法？哪种跨境协议和全球税收政策能将其变成现实？

- 我们准备免除多少个人和国家的债务？哪些贷款可以被免除？
- 对造成气候危机负有较多责任的富裕国家，是否应该向较贫穷的国家支付经济赔偿？
- 是否应该为终身的财富积累设定一个上限？我们是否准备好取缔10亿富翁了？
- 除了金钱之外，人们还需要哪些东西才能感到经济有保障？

记录下你对上述问题的感受。你觉得哪些想法依然是难以想象的？你打算开始进一步考虑哪些想法？

你自己无须解答上述任何一个问题，或者未来的很多问题，因为我们考虑的是，为了治愈社会的其他既往病史，我们还需要做些什么。艾丽丝·沃克（Alice Walker）曾在1972年的诗《安慰》（*Reassurance*）中写道：

我必须喜欢这些问题
它们本身
就像‘诗人’里尔克说的那样
喜欢上锁的房间里面都是宝藏
对它来说，我那盲目的
探索的钥匙
还不完全适合那把锁。

就目前来说，让这些问题进入你的脑海，就足够了。慢慢地消化它们。哪些问题会激发你的好奇心？哪些会让你气愤？哪些让你产生一丝希望？

我家餐桌旁有一堵墙，被我们称为“问题墙”。家里每个人会在彩色便笺纸上写下一些问题，然后把它们粘在墙上。这种方式可以提醒我们自己对哪些东西感到好奇。

大约每周一次，每个人都从墙上撕下一张卡片，开始用谷歌搜索。每当你在本章中发现一个真正让自己感到好奇的问题时，就把它写下来，贴在一个你能经常看到的地方。你将会惊讶地发现，这个简单的做法居然能如此显著地激发自己的想象。

崩溃的医疗系统问题

根据世界卫生组织的定义，医疗系统是指“以促进、恢复或维持健康为主要宗旨的所有组织、人员和行动”。新冠疫情以令人痛苦的方式揭示出我们当前医疗系统的脆弱性和不平等：医护人员短缺，获得治疗的机会不均衡，对利益的关注破坏了全球健康，在防治多种容易预防的疾病方面存在着集体性失败。世界卫生组织估计，全球有6 000万名医疗工作人员，按照为减轻医疗系统压力的标准来计算，它比所需要的人数少了1 800万，而且那是在疫情之前。由于职业倦怠和创伤，全球医护人员短缺的问题可能会变得更严重。在最近一项重大调查中，76%的美国医护人员报告说，自己在新冠疫情中感到职业倦怠，48%的人表示，自己曾因为新冠疫情带来的创伤而考虑过退休、辞职或更换职业。

医护人员短缺问题在全球范围内的分布并不均衡。在这个体系中，最严重的不平等现象是医药领域中的“人才流失”：拥有医疗技能的公民离开了自己的祖国，到更富裕的国家工作。例如，塞拉利昂、坦桑尼亚、莫桑比克、安哥拉和利比里亚的退籍率超过了50%，这意味着在上述国家出生并接受培训的医生中，有一半以上将离开祖国，到较为富裕的国家工作。这导致较贫困的国家陷入困境，在传染病等健康危机发生时产生严重的人力短缺问题。

此外，全球卫生系统中的盈利模式和支付能力也存在着差距，因分布不均导致了不必要的痛苦。包括美国在内的124个国家都缺乏全民医疗保障，在这些地区，每年有1/4的人因为无法承担医疗费用而放弃治疗。在新冠疫情期间，数千万人因担心无法支付费用而放弃新冠病毒的检测和治疗，这种情况导致病毒扩散得更广，以及更多本可以避免的死亡。制药商为了努力维护高达数十亿美元的利润，放慢了向那些负担不起高昂费用的较贫穷国家推出疫苗的速度，即使富裕的国家储备有余。截至2021年夏，在高收入国家中，平均有约1/4的人接种了疫苗；在低收入国家，这一数字不足2‰。世界卫生组织总干事谭德塞（Tedros Adhanom Ghebreyesus）将这种令人震惊的差异称为“疫苗种族隔离”。

此外，新冠疫情还让人们注意到一些潜在的可预防疾病，这些疾病增加了新冠患者的死亡率。心脏疾病、糖尿病、肥胖和高血压在全球范围内普遍存在，并不断增长。根据《全球疾病负担》（*Global Burden of Disease*）的最新研究，仅可预防的心脏病一项，每年就会导致2 000万人过早死亡。这些可预防疾病所造成的医疗负担和死亡风险，是在控诉医疗系统过于注重疾病的治疗而不是预防。即便在没有疫情的情况下，这些可预防的疾病也会让人们日益担忧：潜在的疾病让个体更容易受到与气候相关的健康危机的影响，如极端高温。

最后，在新冠疫情期间，全球健康治理工作显得非常薄弱。例如，巴西和印度由于无法保护本国公民而对其邻国产生了毁灭性的影响；当产生了危险的新变异毒株时，既没有任何机制能保证这些国家采取负责任的行动，也没有办法让它们承担责任。

总之，上述医疗系统中的弱点是未来 10 年的全球补救及改造的基点。我们期待看到，人们使用前所未有的集体想象来回答以下问题：

- 对企业因疫情而直接获得的利润来说，是否应该为其设定上限？
- 多余的利润能否用于向医护人员支付一次性奖金，或为下一代医生设立医学院奖学金？
- 我们是否应该将获得药物、医疗保健和疫苗视作一项人权？如果是，违反这项人权的商业模式是否应该被视作违法行为？
- 作为一种经济补偿，因较贫穷国家医疗人才流失而明显获益的国家是否应为较贫穷国家提供资助，帮助后者发展医疗保健系统？
- 如果较贫穷国家投入超过 11 万亿美元来发展自己的医疗系统，那么它们的国际债务是否应该得到豁免？
- 我们如何用抗击疫情时的紧迫感，来尽快扭转并预防那些可预防疾病？
- 我们的生活、工作和饮食方式的哪些变化将对全球健康产生最大、最快的积极影响？
- 未来 10 年，我们要怎么做，才能让全球增加 2 000 万名医护人员？
- 我们如何用公平的方式将这些医护人员分配至世界各地？
- 为了帮助满足基本的医疗健康需求，没有接受过正规医疗培训的人能在自己的社区里做些什么？
- 我们能否想象，多培训 1 亿名“医疗社工”，从而让人们在自己的家中就能完成基本的健康检查、疫苗接种，并进行常规的体检？
- 我们是否应该建立一个新的全球健康治理系统，包括对那些违背全球集体利益的国家实施真正的制裁？
- 我们是否应该用目前对待侵略行为或核武器扩散的方式，来对待一个未能控制病毒的国家？
- 鉴于传染病无国界，为了创造一种更具协作性以及全球性的医疗方案，我们还能做些什么？

即便你个人不具备开始重塑医疗保健系统的能力，你也可以为拓展全球的想象提供帮助：你可以考虑，哪些东西会在未来10年发生改变，你可以自己提出一开始显得荒谬的想法，你可以寻找一种帮助他人从疫情中康复的方法。上述任何一个挑战都可以成为一个有价值的未来场景或一个重大的个人使命。此外，你并非孤立无援：即便是这个列表上最令人惊讶的问题，也已被全球领先的健康政策期刊和公共论坛认真探索和辩论过。疫情是一个名副其实的跳板，能让以前难以想象的医疗保健理念变得可以想象。

因此，不妨把这些问题放在自己的脑海里。记录下来，哪些问题会让你感到不舒服，哪些会让你充满希望。和别人聊聊这些想法，看看它们会变成什么样子。

极端的政治分歧问题

政治两极化是这样一个进程，它意味着社会在文化规范和政策问题上日益分裂，随着时间的推移，极端的观点越来越常见。自20世纪90年代以来，它在全球范围内持续加剧，而且最严重的地区就是美国。

在新冠疫情期间，这些极端政治分歧所造成的危害异常明显。很多国家出现了将防疫常识政治化的问题，这些防疫常识包括戴口罩和保持社交距离。研究显示，想要预测一个人是否经常戴口罩或保持安全距离，最佳指标就是看他的党派身份。“反口罩集会”和“反封锁抗议”活动主要是由美国、加拿大、澳大利亚、英国、意大利、西班牙和德国的保守派政治团体组织的。

研究人员发现，政治分歧严重的国家更容易传播有关疫情的阴谋论和错误信息。这是“后真相”观念导致的结果，它通常源于极端的政治分歧。对越来越多的人来说，被他们视作真理的东西，不是源于公认的事实、证据或数据，而是对某个政党或某种意识形态的忠诚度。在疫情初期，这导致人们产生了有害的信念，认为新冠疫情要么是一个“骗局”，要么只是和流感一样并不可怕。一项研究发现，在美国，极端的保守党派的电视谈话节目通常会低估新冠疫情的风险，此类节目的观众比普通人感染新冠病毒的可能性要高出 34%，死亡率高出 35%。

后来，随着疫苗被开发出来，它们也被政治化，并沦为毫无根据的阴谋论和虚假信息的主题。在全球范围内，研究人员发现，“反疫苗运动”和对疫苗的怀疑在政治分歧严重的国家更为常见。这种极端的党派分歧在地方上出现了如下症状：截至 2021 年年中，美国疫苗接种率最高的 20 个州都是支持民主党的州，而在接种率最低的 20 个州中，有 19 个州都倾向共和党。

在一个两极化的“后真相”社会中，在危机期间开展集体行动变得异常困难。如果我们不能就需要采取哪些措施达成一致，我们就无法一起行动。而且当人们觉得自己与另一个政党的支持者没有任何共同之处时，“共同利益”的吸引力也会极大缺乏说服力。对这种既往病史来说，也许以下现象最奇怪：根据皮尤中心对 13 个国家所做的调查，在上述所有国家，执政党的支持者有极大可能认为国家在处理新冠疫情方面“表现优秀”，而其他政党的支持者则更倾向于认为国家“做得很差”。研究人员表明，这些信息与实际的病例数量、住院率或死亡率并不相关。此外，它们与所采取措施的实际严格程度或风格也没有关系。这种党派分歧在美国最严重，但在法国、西班牙、英国、日本、意大利、荷兰、加拿大、瑞典、德国和比利时，这种分歧相差也达两位数的百分点。

在两极化如此严重的“后真相”时代，我们到底如何完成某种形式的共同学习？如果我们认为解决一个问题的方法主要基于我们是否投票给执政党，而不是基于解决方案是否真的有效，那我们将如何更好地抗击疫情或未来的其他全球危机？研究表明，上述问题的叠加让情况变得更复杂：贫富差距和崩溃的医疗系统，显著地加剧了人们对政府的不信任以及政治的两极分化。这是一个恶性循环，但如果我们能找到切断上述其中一个旧模式的方法，那么由此带来的连锁反应也许能开始治愈这些症状。

极端的政治分歧是一个挑战，需要人们在未来 10 年中找到好的想法，以及具有创造性的解决方案。以下问题能够激发我们的集体想象：

- 我们如何才能重建一个基本的共有现实？
- 持有不同政治世界观的人应该普遍认同哪些事实？
- 我们如何以反对政治两极化的方式来讲述这些事实？
- 我们将如何帮助人们摆脱对其有害的阴谋论信仰？
- 哪些解决方案有助于阻止错误信息的快速传播？
- 为了摆脱这个两极分化严重的时代，我们可以创造出哪些新型的政党及操作方式？
- 如果缺乏经济保障和医疗系统崩溃加剧了政治分歧，那么，我们是否应该加倍投入最具雄心壮志的想法，以便治愈那些症状？
- 南非和克罗地亚在冲突和暴行后，采取了一些针对真相、正义以及和解的措施，美国等国家是否应该用相似的方法来消除政治分歧？
- 美国的和解运动可能是什么样子？
- 哪些身份会让我们团结起来，而不是分裂我们？
- 音乐、故事和艺术如何帮助我们塑造这些新身份？
- 我们如何才能开始将所有人都视作一个群体，并站在同一立场？

种族歧视问题

2020 年夏天，世界的抗议者举起了写着“种族主义是真正的传染病”的标语。这句话犀利地指出了美国有色人种和世界各地少数族裔每天体验不平等的风险和不合理的痛苦遭遇。这次新冠疫情揭示出以下不公正的现象：世界各地的有色人种和少数族裔感染及死于新冠病毒的比率远远高于白人或多数族裔。

在美国，非裔、美国原住民和拉美裔的病例人数是白人的 3 倍，住院人数是后者的 5 倍，死亡人数是后者的 2 倍。在英国，印度人、巴基斯坦人、加勒比裔或其他有色族裔的死亡率是白人的 2 倍。在加拿大，每当传染病来临时，原住民感染病毒的可能性都是其他人群的 2 ～ 13 倍。在新加坡，2020 年有 95% 的确诊病例是少数族裔的移民工人。与之类似，在沙特阿拉伯和阿拉伯联合酋长国，绝大多数病例都是少数族裔移民工人。在巴西的医院里，非裔巴西人新冠患者的死亡概率几乎是白人的两倍。以上这些数据统计的是新冠疫情第一年的情况，这是撰写本书时能找到的最新数据。

为什么新冠疫情对社会上的这部分人群产生了如此严重的打击？在上文提及的所有国家中，研究人员都能发现，这种不合理的风险源于结构性的种族歧视。有色人种和少数族裔往往从事着收入低的基础一线工作，所以他们更有可能接触病毒。

由于贫困率更高，而且在租房及抵押贷款市场中面临着歧视，他们更有可能处于拥挤的生活条件下，很少有机会进入露台、后院或花园等户外空间活动。这使得他们在疫情期间更难保持社交距离或自我隔离，因此病毒也更容易传播。

因为过去一直存在的住房红线和歧视，所以他们更有可能住在空气污染较为严重的社区。长期暴露在污染之下，他们会面临肺部和心脏出现新冠并发症的风险，还会增加糖尿病、肥胖和哮喘等基础病的复发率，进一步增加新冠重症的风险。

他们的免疫系统和心脏更有可能出现疾病，因为生活在种族歧视环境下，经济也缺乏保障，会给他们造成长期的压力。

他们不太可能获得完善的医疗保障，原因有两个。其一，他们更有可能从事不提供医疗保险福利或带薪病假的低收入工作。其二，医生更有可能忽视或轻视他们的症状，或者就像一项研究表明的那样："医疗机构中的种族偏见会影响医疗保健活动的质量和结果。"

由于拥挤的居住条件，被关押者感染新冠病毒的比例是普通人群的4倍。维持治安和量刑中的种族歧视，则对美国的非裔男性和全球的少数族裔都产生了不合理的影响。

移民工人通常是少数族裔，他们生活和工作的条件局促拥挤，病毒更容易在那里传播。由于移民身份，他们无法平等地获得医疗保健的机会，或是机会有限。

为了说明新冠疫情期间暴露出的结构性种族歧视，我们可以以血氧仪为例，它是通过指尖测量血液中氧气含量的设备，是检测新冠重症的重要工具。然而在2020年，科学家报告说，该技术有可能无法检测出低氧血症（hypoxemia），也就是含氧量低的症状，这种情况出现在有色人种身上的比例是白人的3倍。较高水平的皮肤色素沉着往往导致测量结果不准确，这意味着肤色较深的人更有可能错过一个重要的警告信号，比如，他们需要住院治疗、补充氧气或重症监护。

种族歧视是历史遗留问题，是当前的现实，也是未来的紧迫挑战。为了让全世界共同努力纠正这些系统性错误，我们可以参考以下问题：

- 我们将采用哪种方式为奴隶制和历史上的歧视提供经济补偿？
- 种族正义的“登月计划”是什么？我们可以为政治竞选和政治运动设定哪些大胆的目标？
- 为了记录当前的种族不平等，并帮助确定反种族主义行动的目标，我们能收集哪些数据？
- 我们将如何缩小不同种族间的贫富差距？现在是否要发行政府婴儿债券，或为每个婴儿设立投资账户？对于贫困家庭和过去遭受歧视的少数族裔婴儿来说，这种债券的额度应该增加多少？
- 我们是否应该建立一个联邦工作保障计划，确保所有人都拥有一份足以维持生活的工作？有些专家指出，这种方式能够有效地消除招聘和薪酬中存在的种族歧视。
- 为了缓解犯罪司法系统中的种族差异，我们要如何反思警务和监狱系统的工作设置？
- 美国是否应该接受德国在后纳粹时期所采取的强硬做法，对言论自由做出一些限制，从而将种族主义的言论和符号定为犯罪行为？
- 我们是否应该实行“防御式民主”，取缔拥护反民主信仰以及种族主义意识形态的政治候选人和政党？
- 为了挑战那些延续种族主义的行为及想法的信仰，我们要讲述什么样的故事，可以创作什么样的艺术？
- 为了帮助激发人们做出反种族主义的努力，我们可以创造哪些积极的未来愿景？
- 我们能发明出哪些用于抗议、行动和抵抗的新方法？
- 一个让有色人种位于社会中心而非边缘的未来，会是什么样？
- 在一个反种族歧视的未来，会出现哪些现在不可能发生的变化？

脆弱的供应链和工人过度劳累的问题

几十年来，企业为了将效率和利润最大化，一直在优化自身的供应链和劳动力：在不会产生库存积压的前提下，用尽可能少的工人，生产尽可能多的产品，而且越快越好。在正常时期，保持精简的员工团队，并采取这种“适时”制造的方法，能帮助企业减少库存及劳动力方面的支出，并避免由于库存过剩而造成的损失。

但如果出现了意外，突然出现了对供应或需求的冲击，供应链就没有任何回旋余地，劳动力也没有任何缓冲。一旦库存枯竭，人们就无法及时得到所需要的物资，就有可能出现物资短缺、恐慌性购买和囤积行为。无法通过增加工人的工作量来弥补物资短缺，至少无法持续太长时间，因为他们已被逼到极限。这恰恰就是疫情期间的真实写照。

最关键的是全世界都发现，大家根本没有做好准备，能在危机期间生产更重要的物资，无论是 N95 口罩和一次性手套等个人防护用品，还是病人使用的氧气和药品。问题之所以会出现，不仅是因为需求增加，还由于生产地点过于集中，产量缺乏弹性。大多数口罩等个人防护用品工厂大多位于中国，这些工厂在新冠疫情暴发初期就遇到了生产困难，而当时正是最急需这些物资的时候。很多国家都意识到，自己将关键基础设施外包出去了，但为时已晚。与此同时，旨在保护制药企业利润的药品专利则意味着更多的工厂无法转而生产世界所需的产品；它们面临着主动的干预，无法应对这场危机。因此，从麻醉剂到心脏药物，全球新冠患者护理所需的 30 多种药物都出现了严重短缺。

岌岌可危的不仅是医药供应链。各行各业都发现，自身无法满足市场的需求。正如《纽约时报》的一个新闻标题所说的那样：“世上什么都缺。”

从卫生纸到自行车，再到家庭办公设备，许多采用适时模式的供应链都失效了，因为它们是根据“正常”行为的历史数据而开发的预测模型。但在危机期间，正常做法已不再适用。

消费者行为突变，揭示出企业想快速适应变化的需求和欲望有多难。例如，数百万人想要购买用于远程工作的新桌子；或卫生纸，因为他们在自己家里上厕所，而不是在学校和工作场所；或自行车，因为这是一项居家令所允许的户外运动。这些物品的短缺虽然并不像切断医疗供应链那样产生生死攸关的后果，但让人们意识到企业未来会面临一场更大的危机，它们过去采用的模式不再可信。

制造业、农业、建筑业、医疗健康等行业的劳动力本来就很精简，员工一旦感染病毒，就不能工作，需要请假去隔离或照顾他人。缺少这些工人，导致更多的服务及供应链中断，尤其是在肉类加工行业，那里的工作环境过度拥挤，暴发了严重的新冠疫情。由此出现的肉类短缺导致了食品价格上涨，造成世界各地弱势群体的食品进一步缺乏保障。这只是另一个症状，表现出企业实践中潜在的脆弱性，它们以牺牲弹性和更好的工作条件为代价，来追求更高的效率和利润。

2019 年，世界卫生组织注意到另一种传染病正在职场蔓延，但当时几乎没有引起大众关注。它不是一种病毒，而是一种恶毒的职场压力。世界卫生组织正式将“职业倦怠”加入《国际疾病分类》（*International Classification of Diseases*），将其描述为“感到精力衰竭或疲惫不堪；内心逐渐厌倦工作，或对工作感到消极或愤世嫉俗；职业效能降低”，并将其形容为“一种因长期面临职场压力而导致的症状”。事实证明，世界卫生组织的这一行动颇有先见之明。新冠疫情暴发一年后，《哈佛商业评论》（*Harvard Business Review*）支持了一项有关员工倦怠和福利状况的全球大调查，涉及 46 个国家的各个行业和职位。多达 85% 的人表示，过度工作影响身体或心理健康；72% 的人表示，在生病时感到工作的压力；51% 的人表示，由于工作的需要，自己无法与朋友和家人保持稳固的联系。

这一数据证实了其他研究结果：全球大多数员工都觉得工作过度、工资过低、社会隔绝、受到雇主的非人道对待。过度工作的问题不仅会导致身体和情感上的倦怠，而且可能危及生命。2021 年，世界卫生组织开展的一项研究发现，在一年中（其中涉及的最新数据来自 2016 年），有 74.5 万人因为工作而过劳死，这些人每周工作长达 55 小时及以上。用世界卫生组织的话来说，为什么长时间工作是一种“严重的健康危害”？缺乏足够的休息或睡眠，以及忍受太大的压力，会导致心脏病发作的风险提高 42%，中风的风险提升 19%。在因工作过劳死的案例中，男性占 72%，西太平洋和东南亚地区的比例最高。从这些数字看，未来 20 年，如果过度工作的比例不变，那么由此导致的死亡人数也许会超过全球新冠疫情的死亡人数。世界卫生组织总干事谭德塞对该研究发表评论说：“没有任何工作值得员工冒着中风或心脏病的风险。政府、雇主和员工需要共同努力，就保护员工健康的工作时长限制达成一致。”

总之，这些脆弱的供应链和员工过度劳累的危害存在着风险，它们表明，若想在未来 10 年培养弹性和灵活性，我们将面临一系列的挑战：

- 我们是否应该扭转全球化趋势，转而支持区域中心和本土制造业，至少是最基本的必需品，如食品和医疗用品？
- 在未来的危机中，无论是新的传染病、气候紧急情况、核袭击、大规模移民、紧急疏散，还是我们今天难以想象的东西，我们如何才能更好地预测全球需要增加哪些必需品？
- 为了制造这些必需品，我们如何创造更具弹性的生产方式？

- 在紧急情况下，有哪些更公平的必需品分配方式？
- 对我们当前在日常工作中体验到的痛苦和倦怠来说，有多少是可以预防的？
- 我们愿意采取哪些预防措施？
- 什么样的工作文化和员工保护会让我们的工作更安全、更人性化以及更有尊严？
- 我们是否准备好普遍施行每周四天工作制？
- 我们是否准备好普遍实施“断网权利”法？这将保障劳动者下班后无须回复工作信息和工作要求。
- 一个效率和生产力较低的世界会是什么样子？如果全球的效率和生产力都下降，那么，有什么有利的事情会变多？我们是否愿意考虑这种取舍？
- 如果我们都没有那么劳累，没有那么倦怠，我们是否能更好地应对未来的危机？

气候危机

在新冠疫情成为我们这个时代的决定性危机之前，气候变化是大多数人讨论全球风险时的核心议题。实际上，气候变化是新冠病毒出现的一个主要因素，它使各种传染病暴发的可能性变大。随着环境的变化，世界各地的动物都会离开自己正常的栖息地，并与新物种接触。这为病原体创造了机会，病原体得以从原宿主体内转移到其他动物宿主身上，或者称之为“溢出”。人类偶尔会成为新宿主，艾滋病毒、埃博拉病毒、非典病毒和中东呼吸综合征冠状病毒等疾病就是这样形成的。虽然我们不知道导致新冠疫情的病毒源于何处，事实在于气候变化是主要原因。

我们痴迷于使用石化燃料，这也增加了新冠疫情的重症数量和死亡率。如上文所述，在世界各地，空气污染会增加新冠患者的住院率和死亡率，这是因为人们长期暴露在空气污染中，对肺部和心脏造成了慢性损伤。有一项重要研究预测，在全球新冠死亡病例中，有15%直接源于患者接触过空气污染，其中，北美占比为17%，欧洲占比为19%，东亚占比为27%。

气候变化增加了极端天气事件的频率和强度，在疫情期间，它也成为一个复杂的因素。根据红十字协会发布的一份报告，在2020年新冠疫情期间，全球有超过5 000万人还受到与气候变化相关的干旱、洪水和暴风雨的影响，有近5亿人在病毒感染人数激增期间承受极端高温。由于新冠疫情期间发生的山火，美国西海岸有800多万人暴露在危险空气中的时间变得更长。研究表明，对于遭受这些极端天气事件的个人来说，感染并死于新冠病毒的整体风险要更高，因为这些事件让人们更难保持社交距离，医疗供应链中断，获得医疗保健的途径也变少。尤其是极端高温和山火烟雾，会极大增加新冠重症患者的数量和死亡率。

气候危机将怀疑主义变为武器，并将科学共识政治化，也许这种做法最具破坏性。尽管科学家们几乎普遍认同，人类使用石化燃料对环境造成了长期的危害，但我们却让相关产业和当选的官员讨论、争辩并淡化了气候危机，这些人从我们对石化燃料的持续依赖中谋利。政客和党派媒体利用这种否认现实的模式来淡化新冠疫情的危险，并削弱人们对公共医疗措施及疫苗的信心。社会无法有效地抗衡数十年来对气候科学展开的攻击，这创造了一个潜在的弱点，不仅让控制疫情变得更难，还使得我们无法对任何一种全球风险做出集体回应，而这种风险需要科学的理解及指导。

气候危机给未来提出了无数的挑战。我们知道，我们必须打破对石化燃料的依赖，减少消耗和浪费，发展我们的可持续能源，消除对我们的水、土地和空气的破坏。然而，还有一些其他有待解决的问题，需要我们进一步重新思考和想象，从而帮助我们治愈这种既往病史：

- 在我们努力解决气候危机时，我们需要哪种新型的一线气候工作者和紧急气候救援人员？
- 谁将完成这项工作？我们将如何补偿他们？
- 如果我们希望所有人都理解和信任科学，那么未来的科学会是什么样子？
- 为了从个人和集体两个方面增强我们身体的韧性，让我们能更好地承受未来的极端高温、新疾病以及对健康的其他冲击，我们能做些什么？
- 为了增强社会的韧性，让我们在未来的健康或气候危机中更信任彼此，相互提供更有效的保护和帮助，我们能做些什么？
- 为了增强我们心理的韧性，让我们能更好地承受由无情的多重危机所导致的复合压力及焦虑，我们能做些什么？
- 为了增强我们情感和精神的韧性，以便我们具有必要的内在资源来应对这些长期的气候挑战，即使过去的经历已让我们精疲力尽，我们能做些什么？

贫富分化、崩溃的医疗系统、极端的政治分歧、种族歧视、脆弱的供应链、工人过度劳累和气候危机，这一切本身就是问题。在危机中，它们成为让危机更加复杂的因素，加深并延长了我们的痛苦。正如我在未来研究所的同事凯西·维安所说的那样：“当一次大的骚动撼动了一个复杂的系统时，首先崩溃的是系统中最弱的部分。”

显而易见，我们今天拒绝解决的问题，会让我们明天面临的危机变得更复杂、更严重。幸运的是，我们一旦诊断出某种深层疾病，就更容易预测未来的症状。通过展望未来，可以让我们现在有机会思考与之相同的既往病史将如何再次显现。无论我们在想象或预测哪种未来，未来的食物、未来的选举、未来的学习、未来的城市，我们都可以思考上述相同的系统性弱点将如何破坏我们的目标，并创造新的风险。在未来研究所，我们对自己想象的每个未来场景都会提出以下“深层疾病”问题：

- 未来谁会生病？为了得到治愈和保护，他们需要什么？
- 在这个未来，谁会被遗弃或被遗忘？我们如何预防由贫富分化导致的不公正对待？
- 在这个未来，哪些行为会被政治化？哪些事实会引发争议？为了达成共识或共同的立场，谁会尝试消除这些分歧？
- 在这个未来，种族歧视会如何表现出来？在这个世界中，人们会用哪种方式反对种族主义？
- 在这个未来，人们对哪些东西的需求会显著提升？哪些供应链会断裂？是什么能让它们更具弹性？
- 在这个未来，谁会经历职业倦怠和过度工作？我们能给他们提供哪些支持？如果我们不提供支持，会怎样？
- 在这个未来，人们如何适应未来气候变化导致的不利影响？为了减缓或逆转它的影响，人们正在做些什么？极端天气事件和极端高温将如何增加这个世界整体的风险和不可预测性？

即便你认为自己正在思考的未来与医疗保健、员工的职业倦怠或气候变化没有太大关系，你依然应该追问这些问题。在社会的深层疾病被完全治愈之前，我们在自己能想象到的每个未来都会感受到这些症状。

找到未来的弱点，并预测我们会用哪些方式保护彼此是一种能力。你可以通过本书中的任何一个场景，来寻找深层疾病在未来的并发症，从而得到练习。

例如，“你看过小行星预测了吗？”以及“全球精子紧急激励项目”。如果科学家宣布，小行星在不久的将来可能会撞击地球，你也许会考虑一下极端的政治分歧这个既往病史。科学的预测如何被政治化，被争论并被淡化？如果社会中有一半的人以政治理由直接拒绝这些预测，那会出现什么问题？或者，你可以考虑贫富分化这一既往病史。如果根据预测，一颗小行星会降落在某个特定地理区域内的某个地方，为了以防万一，谁将有能力提前打包好行李，搬到另一个地方？对那些负担不起长期搬迁费用的人来说，他们会面临什么情况？在全球紧急应对生育危机时，你可以考虑脆弱的供应链这一既往病史。如果需求激增，大量的资源被转移至满足这一需求的全球行动上，例如，需要长期使用大量液氮来保存冷冻精子，那么，这会对其他产业带来什么样的连锁反应？如果这些资源被转移，全球食品供应链可能会断裂，因为食品产业要用液氮来冷冻并运输烘焙产品、肉类、家禽、鱼、熟食、蔬菜和水果。我们也许将不得不改变整个食品经济，转而吃本地的新鲜食品。或者，想想种族歧视这个既往病史。有色人种和少数族裔是否会因为没办法接受新冠检测或接种疫苗这类结构性原因，而不能参与紧急精子银行的运动？创建一个有种族偏见的精子银行，可能会导致哪些长期后果？为了应对这种风险，并确保以公平的方式为未来保存基因物质，我们应该采取哪些措施？

一如既往，当我们用未来场景玩游戏时，我们的目标不是精准预测未来 10 年会发生什么，也不是仅仅想象那些最有可能发生的事件。通过用“深层疾病”模型玩游戏，你在训练自己的想象，在不同领域之间建立联系，并看到其中的联系。你正在提高自己的整体能力，注意到别人可能会忽略的相互依赖关系和风险。每当你问自己，社会深层疾病的症状将如何在一个假设的未来再次出现，你就会更擅长在任何一个场景下更好地识别这种症状，无论是在遥远的将来，还是现在。也许你永远不会在自己想象中的最疯狂的未来场景中醒来，但你可以为能够更好地帮助别人而做好准备。

对未来怀有积极愿景

我们是否应该留意其他会成为未来并发症的既往病史？是的，方法如下。

我最近回顾了最初用《超级结构》所做的传染病预测，2008 年，我们在未来研究所组织这款社会模拟游戏，用它来想象 2019 年的世界。在这个场景中，我惊讶地发现了一个核心元素：我们虚构的疾病——呼吸窘迫综合征，虽然死亡率低，但症状长期持续下去的比例却很高。在我们设计的场景中，数千万人在最初的疾病中幸存下来，但要持续遭受慢性疲劳、脑雾、疼痛和呼吸困难的折磨。

我们要求参与者在想象这个未来时，要考虑一个主要问题：如果一种慢性疾病患病人数激增，你认为这个世界将如何适应这种情况？工作场所和学校会如何做出回应？谁会成为新的看护者？为了满足新型慢性病患者的需求，社会需要如何做出改变？此外，我们还让他们想象一下，如果自己或某个家属患上了这种新的无形残障，自己的生活会发生哪些改变。

与之相比，在新冠疫情期间，患慢性病的可能性从一开始就被淡化了。那些难以被认真对待或接受治疗的患者指出，自己在早期就向医生说明了慢性病症状，但通常被医生忽视或驳回了。他们为“病友们”成立了网络互助小组，并在社交媒体上讲述他们的故事。最终，有研究表明，5% ～ 20% 的健康人士在患病 6 个月后，至少会出现一种慢性病症状。但美国医学界却花了整整 1 年的时间，才开始认真对待患者报告的这种新的慢性疾病，为它正式命名，即“新冠急性后遗症”，并为它设立了专科诊所。

鉴于在 2020 年的大部分时间里，人们低估或漠视了新冠病毒的长期风险，我很好奇的是，未来研究所的同事们是如何正确处理这一细节的。我设计了《超级结构》的模拟交互和机制，但最初的传染病场景是由凯西·维安撰写的，她当时是未来 10 年预测年会的负责人。事实证明，凯西有充分的理由将慢性疾病纳入《超级结构》场景的前期和中期，这种疾病经常被医学领域所忽视和淡化：2008 年，她本人就出现了因慢性莱姆病导致的使人逐渐衰弱的症状。她居住在纽约州的伍德斯托克，这里是世界上因蜱虫感染莱姆病概率最高的地区之一，凯西认识很多人，在最初诊断后的几个月或几年中，他们都出现了持续性的脑雾、疲劳和关节疼痛症状。

“在那个地区，莱姆病被视作一种传染病，”当我们不久前抽时间一起挖掘《超级结构》的旧数据时，她对我说道，“我的大多数朋友都在应对某种形式的莱姆病。甚至连我的医生和牙医也是如此。然而，关于它是否属于慢性病，却存在着极大的争议。”的确如此，虽然有研究表明，美国至少有 200 万人患有慢性“莱姆病后遗症”，这是临床中对该综合征的称呼，但有些医生至今仍然在考虑一个问题，即莱姆病症状是否会持续多年而得不到解决。

如今，慢性莱姆病被广泛视作一种有效的诊断，然而，最初凯西只是想象虚拟的未来世界会出现呼吸窘迫综合征。彼时，她的未来想象源于她的亲身生活经历，现在也许会被称为“医疗煤气灯效应”，它是指医护人员没有认真地调查或尝试治疗病人，就告诉病人所有症状都是后者的心理作用。最容易遭遇医疗煤气灯效应的是有色人种和中年女性，他们患有难以治疗的自身免疫疾病和难以诊断的急性感染后遗症的概率要比普通人高得多。慢性疲劳综合征，又被称为肌痛性脑脊髓炎，拥有令人羞耻的历史，据估计，目前有 2 500 万人在生活中出现这种症状。数十年来，它一直被医学界淡化为一种心理疾病，直到最终被认定为真正的身体疾病，该疾病具有可检测的根本生理原因，包括遗传倾向，很可能因为病毒感染而被激活。

“我属于一个更大的社群，这个社群尝试通过一种不确定的疾病来面对未来的不确定性，”凯西表示，“我认为，我们会通过个人经历来选择我们所有的未来愿景。不然呢？”

的确如此，这是一件好事。我们的生活经历让我们拥有了预测未来的超能力，它帮助我们预测别人无法看到的未来可能性。

凯西确定了在真正的传染病暴发期间可能会出现的一个重要情况，因为她体验过被很多人忽视的社会既往病史：病人长期面临医疗歧视问题，尤其是女性和有色人种，他们在慢性疾病的诊断、治疗和研究方面都没有得到足够的重视。当前，她乐观地表示，现在人们关注新冠疫情的长期性，这意味着过去的那种模式最终会被打破，并被永久治愈。然而我不禁好奇，如果有更多的人能从凯西的视角看待未来，那么新冠长期患者会避免遭受多少痛苦啊。

对深层疾病而言，未来研究所的模型涉及 6 种社会既往病史，但这只是一部分社会未能解决的长期弱点，肯定不是全部。你也许对系统性的失败有自己的看法，也许在生活中遭受了不公正的对待，这不在本章讨论的范围之内，但这是一种必不可少的智慧，我建议你带着它一起想象未来。

你会给深层疾病增加哪些症状？过去哪些模式对你个人产生过影响，让你迫切希望我们能在未来将其治愈？

无论你经历过什么，无论你的社区经历过什么，只要你愿意，就能帮助别人想象这种痛苦将以何种形式再次出现。

或者，你可能更愿意帮助他人展望这样一个未来：我们将不再遭受同样的痛苦。你可以展示自己的愿景，描述一个转型后的社会。对未来怀有积极愿景是治愈的一个重要组成部分。在 2021 年斯科尔世界论坛（Skoll World Forum）的集体想象主题会议上，社会活动家、未来学家艾丽丝·安德鲁斯（Iris Andrews）指出：

> 显然一切都有问题，这绝对不是好事，但我的确认为，我们能真实又深刻地感受到现在和过去的痛苦，从中得到教训，并治愈它们，无须假设我们必须把它保留或投射到未来。

此时似乎是一个好时机，让我们能喘口气，暂时从对过去模式的分析中休息一下。让我们开启一次面向未来的心理时间之旅。

在本书中，几乎所有场景都设定在 10 年后。但下一个场景却是在不久的将来：最快可以在几个月后开始出现。把它视作一个“桥梁式场景”。从今天开始的未来 10 年间，人们将如何表达自己对已发生事件的愤怒和悲伤？他们将如何要求做出改变？

为了从现在进入一个发生社会变革的世界，也许我们可以首先想象一下新的社会运动和集体行动。

未来场景 9：怒吼

Imaginable

在不久的将来

> 怒吼［nù hǒu］动词
>
> 1. 由于郁闷、痛苦或愤怒而发出一声响亮的、长长的悲叹式喊叫或声音。

2. 不受限制地大声抗议。

每天两次，世界会停顿下来，开始怒吼。

虽然并非整个世界都参与其中，但也有数百万人参加。第一次是在中午，第二次是在天黑以后。怒吼是沉默的对立面。这是一个嘈杂的时刻。

它始于 3 个月前，当时，来自孟买的 23 岁女孩儿安舒·比德（Anshu Bhide）向窗外怒吼，并在网上发布了一段视频。接着，她又分享了一个又一个的视频。在视频中，她会停止任何正在做的事，然后花整整 1 分钟的时间怒吼。她每天做两次，无论在哪里，无论身边有谁，无论他们在做些什么。她在公园里、火车上、市场中、咖啡馆里、自己的卧室里、寺庙里怒吼着。她有时在哭泣，有时像动物一样蜷缩着，有时静静地站着，有时在跳舞。她声音很大，但却毫无歉意。在视频中，人们盯着她，试图避开她，或是试图帮助她。偶尔，旁观者也会加入进来，和她一起怒吼。

在发到网上的所有视频中，她都发布了同样的信息：

我怒吼道，一切都不好。
我怒吼道，当权者辜负了我们。
我怒吼道，你将不再忽视我。
我怒吼道，我们可以做得更好。
我在中午怒吼，说出自己的痛苦和悲伤。
我在夜里怒吼，让你听到我的希望和力量。
你能否听到其中的差别？
我会一直怒吼，直到全世界都开始怒吼。
和我一起怒吼吧。

其他人开始发布自己的怒吼视频。在一些视频中，拍摄者会摇移镜头，让你看到他们并不孤单。一小群人聚集起来，一起怒吼着。

怒吼成为短视频网站上排名第一的热门话题。

相关标语开始出现在公共空间中。有些写着：“在这里集合，一起怒吼。”有些则写着：“禁止怒吼。请不要打扰我们的社区。”

有些餐馆和商店还贴出了欢迎怒吼者的告示。一些店家则会将怒吼者驱逐出去。

中午的怒吼听起来有些特别。它显得悲痛、忧伤、心碎、愤怒又狂野。这是一个来自痛苦世界的声响。

夜晚的怒吼则与之不同。它快乐，反叛，旋律优美，又好玩。人们彼此回应着对方独特的怒吼，好像在说：“我听到了你的声音。我因你而来。”

学生们在学校里怒吼，员工在工作时怒吼。有的被允许，有的被禁止，人们在争论怒吼是否应该被允许，就像言论自由、抗议、非暴力反抗一样被允许。

你的诉求是什么，记者们想要了解怒吼者。你计划坚持多久？你想要达成什么目标？

它被描述为一场社会运动，一种时尚。它是艺术，是政治，是集体行动，它是自私的，是令人敬畏的，是令人恼怒的，是全球性的。在某些地方，它很快变成非法的。

想象一下，你自己处于这个未来之中。试着尽可能生动真实地想象这个场景：数千万人每天在各个私人及公共场所怒吼两次。

你在这个未来看到了什么？听到了什么？它在中午发生时，你有什么感受？它在晚上发生时，你有什么感受？你第一次听到它时，有什么感受？当你沉浸在这个未来中时，就是做出决定的时刻。

选择时刻

你是否会加入怒吼运动？为什么？如果会，你第一次会在哪里怒吼？身边还有谁？他们有什么反应？如果不会，在每天两次的怒吼过程中，你会做些什么？怒吼是否会给你造成困扰？它对你有什么影响，还是你能对此不予理会？

既然你已做出了选择，让我们继续用这个可能出现的未来场景做游戏吧。

在此，我们还需要考虑一些其他问题。让你的大脑漫步在各种可能性之中：

- 根据你的预测，有哪些朋友、家人以及你认识的什么人会加入怒吼行动？你认为谁不会加入？为什么？
- 在这个未来，是否应该在某些地点禁止怒吼？是哪里？
- 如果怒吼被禁止，你是否想象人们会做出非暴力反抗，然后依然我行我素？他们是否应该这么做？为什么？
- 选择一个你经常去的社会空间：学校、工作场所、公共交通工具、医院、养老院、剧院、运动场、礼拜场所、零售店、餐厅。这个特定的位置是如何开始适应、认可或围绕怒吼开展工作的呢？
- 如果人们为这项运动制作了 T 恤或徽章，上面会有什么内容？
- 你能否描述出这个未来中的涂鸦？哪些信息会被喷涂在建筑物上或厕所墙上？

- 一场怒吼运动会产生哪些好处？
- 它会造成哪些伤害？
- 如果你能改变怒吼的仪式或规则，让它变得更有意义、更有效、更尊重他人，或者变成其他任何你希望的样子，你会对它做出哪些改变？如果你特别讨厌这个想法，你能否想出什么办法，能让自己更有可能参与其中？
- 在这个未来，深层疾病的症状会如何显现？例如，种族歧视或贫富分化是否会吸引那些感到足够安全或有足够保障的人来参与怒吼运动？
- 想象一下，这是一场运动的开始。它接下来又会如何发展？怒吼之后发生了什么？

你也许无法立即回答所有的问题，没关系。当你培养用未来场景做游戏的能力时，我督促你去填补更大的空白，稍微多拓展一点自己的想象。如果你现在回答一些问题有难度，不妨先把这个场景保存在自己的脑海里，说不定哪天就会出现新的想法。

在不久的将来，这能否真的发生？从一个非常小的范围上看，它已经发生了。

2020 年 3 月 22 日，我的邻居休在我们的社区留言板上提出了一个建议。他的灵感来自近期一场与疫情相关的仪式：在世界各地，一些城市的居民每晚都打开窗户，用欢呼声、掌声和歌声来为一线工作者加油。我们的小镇刚刚被封锁，于是他建议我们也这样做，但要融入我们当地的特色：“让我们怒吼吧。”

我们住在山上，土狼经常出没；它们的怒吼声常常响彻夜空。和它们一起怒吼的想法似乎适合当地人。那天晚上，你可以听到人类的怒吼声在山谷中回荡。它变成了一项夜晚的活动，有专门的 Facebook 小组页面和说明：

> 每晚 8 点，花 1 分钟待在室外，发出一声宣泄的怒吼！通过怒吼，向那些受新冠疫情影响的人表示同情。通过怒吼，为社区加油，我们也许是在避难，但并不孤单。

这个怒吼声传遍旧金山湾区。不久，成千上万的人每晚都在怒吼。在美国西部的其他城镇建立了怒吼姐妹会，媒体开始就这种现象进行报道。在一篇文章中，加州大学戴维斯分校的社会学教授罗伯特·法里斯（Robert Faris）表示，他能看到“减压和团结”对人们的吸引力，然而：“如果到了 5 月你再来找我，说依然有人在怒吼，那我会刮目相看。”

在 2020 年的 5 月、6 月和 7 月，我们社区的人依然在怒吼。到了夏天，怒吼传达出不一样的情绪，同情和宣泄演变为社会行动主义和抗议。“为我们社区的有色人种而怒吼。”邻居们开始发表这样的帖子。有时候，怒吼会超出家庭范畴，进入公众视野：“当我们今晚 8 点怒吼时，要在街上单膝下跪。”怒吼小组更新了这样一条最新消息。

据我估计，到这个“怒吼之夏”结束时，已有超过 100 万人参与其中。到了当年秋天，怒吼的季节结束了，但它仍会周期性地再次出现在我们的社区中，例如大选之夜，也就是 2021 年 1 月 6 日美国国会大厦遭受暴力袭击的那晚，以及我们第一次遭遇疫情封锁的一周年纪念日。

几个月来，我的家人每晚都在怒吼。在漫长的封锁期间，它让我们觉得不那么孤独。我个人在怒吼时会大喊“我依然在这里！”或者“我听到了你的话！”

或者“我们的国家到底出了什么问题？”。在感染新冠后，我以为自己会因此丧命，在康复之后我在怒吼时大喊：“我的肺里有空气，我呼吸时不再气喘吁吁了，我很感激自己还活着，我希望自己永远不会忘记这份感激之情。”

在 2020 年的一年时间里，我们的社区表达了如此多不同类型的怒吼，有好玩的、发自肺腑的、充满希望的，有时也是痛苦的。但如今回想起来，即便经过数百次集体的怒吼，我依然觉得还要发出更多的怒吼，而且也许需要发出一种不同的声音。

游戏化洞察

研究情感的科学家已经观察到，与悲痛相关的声音和其他呼喊不一样。悲痛的哭声有一种明显的声音特质，那是一种近乎动物性的绝望和无法忽视的脆弱，的确如此：别人一旦听到这种声音，便会触发一种进化的本能，想要提供安慰和帮助。

我听过的最糟糕的声音之一就是这种呼喊。它是来自一个陌生人的叫喊声。

我的双胞胎女儿出生于 2015 年冬，早产了 9 周。她们在医院的新生儿重症监护室里待了两个月，积聚回家的力量。每个新生儿重症监护室都有好几个需要护理的家庭，我们的婴儿彼此相邻，接受保育。我们经常看到熟悉的老面孔，有些父母用医生允许的方式抱抱自己的孩子，帮忙喂奶；通常这一时间比我们渴望的要短，抚摸孩子的程度也比我们期望的要少。

为了保护隐私，两个家庭之间有时会拉上帘子。一天，有位医生拉上了帘子，我和丈夫听到他对旁边的父母说了一个可怕的消息。他说，他们早产的女儿“无法健康成长”，这是医学术语，意味着这个孩子无法活下来。等父母道完别，维持她生命的器械就会被关掉。

我永远都不会忘记那位母亲在那一刻的哭声。没有任何克制，就像被遗弃了一样。我常常想起她的悲痛，感觉那些声音的余波还萦绕在我的脑海中。

为了让这家人在最后的团聚时刻拥有一个隐私的空间，我们离开了新生儿重症监护室，从此再也没有见过他们。我认为她的痛苦是难以想象的，但我要试着想象一下。我仍然保留着这段记忆。不可思议的是，7 年后，我发现自己仍然在想，是否能找到她，能为她做点什么。

当痛苦进入我们的脑海中时，当它从某人之口传到我们的耳朵时，我相信它的确改变了我们。当你见证了另一个人用尽全身力气放声大喊，毫不掩饰自己的悲伤时，它就会永远伴随着你。因此，当我思考如何才能治愈我们的全球创伤时，我想知道，我们能否给人们提供时间和空间，来发出这些声音，以及我们是否愿意倾听。我想知道，人们是否会要求获得这样的时间和空间，并不是发出有序的怒吼，而是拒绝任何限制或不容忽视的怒吼。我不知道是否会出现像“怒吼”这样的场景。然而，我至少要想象一下。我想探索数百万人是否有可能发出声音，利用我们强大的进化本能，为我们彼此提供抚慰和帮助，让我们所有人都成为彼此的见证人。

诗人兼小说家王鸥行（Ocean Vuong）曾说过：“我们经常告诉学生，‘未来掌握在你们手中’。但我认为，未来实际上掌握在你的嘴里。你必须首先详细说明自己想要生活在什么样的世界里。”此外，也许在我们能用话语说出自己想要的未来之前，我们必须先表达一些无言之语。

本章已经提出了足够多的问题。为什么会这么多？正如我们在未来研究所说的那样，“没有关于未来的事实。”我们无法证明未来，因为它还没有发生。因此，在谈到未来时，问句比陈述句更有用，更真实。

未来的真理并非将要发生的事情，而是可能发生的事情。从我们当前的立场看，我们只能验证以下说法：这是某种变化的潜力或动力。然而，未来总是不确定的，是不断变化的，而且是可以改变的；它是一组不断扩展和崩溃的可能性。我们必须从侧面悄悄地接近未来的真理。我们提出以下问题：这有可能发生吗？那个呢，有可能发生吗？这个怎么样？为了让它更有可能发生，我们能做些什么？每个针对可能出现的变化而提出的问题，都能让我们离真理更进一步。那么，这个真理是什么呢？对每个人来说，它都不同。

游戏化洞察

有关未来最真实的真理，因人而异。它取决于我们切身感受到自己真的想要在哪些方面与众不同，真的需要在哪些方面与众不同，愿意每天为哪些事怒吼两次，直到它变得与众不同。它取决于我们不仅愿意为某些事花一周、一个月或一年的时间，而且还会用我们一生中的整整 10 年来尝试做出改变。

因此，我还要再向你提出一些问题。

为了帮助我的学生和未来学家同事们了解自己的未来真理，我制作了一份《紧迫未来问卷》（*Urgent Futures Questionnaire*），使用方法如下。

首先，选择任何一个让你强烈地感觉到紧迫的挑战，如贫富分化、崩溃的医疗系统、极端的政治分歧、种族歧视、脆弱的供应链、过度劳累的工人、气候危机，或者你脑海中的任何一个其他“既往病史”。

接着，选择一个你所在的特定区域。它可以是你居住的村镇或城市，你的学校或工作场所，你所属的宗教团体，你所认同的政党，你工作的行业，或是你所居住的国家。

现在，在你自己的社区中思考这个挑战，用数字 1 ～ 10 来回答以下 4 个问题：

《紧迫未来问卷》

1. 你认为在自己的社区中解决这个问题有多么紧迫？

1. 根本不紧迫　　10. 极为紧迫

2. 你认为社区中有多少人会赞同你？

1. 几乎没有人　　10. 几乎所有人

3. 未来 10 年，这个问题会在你的社区中得到显著改善，对此你有多么乐观？

1. 极度悲观　　10. 极度乐观

4. 你个人对你的社区拥有多大的影响力，能在未来 10 年改善以及如何显著改善这个问题？

1. 没有任何影响力　　10. 影响力很大

在这个问卷的末尾，你应该得到 4 个数字，例如：8、5、6、3。不要把这些数字加起来，你不是在给自己打一个“总分”。与之相反，你要观察以上 4 个数字之间的关系。这些关系是在从 4 个不同的维度衡量你如何与未来产生联系：你的使命、你的归属感、你的希望和你的力量：

1. **你的未来使命：**你是否有一种强烈的内在冲动，想要完成某个可以改变未来的特定目标，例如，帮助解决一个全球性问题，准备应对一场危机，或者发明一些新东西？
2. **你对未来的归属感：**就你的使命而言，你是否有强烈的社区感和集体感？你是觉得自己孤身一人，还是有很多盟友？
3. **你对未来的希望：**就你的使命而言，你是否觉得有可能出现积极的改变，而且是现实可行的？
4. **你塑造未来的力量：**你是否有信心，在做出积极的改变时，你自己的行为很重要，而且在为他人提供帮助时，你的角色很重要？

你对问题 1 的回答是使命感分数。如果你的得分是 8 分及以上，说明你有一个强烈而紧迫的未来使命。你已经找到了一个具体的长期挑战，你对它充满激情，并有强大的动力去解决这一问题。这个数字越高，说明你的使命感就越强。

如果你想不出任何让自己至少得到 8 分的社会问题或全球挑战，那就找一个你需要解决的问题，这是迫切参与创造未来活动的第一步。你可以往下读，本书中有更多的挑战来供你选择！

如果你为所有长期挑战都打出了 8 分及以上，那就挑选评分最高的一两个挑战。有 10 分的吗？这将帮助你集中未来能量。

当你用问题 1 的答案减去问题 2 的答案时，你就得到了自己的归属感分数，例如：8 − 5 = 3。

当问题 1 和问题 2 的答案相差不多时，比如差值≤ 2，甚至可能是一个负数，这是因为你认为自己的社区也许比你本人更关心这个问题，这会让你对未来更有归属感：这意味着未来到处都是和你拥有共同使命的人，从而让未来变得更美好。然而，当问题 1 和问题 2 之间的差值过大时，比如差值 > 2，这可能意味着你对未来感到疏离。这是一种痛苦的感觉，因为其他人并不关心你想要帮助做出的改变。

缩小这一差距，是一种改变你与未来关系的有力手段。这意味着，要在你的社区中寻找那些已经着手解决这个问题的人，并加入其中，或者通过他们的努力来自我学习。找到这些帮手，会为你找到一个归属之地。

或者，这意味着要选择另一个你尝试改变的社区。其他人是否更欣赏你的使命？观察一下四周，思考一下你所属的所有群体。也许其中某个群体为迎接改变而做了更充分的准备。

或者，这意味着你要积极主动地向朋友、家人、邻居、同事和其他人宣传这个挑战，帮助社区认识到它的紧迫性。即便只找到一个接受你未来使命的人，也会显著影响你将为那个未来付出多少精力和乐观情绪。

当你用问题 1 的答案减去问题 3 的答案，得到的数字就是你的希望分数，例如：8 – 6 = 2。

当你问题 1 和问题 3 的得分相差不多时，比如差值≤ 2，那么，你选择的未来挑战会特别有希望发生改变。如果你非常确信即将发生积极的变化，那么差值甚至可能是负数。

当你问题 1 和问题 3 的得分相差较大时，比如差值 > 2，说明你对未来感到焦虑、绝望，或者不安，虽然你满怀激情想要让某个东西变得更好，但又觉得它实际上可能无法改变。

若想提升你对某个特定挑战发生改变的希望，最好的方法是使用你在本书中练习过的想象技能：将时间轴延长至10年，通过玩《难倒未来学家》和《未来万物皆可改变的100种方式》的游戏，寻找能证明一切皆可改变的证据，并开启想象未来世界的心理时间之旅，在那里积极的变化已经发生了。你越生动真实地想象积极的变化，你的大脑就越会做出更好的准备，从而发现实现这一目标的真正机遇。

当你用问题1的得分减去问题4的得分时，得到的数字就是你的力量分数，例如：8 - 3 = 5。

当问题1和问题4的得分相差不多时，比如差值≤2，你会感到，未来自己将有能力推动改变，并为他人提供帮助，相信自己的努力能够并且将会产生积极的影响。如果你相信自己的行动很重要，那它甚至可能是一个负数。

当你问题1和问题3的得分相差较大时，比如差值 > 2，说明你对未来产生了无力或无助的感觉。

本书的第三部分将提供各种各样的行动建议，你可以用它们来提升自己塑造未来的力量。在读完这些章节后，你也许想要再做一遍这份问卷，看看自己的力量是否稍微强大了一些，以及是否能为别人多提供一些帮助。

在《紧迫未来问卷》中，没有“好分”或“差分”，你也无法通过家庭作业来“提高”自己的分数。与之相反，它是一个框架，让你能理解自己和其他人如何应对未来的不同挑战，并探索你以及其他人在哪里能够找到最强大的机遇，从而达成改变。

如果一个人在使命感、归属感、希望和力量方面都取得高分，就很可能会以真实、充满活力、动力十足又有意义的方式，积极参与创造未来的活动。反之，如果一个人在使命感、归属感、希望和力量方面都取得低分，则很可能更难以被那个未来所激励，也许会觉得它太抽象、太遥远，或者无法改变。

然而，一个人的分数在每天、每周都可能发生变化，这取决于当前的事件、对话、个人挫折、接触到的新想法和新信息。此外，一个人可能在未来挑战或社区中获得高分，而在其他方面获得低分，这很正常，表明这个人在参与某些挑战和社区时，才能拥有最强的精力和最好的机遇。

你会发现，在想象不同的未来时，这些问题能有效地为你纷杂的感情漩涡提供更为具体的形式。你也许想对我们在本章中讨论的所有既往病史都提出以上 4 个问题。哪个会让你产生最强烈的使命感？最强的归属感？最大的希望？最强大的力量？当我们观察本书中出现的其他未来挑战时，你也许想要重新回顾这份《紧迫未来问卷》，重新为自己打分。

在与更大的群组讨论紧迫的挑战时，你也可以尝试使用这份问卷，无论是在市政厅、团队会议、志愿者培训，还是在课堂讨论中。你无须计算分数，只要分享并比较自己回答各个问题时使用的数字。这是与他人建立联系的好办法，他们能增加你的希望，提升你对自身使命的力量感。谁在问题 3 或问题 4 上的得分比你高？问问他们，为什么选择了这样的数字，他们也许会分享一些好消息或有用的策略。

最重要的是，只要提出这些问题，就会帮助人们用更乐观的心态参与未来。正如一位《紧迫未来问卷》的受访者所说的那样："只是向自己提出这些问题，实际上就是在真正地赋能。刚读完这些问题，我就觉得，嗯，是的，与我在平时经常考虑的事情相比，我发现了更多的可能性。我可以成为一个真正思考并帮助解决此类问题的人。为什么不是我呢？”

作家兼社会活动家瓦利达·伊马里沙（Walidah Imarisha）写道：

> 我们渴望的未来，并不是遥不可及的彼岸。当我们关注集体行动、互助、自决，并强调边缘群体的领导权时，我们就生活在自己想要达成的变化中，并挑战着线性时间。我们把那些被解放的未来拉进现在……让我们继续将被解放的未来一次次地拉进现在，直到我们彻底实现目标的那一天。

想象是把未来拉进现在的第一步。当我们与他人分享我们的想象时，它会培养紧迫感、动机和一个行动社区。**提问也会把未来拉进现在。**我们提出的每个问题，都为新的想法和可能性创造了空间。当我们用问题而非预测来创建未来可能性的框架时，我们就能让自己的思维变得更勇敢、更大胆。我们无须确定性，我们可以保持好奇心。我们可以将自己的好奇心透露给别人。我们可以开始共同提出同样的问题。

因此，让我们继续前行。我们还能想象哪些其他的未来场景？我们还应该想象哪些其他的未来场景？你准备好挑战线性时间了吗？你准备好开始拉动未来了吗？

想象训练
Imagination Training

规则 9：治疗深层疾病

找到那些让你感到最具紧迫乐观主义的社会挑战。你个人觉得有必要帮助改善哪些不平等、不公正和社会漏洞？这些挑战将把你与传染病和创伤后的集体转变联系起来。它们可以成为你个人成长和创造意义的跳板。因此，要寻找一些社会既往病史，我们过去曾因它们遭受过较深的痛苦。然后想象一下，它们将如何变成未来的并发症。如果我们无法做出补救，未来 10 年会发生什么？如果我们改善了它们，又可能会出现哪些情况？

IMAGINABLE

第三部分

亲身体验社会模拟游戏的力量

一个人经历了悲剧后，必须要发明一个新世界，虚构它，编织它，美化它……你不得不想象一些并不存在的东西，你不得不在将未来挖掘一个洞口，寻求你需要的空间。这是一个被希望占领的领地。彼时，挖掘还带有乌托邦的色彩，但在未来，它将成为你的现实。

——比约克（Björk），创作歌手

在决定世界
和你的生活在
未来 10 年如何变化时，
你觉得自己有多大的
控制力或影响力？

用 1 ～ 10 来为你的愿景打分：

1 是没有任何控制力或影响力，
10 是能完全掌控并施加影响。

10

IMAGINABLE

接受未来的冒险召唤

"冒险的召唤"意味着命运已召唤出英雄。

——约瑟夫·坎贝尔（Joseph Campbell），神话学家

未来并非
只属于某一个英雄，
我们每一个人
都能接受未来的冒险召唤。

1967 年，宾夕法尼亚大学的一个研究团队开展了一项有争议的心理学实验，对狗进行电击。该研究的目的是了解动物（也许还会拓展至人类）如何在不利条件下学习。实验中，狗被拴在一张吊床上，它们的腿卡在 4 个洞里。随后，研究人员对狗的后腿进行了一系列痛苦的电击。在实验中，有些狗可以使用鼻子触及一个杠杆。轻推杠杆，电击就会停止。大多数狗很快就弄明白了如何阻止电击。但另一些狗的杠杆故意被设定为不起作用。无论它们怎么做，电击都会持续下去。

这些狗在受到第一轮电击的 24 小时后，被置于另一个不同的测试环境中，叫作“穿梭箱”。箱子被一个低障碍物分成两部分，只要狗愿意尝试，就能轻松地跨过去。在箱子的两个部分中，一边有一个金属板，能够传导更多电击；另一边则是安全的。首先，实验人员先让这些狗在穿梭箱里待 5 分钟，不受限制，可以自由走动。随后，电击开始。若想避免遭受电击，狗只要从盒子的一边跳到另一边即可。

研究人员观察到，在第二轮实验中，这两组狗的反应截然不同。一组是一天前能在吊床上通过推动杠杆来停止电击的狗，另一组是无法停止电击的狗。第一组中的所有狗都弄清楚了跳过屏障并迅速躲避电击的方法。但第二组中的大多数狗甚至都没有尝试去躲避电击。他们只是躺下来，忍受着电击，直到研究人员结束实验。

如今，这种残忍的动物研究已被禁止。但它得出一个重要的理论，该理论成为动物及人类心理学的一块基石：习得性无助理论。根据这一理论，**如果我们知道自己的反应对结果没有影响，自己所做的一切都不重要，那我们就会把这一教训内化，并将它迁移到其他情况中。即便从客观上看，我们并不是孤立无援的，但我们也会感到无助。**因此，无论未来面临哪些问题，我们都不太可能采取行动来改善自己的处境。

习得性无助与习得性帮助

通过对老鼠、猴子和人进行重复性的实验，该理论持续了数十年。同样的无助行为一次又一次地出现在动物和人类身上。它成为临床抑郁症方面引用频率最高的解释：如果我们在个人生活的多个方面都无法掌控结果，例如，家庭、学校、工作、我们的健康、财务状况、爱情生活，那我们就学会停止尝试。我们的大脑告诉我们，“别白费力气了”。我们感到沮丧，变得内向；我们变得被动，就像穿梭箱里的狗那样。

但后来，在心理学领域发生了一件意想不到的事。史蒂文·F. 迈尔（Steven F. Maier）改变了相关领域。在宾夕法尼亚大学最初开展的那次实验中，其中一位研究者就是迈尔，当时他还是一名研究生，后来成为一名神经科学家。他决定重新审视这个自己协助创建的理论，但这次是从神经学的角度出发。

他开始研究哪些回路、受体和神经递质与无助感的获得有关。通过观察大脑中实际发生的情况，他发现，最初的理论完全是因果倒置：我们不会习得无助。**当处于不利条件下时，大脑会假定我们是无助的。如果我们想要感受到自己可以控制结果，那我们就必须要知道我们有力量。**

这项较新的研究很复杂，但我们只要记住最关键的一点，即心理学家现在知道，被动的防御策略，也就是在面对最糟糕的情况时，尝试去忍受直至它结束，实际上是我们面对糟糕经历时最直接、最本能的生理反应。对压力做出“战斗或逃跑”反应亦是如此。最近，心理学家们更新这一理论，纳入应对压力的第三种本能反应：“照顾与结盟”，即我们会寻求和给予社会支持。但在战斗或逃跑之前，在照顾与结盟之前，“僵”实际上是最原始的反应，这也是进化一开始偏爱的反应。如果我们不想僵住，我们就必须知道自己可以反击回去。我们必须知道，自己可以选择逃跑。我们必须知道，我们可以向他人寻求帮助，以及向他人提供帮助。

我们如何了解自己的力量？我们必须激活大脑腹内侧前额叶区域的通路来关闭本能的无助反应。经证实，我们默认的僵住反应，是由大脑中一个名为中缝背核（dorsal raphe nucleus）的区域所驱动的。中缝背核通过将神经递质引导至大脑的其他两个区域——杏仁核和感觉运动皮层，来激发恐惧感，并告诉身体要“僵住”，从而对不利的刺激做出反应，如令人痛苦的强噪声、刺眼的亮光、暴力威胁、羞耻或电击。**只有当我们亲身体验过，自己在面对不利刺激时，通过采取有目的的行动达成想要的结果，腹内侧前额叶才会关闭中缝背核的反应。**我们必须知道，自己实际上可以降低噪声、关灯、逃离威胁、减轻耻辱感，或避免电击。我们必须像宾夕法尼亚大学实验中的一些动物那样，它们知道能通过轻推附近的杠杆来避免电击。我们必须发现所有的杠杆，无论它们以什么形式出现，让我们发挥自己的意志力，并对我们的生活，以及他人的生活产生积极的改变，即便这并非出于自愿。

这项研究解释了我过去观察到的一些现象，当时我在加州大学伯克利分校从事游戏心理方面的博士研究。我的研究兴趣是，玩家所体验到的掌控感，不仅在他们喜欢玩的电子游戏中，而且在他们的日常生活中也是如此。我的研究，以及后来的其他多项研究表明，玩家在日常生活中为自己设定了更高的目标，在面对现实世界中的挫折时也不太可能退却。与不玩游戏的人相比，他们在现实生活中更有可能向经常一起玩游戏的亲友寻求或提供帮助。他们更有可能主动提供帮助或解决一些社会问题，而这些问题常常被人视作超出个人能力或掌控的范围。

这种极端的能动感源自何处？电子游戏就像心理实验，其用意是教人如何控制结果。在每个游戏的开始，都有一个难以克服的挑战或障碍，或者一个难以逃脱的威胁，不妨想想《吃豆人》（Pac-Man）中那些快速移动的幽灵。玩家必须通过尝试去发现自己能采取哪些行动、收集哪些资源、招募哪些盟友、采取哪些策略来应对游戏中的不利条件。最终，随着玩家对游戏有了更多了解，提高了自己的技能，并实现了自己的目标，他们也树立了强大的信心，确定自己能够决定接下来会发生什么。而且关键在于，根据功能性磁共振成像的研究结果，以上这些过程都发生在大脑腹内侧前额叶中的神经通路上，我们使用同样的神经通路来控制不力的刺激。从本质上看，每当玩游戏的时候，玩家没有学习僵住本能，而是学会了更有效地战斗、逃跑，或帮助他人。

1967 年，《实验心理学杂志》（*Journal of Experimental Psychology*）发表了一篇奠基性的科学文章，题为《无法逃脱创伤式冲击》（*Failure to Escape Traumatic Shock*），至今仍非常有名。里面的话恰如其分地描述出我们自己当前的经历。我们所承受的不是电击，而是社会冲击。我们遭受的打击来自传染病、抗议、山火、极端高温、对民主和真相的攻击。问题在于，我们是否会像狗一样“躺平”，干等着再次被电击？

在经历了过去几年的动荡生活之后，如果有人认为："既然无法控制接下来会发生什么，那为什么还要费力尝试呢？"我不会责怪他们。然而，还有另一种处理创伤和冲击的方法。我们能克服对不良体验产生自然直接的神经逻辑反应。我们也可以训练自己的大脑，通过亲身接触未来场景，并想象自己可能会用什么样的方式成功地应对它们，从而检测自己对未来结果的掌控力。

事实证明，用未来场景玩游戏，可以成为一种独特的治疗实践。它能给我们提供一个机会，来练习与习得性无助相反的一面：习得性帮助。

游戏化洞察

习得性帮助，是指我们在为自己和他人解决问题时，培养了个人的自信心和掌控感。每当我们成功地帮助他人缓解他们的痛苦，满足他们未被满足的需求，或减轻别人的负担，我们就知道自己是乐于助人的。我们强化神经逻辑通路，这些通路让我们相信：是的，我们的确有能力让事情顺利进行下去。它也许不是终极力量，我们不可能解决所有人的问题或拯救整个世界，但知道自己能采取行动，并推动事情朝着更好的方向发展，就能让我们避免在面对未来的冲击时僵住。我们不会假设自己是无助的，我们会寻找一种提供帮助的新方法。

通过设计，本书中的每个未来场景都传达出各自的心理或情感冲击。一个未来场景描述了一个世界，在多数情况下，这个世界被故意设计成令人难以置信的样子，让人们很难思考，要么是因为它如此奇怪又陌生，以至于我们很难想象它究竟会是什么样子，要么是因为我们会在那里遭遇危机或潜在的创伤，这让我们感到焦虑，因此不想去思考。但就像其他任何一种类型的游戏那样，一个场景或一次模拟都是一个安全的实验场所。无论我们想象自己尝试什么样的行动或策略，都无须在现实世界中承担任何后果。我们可以考虑这样一种可能性，即在未来，我们自己会变得更勇敢、更聪明、更强大、更善良、能力更强、更具有英雄气质。我们可以想象自己做任何事情，任何一件我们因为感觉准备不足或条件不成熟而不去尝试的事情，例如发明，创业，搬到新地方，竞选公职，创办慈善机构或非营利组织，获得意想不到的学位，从事一个新职业，领导一场社会运动，追逐毕生的梦想。

到目前为止，你已经练习多个用未来场景玩游戏的方法。你生动地想象自己在一个新世界中醒来，询问：在这个未来，我有什么感觉？我会采取哪些行动？通过与别人一起用未来场景玩游戏，你了解到一个场景会如何以另一种方式影响别人，从而拓展自己对他人的共情。你用未来日记记录了自己对某个令人震惊事件做出的反应，以便能更好地透过迷雾思考危机。你诊断出某种深层疾病的症状，发现当前复发的既往病史，这将变成未来的并发症。现在，是时候练习最重要的一项未来想象技能了：找到为自己提供帮助的独特方式。

我把它称为“接受未来的冒险召唤”。

接受冒险的召唤，踏上英雄之旅

神话学家约瑟夫·坎贝尔在其著名的英雄之旅模型中写道，在无数的神话和传说中，当一个普通人接到“冒险的召唤”时，冒险就开始了。这是一个挑战，要开启一段旅程，前往“未知区域”，一个“充满宝藏和致命危险的区域”，那里“脱离了熟悉的生活场景，旧的概念、理想和情感模式已不再适用”。在到达那个遥远的地方时，英雄将有机会解决一个难题，或得知一个非同寻常的真相，或收集一种强大的资源。然后，英雄带着这个奖励回到日常生活世界，并利用它把这个世界变得更美好。

对于我们这些生活在现实世界中的人来说，有一个未知区域以最迫切的方式召唤着我们，那里的一切似乎都很奇怪，颠三倒四，那里就是未来。我们就像典型的英雄那样，也会选择拜访那个陌生的世界，通过心理时间之旅，来想象自己会如何解决那里的问题，看看那个世界里有哪些机遇或宝藏在等着我们，去发现那里存在的风险或危机。此外，我们还可以把自己在未来之旅中发现的东西带回现在这一刻：用它来改善我们这个世界的远见和洞察。

在坎贝尔的模型中，只有一个英雄会收到冒险的召唤。英雄是一个特殊的人物，只有英雄具备必要的技能和性格力量，从而接受冒险的召唤。然而，在现实生活中，我们都收到了未来的召唤。因为时间是个伟大的均衡器，我们都以同样的速度一起完成生活之旅，生活在完全相同的当下，到达未来 10 年需要相同的时间，将在完全相同的时刻抵达未来。未来并非只有一个英雄，我们每一个人都能接受未来的冒险召唤。实际上，响应未来召唤的人越多越好。

那是一个什么样的召唤？它是一张紧急邀请函，让我们提前思考并预先感受能如何帮助自己和他人适应陌生的场景和危机，并在那里游刃有余。

在典型的英雄之旅中，冒险的召唤出现之后，有时会出现“拒绝召唤”的情况。潜在的英雄没有响应召唤，而是拒绝采取行动。正如坎贝尔在《千面英雄》[①] 中所写的那样，“在现实生活、神话及流行故事中，我们经常遇

① *The Hero with a Thousand Faces*，坎贝尔在书中通过博览全球各地的神话和宗教故事，总结出英雄故事中共通的精髓与奥秘，即每一位英雄都要经历启程、启蒙、考验和归来这一必经之路。本书中文简体字版已由湛庐引进，浙江人民出版社于 2016 年出版。——编者注

到无聊的召唤”。当潜在的英雄“被无聊、辛苦劳作或‘文化’隔绝”时，就会拒绝召唤。人们因为渴望“当前系统保持不变并得到巩固”，于是让精神被现状困住。作为一名专业的未来学家，我在工作中看到过许多这样的拒绝行为，甚至有些个人和组织原本专门聘请我来挑战他们的假设，帮助他们想象奇怪的新世界，结果也会如此。根据我的经验，人们用4种不同的方式来拒绝未来的紧急召唤：保持距离、否认、疲劳或投降。

- 保持距离意味着回应：“那还有很长的路要走，我们不需要现在就去考虑它。”“它不会对我个人造成影响，这是别人的问题。”“这是地球另一端需要担心的问题。”。
- 否认意味着回应：“它永远不会发生。”“即便发生了，也没什么大不了。”“风险被夸大了。”。
- 疲劳意味着回应：“我现在有太多真正的问题，无法为一个假设的未来问题操心。”“我厌倦了说服别人去关注这种长期风险。我没办法继续坚持下去。”。
- 投降意味着思考：“我个人对此无能为力；这超出了我的掌控范围，何苦白费力气呢？”

这些“拒绝想象”的行为听起来耳熟吗？在新冠疫情期间，我们听到过很多类似的声音，即便要求我们想象一些短短几天或几周后的难以想象的未来时，情况也是如此。

你能否记得，最初，有些首次遭受新冠疫情重创的地区曾尝试紧迫又绝望地向我们展示我们的未来？很多国家都曾尝试通过视频、社交媒体和专栏文章对世界即将发生的情况发出警告。2020年3月17日，艾达·加里波第（Ida Garibaldi）发表了一篇文章，题为《来自意大利的问候，未来比你认为的更加严峻》（*Hello from Italy. Your Future Is Grimmer than You Think*）：

撰写此文时，我正在意大利，我们现在的处境就是你的未来。从我们进入紧急状态开始，我们就带着一种可怕的预感，看到危机在美国蔓延开来……是的，要远离餐馆、健身房、图书馆、电影院、酒吧和咖啡馆。还要注意：不要邀请别人一起吃饭，不要让你的孩子去参加游戏聚会，不要带他们去游乐场，不要让未成年的孩子离开你的视线。他们会和朋友们偷偷地溜出去，他们会牵手，分享饮料和食物。如果这显得太过分，不妨想想以下这一条：我们不允许举行婚礼或葬礼。我们不能聚集起来埋葬我们的死者。对我们来说，已经来不及避免一场难以置信的人员伤亡。但如果你决定不采取行动，因为这看起来会带来诸多不便，或者因为你不想显得愚蠢，可别说我没警告过你。

这些人之所以从未来传递信息，是因为尽管所有证据都表明会发生难以想象的状况，但我们很多人根本不敢相信它会发生在自己身上。在未来出现在我们的社区之前，我们无法真正地想象未来。

游戏化洞察

未来的召唤并非总是如此明确。我们不会经常看到如此清晰又详细的描述。然而，如果我们随时留意，寻找变化的信号，并跟随未来的力量，那么，我们就会听到未来的召唤，至于是否接受它，取决于我们自己的选择。

你已接受冒险的召唤。现在，你要开启一段心理时间之旅，前往一个颠倒的世界。为了更好地面对你在那里遇到的挑战，你会随身带着什么？若想了解自己有哪些帮助人们塑造未来的惊人力量，首先可以完成一个快速挑战，我把它叫作“为未来打包行李”。

在神话和传说中，每个英雄都带着一个由技能、性格优势、知识和工具组成的独特套装，帮助英雄随机应变，解决手头的问题。你也有自己的标志性优势，说明你未来能如何为他人提供帮助。正如作家兼领导力导师塔拉·莫尔（Tara Mohr）所写的那样：

> 这个世界是用一个以你为形状的磨具创造出来的。
>
> 因此，你是重要的。
>
> 因此，你是来创造世界的。
>
> 因此，你收到召唤。

你擅长什么？你对哪方面有更多的了解？你属于哪些团体？你比大多数人更热衷哪些东西？无论你面临哪些障碍或挫折，什么样的价值观驱使你在生活中前行？稍后，我会帮你找出这些问题的答案。但首先，我想鼓励你用一种非常开放的心态来回答上述问题。

从表面上看，在未来的危机中，有些优势和能力似乎能给人们带来更大的帮助。根据具体的场景，“基本”一词可以描述医疗技能，或者以下任何一种能力，如语言翻译、组织抗议、筹集资金、创建数据模型、实验室创新、提供心理疏导和安慰、保持电网的正常运行。如果你缺乏这些“基本”技能，你也许会觉得自己没有资格去做一些真正重要的事。然而，我想让你对什么人将来需要什么技能保持开放的心态。爱好时尚，长期参加《圣经》学习小组，熟知枪支安全知识，掌握漫画创作技巧，知道大多数邻居的名字，喜欢及时写感谢信，能够识别天空中的星座并讲述它们的故事，承诺尽可能成为最好的家长，拥有无坚不摧的决心，每天要走一万步，饮食习惯大胆，实话实说。你很快就会发现，**任何一种技能或力量都很强大，都很重要，能让你在未来为别人服务。**

因此，当你打包行李的时候，不要轻视自己的任何一项技能，不要觉得它不重要，或者认为你的某类知识微不足道，某个社团不重要，某种性格没什么益处。在列出你带到未来的物品清单后，我们会前往一个未来场景，你将有机会创造性地了解到，你可以用自己独特的优势做些什么。现在，你的任务只是打包行李。

开启一段心理时间之旅

以下是游戏《为未来打包行李》的玩法：我将问你几个问题，包括你的技能、知识、激情、社区和价值观。你会发现，最好是把答案写在一张白纸上，并把清单挂在某个地方，从而激发你的未来想象。试着为每个问题至少想出一个答案，如果你提供了不止一个想法，就把它们都写下来！想法越多，你越开心。

你会发现，把自己的答案与别人的答案进行比较，既有趣，又大开眼界。实际上，如果你想不出任何答案，那就请朋友或家人为你提供参考答案。其他人通常有办法指出我们具备但从未真正注意到的个人技能和优势。

技能。你擅长什么？你具备哪些很多人都不了解的做事方法？

这也许是一种专业技能、一种生活技能、一种爱好、一种别人付费让你做的事，或是你为了自己开心而做的事。它也许是你在学校或工作中学到的技能，你也许接受过专门的培训，也许是你无师自通的东西。不要局限在你认为对危机有用的东西上；它可以是任何一种东西。例如，我在自己的清单上写下了：设计新游戏，做旅行规划，向非科学家群体科普科学研究，越野跑，以及不让山火烟雾进入我的房子。

当你到达未来时，你会发现这些技能将成为强大的线索，让你思考自己如何为人们提供帮助。

知识和激情。与大多数人相比，你更了解哪些话题或活动？你把更多的时间用在思考哪些问题上？

以下是我过去看到的一些答案：狗的敏捷性训练、营养、宝莱坞电影、DIY 万圣节服装、军事史、烹饪传统的波斯菜肴、尊巴舞、项目管理、九型人格、斯多葛哲学、人工智能伦理、策划派对、自我照护、数字摄影。

到达未来时，你会发现，你能用创造性的方式把自己的知识、激情与眼前的危机联系起来。

社区。你属于哪些社区？你是哪些团体的成员？你也许会想到自己的邻居、学校、工作场所或更广泛的行业、宗教社区、侨民群体、互助小组、政党、音乐或艺术场景、运动或游戏社区、网络上的某些病患社区或健康社区、你常去的论坛、频道或社交媒体、康复小组、任何形式的俱乐部或团队，甚至还可以包括你的大家庭，如果这是你的身份的重要组成部分的话。

到达未来时，你将能动员这个社区，或为他们的利益做辩护，或者成为他们获取信息的关键人物。

价值观。你的核心价值观是什么？价值是一种为生活赋予目的和意义的存在。它是一种你想要展示的力量，一种你想要维护的美德，一种你想要体现的品质，或是一种为完成比自己更重要的使命而选择的生活方式。你也许持有以下价值观：持续学习；尽可能成为最好的家长；持续挑战自己的身体极限并激励别人；有爱心，关心他人，在朋友需要时陪在他们身边；关注并尊重大自然；因为生命短暂，所以要享受一切，永远让生活丰富多彩；忠实地服务上帝，以身作则；探索整个世界，尽可能理解多种不同的文化；见义勇为，为正义而战；随时把美带给世界；记录并广泛传播真相。你知道吗？当你能用一个词补全以下句子时，你就确定了一个核心价值观："我发誓……"或"我此生的目的是……"或者只是"当我为……付出时间和精力时，我能感受到最好的自己"。

在你到达未来时，你会发现这些价值观指导着你的行动，并帮你注意到有哪些东西将会让你在面临挑战时保持动力和韧性。

《超级结构》和《唤醒》的玩家也完成了一模一样的活动，在每次模拟游戏开始时，他们首先会识别自己的技能、知识和激情、社区和价值观。当时，我们将其称为创建你的"超强希望个体"形象。我相信，列出这些具体的标志性优势是一个基本步骤，能让他们想象自己如何像英雄一样，在这些假设的未来传染病疫情中随机应变。不久前，有一位玩家和我再次联系时曾表示："这段经历给我带来重大影响。最大的影响也许就是，想象我能将现在的哪些技能带到未来。在想象的场景中，自己为人们提供帮助，而不只是一个被动的观察者，这种能力让我有勇气和信心迎接真正的未来。"

现在，你要用自己的力量来应对未来可能发生的危机了。2035 年，世界将面临另一场传染病，但它与你经历过的那次大相径庭。

你接受召唤，打包好行李。一个未来场景已就绪。它以当前存在的一种真实疾病为基础，当你读完这个场景时，让自己的大脑开始快速思考：在刚才列出的标志性优势中，哪些在未来是最有帮助的？

未来场景 10：阿尔法危机

Imaginable

2035 年

今天，新闻公布了一个里程碑式的节点：“阿尔法半乳糖综合征（AGS）已经影响 5 000 万美国人，这是一个以前难以想象的数字。”

上次你在新闻标题中看到如此多的“难以置信”和“难以想象”两个词，还是 15 年前暴发新冠疫情的时候。

目前，你了解阿尔法半乳糖综合征的病理：携带病毒的蜱虫通过叮咬，给人体注入名为阿尔法半乳糖酵素的糖分子，它通常会出现在被蜱虫叮咬的动物血液中，如牛和羊。接着，人的免疫系统就会紊乱，反应过度，好像把糖分子当成一种致命病毒。患者会对大多数哺乳类肉食品产生致命的过敏反应，包括牛肉、猪肉、乳制品、奶酪、猪油和明胶。从此以后，患者只要接触阿尔法半乳糖酵素，就有生命危险。

这意味着，有 5 000 万美国人，占美国总人口的 1/8，他们以前身体健康，现在却要避免摄入各种动物食品。他们尝一口汉堡，吃一把小熊软糖，在咖啡里加了牛奶而非燕麦牛奶，就可能会被送进医院。这完全是因为被蜱虫叮咬过。即便只闻一闻烤架上的肉味，也会引发呼吸困难和致命的心率升高。在阿尔法半乳糖综合征危机之前，你从未听说过“空气肉”，但如今，这是人们必须避免的真实事物。

第二次或第三次被蜱虫叮咬会加重阿尔法半乳糖综合征。对那些人来说，皮肤一旦接触到普通的家用产品，就会出现致命的过敏性休克。你之前从未意识到，有多少非食品类物品是被牛油或明胶“粘在一起”或被牛油、明胶软化处理过的，如蜡笔、厕纸、避孕套、塑料袋和牙膏。现在，多亏了疾病控制中心的公共服务公告，你才知道，它也是“肉类无处不在”运动的一部分。

自从这场危机暴发以来，美国的急诊患者从每年 12.5 万人次飙升至每年 1 000 多万人次。

用你的话说，这真的难以置信。

你已数不清有多少朋友和家人患上了阿尔法半乳糖综合征。可能有 20 个？30 个？甚至更多。你觉得自己未感染这种病真的很幸运，因为目前并没有任何治疗或治愈的方法。

你依然还记得鲜少出现阿尔法半乳糖综合征的时代。彼时，像“被迫素食者因为被蜱虫叮咬而对红肉过敏”这样的故事，也许会出现在你订阅的“奇闻逸事：了解世上所有离奇、古怪和不常见之物”的推送中。2009 年，人们只发现了大约 12 个病例。但到 2019 年，美国已有超过 35 000 人确诊阿尔法半乳糖综合征，在北欧、澳大利亚和撒哈拉以南的非洲地区，也有数千人受到这种疾病的影响。突然之间，新闻媒体不再使用“古怪”一词，而是有了更多的警告意味：

> 罕见的蜱虫正变得越来越常见，它可能会让你产生致命的肉类过敏。
>
> 这不再仅限于森林地区：城市中的孤星蜱虫的数量增加至以前难以想象的水平，全球健康岌岌可危。

几乎在一夜之间，人们似乎因为纽约中央公园和南加利福尼亚州海滩上的蜱虫感染了阿尔法半乳糖综合征。在所有 50 个州中，孩子们因为足球场上的蜱虫感染了这种病。很快，除南极洲以外的所有大陆都出现了阿尔法半乳糖综合征。

到了 2034 年，全球已有超过 2.5 亿人受到影响，世界卫生组织宣布，阿尔法半乳糖综合征是历史上首次由蜱虫传播的传染病。接着，情况急速变化：

> 由于致命的肉类过敏，全球有25%的人今年将食用全素食；肉食品制造商、食品及餐饮行业处于一个难以想象的变化的时代。
>
> 尽管天气不错，公园、海滩和运动场却空无一人，因为人们为了躲避蜱虫，今年计划做些难以想象的事：整个夏天都待在室内。
>
> 这是狗的末日吗？为了避免接触蜱虫，狗被主人遗弃的情况创历史新高。
>
> 全球肾上腺素短缺，作为一种基础药物，它能逆转各种危及生命的过敏反应；7亿多患有非阿尔法半乳糖综合征的过敏人群现在面临风险。
>
> 单克隆抗体是治疗严重急性呼吸系统综合征冠状病毒2、3、4、5最成功的方案，但是无法治疗阿尔法半乳糖综合征患者，这种救命药是从哺乳动物细胞系中提取的。根据当前的建议，在本土病毒暴发期间，所有阿尔法半乳糖综合征患者都要进行自我隔离。

既然阿尔法半乳糖综合征被称为一种流行性传染病，那么全世界的人似乎可以划分为以下5类：

1. **阿尔法半乳糖综合征患者：**如果你患有阿尔法半乳糖综合征，那么你在生活中需要采取一切方法避免接触阿尔法半乳糖酵素。不管喜欢与否，你现在基本上就是个素食主义者。你不得不采取一些措施，例如，为避免接触牛肉和明胶，随身携带专用的植物厕纸。此外，你要对蜱虫特别小心，如果再次被蜱虫叮咬，症状就会加重：更快出现关节疼痛、严重的腹痛、脑雾等过敏反应，而且更难治疗。

2. **害怕感染阿尔法半乳糖综合征的人：**在户外时，你会非常焦虑。当你必须要去公园、海滩或运动场时，你会尽量不把皮肤裸露在外。你浑身喷满了避蚊胺或自己能找到的任何一种驱虫剂。每次回到家里，你都会让朋友和家人给你做一次细致的全身蜱虫检查；这个新习惯让你想起了新冠疫情时代无处不在的体温检测，不同之处在于，你现在需要花费更多时间，当然还要通过更亲密的接触。
3. **没得阿尔法半乳糖综合征但为了以防万一，开始像此类患者一样生活：**你先发制人，停止吃肉。你购买全素类家用产品。你避免闻到肉味。如此一来，如果你真得了阿尔法半乳糖综合征，也不会有严重的风险。现在采取这些措施，还能帮助你保护家人的安全。这样的生活会让你心安。
4. **加倍待在户外享受“吃肉生活”的人：**除非不得已，否则你不会担心。你正在享受自己能吃到的每一块肉。你尽可能待在户外，及时享受。
5. **认为阿尔法半乳糖综合征是一个骗局的人：**你认为这是植物类行业为增加利润而编造的谎言。或者，这是由一个名为“阿尔法女孩”的全球“女权素食激进分子”秘密组织并发起的一项行动，目的是恐吓人们采取素食的生活方式，通过少吃红肉来降低睾酮。无论你的理由是什么，你都不认为阿尔法半乳糖综合征真的是一种危险或普遍的疾病。没有人会让你不敢做户外活动。你绝不会改变自己的饮食。如果你在网上听到了最具影响力的阿尔法半乳糖综合征反对者的建议，你会决定在人们的饮料中偷偷掺入骨汤，以揭发这个骗局，并证明它们并不存在真正的风险。

想象一下，你生活在这个世界上。在 2035 年，无论你的年龄多大，生活环境都可能发生变化，你居住在另一个村镇或城市，从事另一种工作，可能刚结婚，可能未婚，可能刚有了第一个孩子，或者现在孩子已经长大；也许你已有能力积累自己的财富或储蓄，也许还没有。想一想，你在 2035 年会变成什么样，那个人和今天的你有哪些不同。然后回答以下问题：

选择时刻

你认为自己会如何应对这场阿尔法半乳糖综合征危机？你是否会担心自己患有这种疾病，并尽可能采取任何一种预防措施？或者，你是否会“活在当下”，开始吃更多的肉，花更多的时间待在大自然中，及时行乐？你是否会提前对生活做出重大调整，或者为了以防万一，或者为了保护那些有可能感染这种疾病的家庭成员？你是否有可能加入那些反对者的行列？你还能想象出哪些反应？稍后，我要请你想出一个更详细的行动计划，以便度过一场假设的阿尔法半乳糖综合征危机。而现在，只要拓展你的想象，想想自己的整体反应是什么风格，因为阿尔法半乳糖综合征是一种真实的综合征，影响着全球成千上万的人，你身边也许已经出现了阿尔法半乳糖综合征患者。如果是，你将如何展开想象，你的体验会指导你应对与新冠疫情规模相仿的阿尔法半乳糖综合征传染病吗？

认真想象并为未来准备

现在，你有机会沉浸在各种可能性中，让我们集中精力发现机遇，为这个未来带来积极的改变。

对任何一个场景来说，我们都可以提出 3 个关键问题，从而激发“习得性帮助”的过程，让我们感到自己真的能在更大程度上掌控未来的结果：

1. 在这个未来，人们想要什么？需要什么？
2. 在这个未来，什么样的人会特别有用？
3. 在这个未来，你将如何利用自己独特的优势帮助别人？

让我们通过头脑风暴来寻找“阿尔法半乳糖综合征危机”的答案。一场由蜱虫传染的传染病让人们对肉制品出现危及生命的过敏反应，当你想象这样一个世界时，哪些东西成为新的“必需品”？

在这个未来，人们想要什么？需要什么？可以提供什么？有哪些建议和信息？有哪些支持或保护？需要采取哪些新的做事方式？在这个新世界里，哪些旧的机制将不再适用，必须重新发明新机制？

这些都是头脑风暴要解决的问题，答案越多越好。如果你有冒险精神，那就大胆尝试，自己先尝试提出一些想法，然后再阅读我的建议。

在一个经历阿尔法半乳糖综合征危机的世界，应该……

人们对蜱虫防护剂的需求可能会大幅提升；用肾上腺素注射器来解决过敏反应；素肉、家禽和海鲜；纯素厕纸；大多数家用产品也要采用纯素材料。

人们对鱼类和蜥蜴等无蜱虫室内宠物的需求将会增加。你还会在这个清单中添加什么建议？

人们将需要学习如何对自己和宠物进行彻底的蜱虫检查。可能还有一些其他有用信息，包括显示蜱虫叮咬高危区域的公共地图以及说明如何发现过敏反应并用肾上腺素注射器注射来救命的使用指南。实际上，无过敏症状的人可能也会开始随身携带它用来帮助他人。此外，公共媒体要为阿尔法半乳糖综合征的患者及其亲友提供转向纯素食谱的烹饪技巧和营养建议。另一种有益的做法是，以哪些物品含有隐藏的肉类成分为主题，开展一次提升公众自我防护意识的宣传活动。或者，拍摄如何“拔除蜱虫”的公益广告，这是一种自己识别蜱虫感染的省钱方法。例如，根据《消费者报告》（*Consumer Reports*）的信息：“剪一块约 32 平方厘米的布，把它绑在约 46 厘米长的杆子或棍子上。拿着杆子，沿着高高的草坪或杂草拉动这块布，尤其是在草坪和林地的交界处，蜱虫通常会自己移动到布上。”在这个未来，人们还想知道些什么呢？

人们可能需要心理疏导，来处理与阿尔法半乳糖综合征共存的问题或者因害怕感染而产生的焦虑。此外，从事高风险工作的人，在工作中更有可能接触蜱虫，如从事建筑、农业、油田、林业和公共管线工作的人，政府可以给他们提供危险工作津贴或优先发放个人防护设备，总之，他们也许需要特殊的保护或支持。同时，肉类和乳制品消费急剧下降将导致肉类加工或乳制品行业出现萎缩，这些行业的工人可能会需要职业培训和再就业方面的项目。还有哪些人需要支持或保护？

人们可能需要重新考虑或暂时重新设计各种休闲及户外活动，将活动场所安全地设置在远离蜱虫的室内，从根本上看，这与新冠疫情时期的策略恰恰相反，后者是尽可能把更多活动改到户外。餐馆可能会进行自我重塑，为阿尔法半乳糖综合征患者提供更安全的用餐体验。为狗剃毛可能会成为常态，因为与全身带毛的狗相比，人们在剃过毛的狗身上更容易发现并清除蜱虫。人们会重新想象院子、草坪和花园，强调蜱虫防控，就像在当前的山火高发地区，这些场所已经开始注重山火预防了。为了让社会适应这个未来，你还能想象哪些巨大的变化？

扩展你思考这个问题的最佳方法是，向多个不同的人提问，看看他们在某个特定的未来想要或需要什么。

在这个未来，什么样的人会特别有用？谁是新的专家？谁拥有基本技能？身边的哪个人会让你感到安心？谁提供的服务比过去任何时候都更重要？

不妨先自己提出一些想法，再阅读我的建议。

在一个经历阿尔法半乳糖综合征危机的世界，最有用的人将是……

曾经出现过致命过敏反应的人，可以为刚确诊的患者提供建议；能治疗严重过敏反应的专业医护人员；在急救人员到达前，能发现过敏反应并提供护理的普通人；长期食用素食或纯素食主义者，可以帮助阿尔法半乳糖综合征患者养成一种新的饮食方式；素食厨师；任何能为院子、草坪和花园提供蜱虫防控服务的人；能够提供预防蜱虫实用建议的户外活动人士；攀岩墙、健身房和室内操场等室内运动和活动中心的管理者；“戒断顾问”，这些专家专门帮助人们不再沉迷于阴谋论和虚假信息，从而应对有关“阿尔法女孩”的阴谋论和虚假信息。

你还想把哪些人添加到这份清单中？

在这个未来，你将如何利用自己独特的优势帮助别人？

想一想，你认为自己的哪些技能、知识、激情、社团和价值观可以成为自己的标志性优势。你能否想象，其中一个或多个方面会成为你在这个场景中展开行动的跳板？

与前两个问题相比，这个问题可能需要更高的创造性，尤其是当你的优势无法直接或明显匹配未来需求时。我发现，大多数人在提出想法之前，都需要一点时间来思考这个问题。因此，不要强迫自己，让这个场景在自己的脑海中酝酿几个小时或几天，看看你会不经意地冒出哪些想法。当我为这个场景做游戏测试时，有人提出了以下独特的想法，用来为人们提供帮助：

> 我的爱好之一是时尚。我试着用一种独特的风格，每天在Instagram上发布自己的装扮。在未来，我可以试着把反蜱虫时尚变得很酷，就像把裤脚塞进袜子里一样。现在，这一点也不酷，但我可以试着让它看起来很棒，引领一种新潮流。
>
> 公共花园社区有助于创建安全、美丽的室内花园空间，能够像户外花园一样滋润你的心灵，同时也能预防蜱虫。
>
> 这也许是个奇怪的想法，但我在我们的“左邻右舍”社区里很活跃，我注意到，过去发布5G阴谋论的人，就是发布新冠疫情和疫苗错误信息的人。也许我能联系到他们，在新的阴谋论开始散播之前，让他们了解有关阿尔法半乳糖综合征的可靠信息。给他们一个尽早了解事实的机会，请他们帮忙传播出去，帮助他们获得归属感。
>
> 我是一名足球助理教练。如果我们的队员对肉类和乳制品过敏，他们将需要使用另一种不同的策略来增加肌肉和体重。我能帮上忙，也许会发起一场“患有阿尔法半乳糖综合征的运动员”的新运动。

任何一个打猎的人都会告诉你，这个未来需要帮助减少鹿和兔子的数量。它们的数量越多，蜱虫就越多。我希望自己能帮助组建一个社区，努力增加狩猎许可证的数量，延长狩猎季节，看看我们是否能通过这种方式处理这个问题。

这是一件小事，但作为一名企业家，我可能会开设一个新的肾上腺素注射器皮套系列。目前此类产品已经存在，但缺乏多样性。如果每个人都开始携带肾上腺素注射器，那最好能多一些选择，一些有趣的设计，这是表达自我的方式。如果它们看起来丰富多彩又有趣，就能帮助人们进一步认识到阿尔法半乳糖综合征的现状，并了解如何去帮助过敏性休克患者。

学前班的老师们可以教我们的孩子唱一首有关蜱虫检查的新歌。就像童谣《身体部位歌》那样，可以帮你了解蜱虫喜欢隐藏在哪里。我还真的搜索了一下，是头皮、脖子、腋窝、膝盖后。

你是否有了想法？你提供帮助的独特方式将来自你已知道、喜欢以及做过的事情。在一场全球危机中，几乎每个社区、产业、小区、社会仪式和日常活动都将受到影响。为了在未来做个有用的人，你只要使用现有的技能即可，无须重塑自己。通过回答这 3 个与帮助相关的问题，你也会从中得到启发，在未来背包中添加更多的技能或知识。

如果这样的场景真的发生了，你能快速选取哪些工具，从而让自己准备得更充分？学会如何检查蜱虫，拔除蜱虫，发现过敏反应的迹象，使用肾上腺素注射器，用全素食材做一顿自己最喜欢的饭菜，可能都会让你快速赢得胜利，这将让你对未来的结果有更大的掌控力。

“阿尔法半乳糖综合征危机”这样的场景真的会发生吗？当然有可能。这个未来之所以值得我们认真想象并为之准备，是因为以下未来力量。

阿尔法半乳糖综合征是真实存在的，目前全世界的患者人数正在增加。根据现有记录，增长最快的地区是美国，针对普通人群的过敏血液测试表明，10% 的美国人对阿尔法半乳糖分子的过敏性已经升高，很可能就是源于一次蜱虫叮咬。在美国东南部，人们更容易接触携带阿尔法半乳糖酵素的蜱虫，这个数字甚至更高：预计有 20% 的人对这种糖分子敏感。宠物主人和户外活动人群面临的风险最高。如今，在世界上的某些区域和某些职业中，对阿尔法半乳糖酵素敏感的人的确很普遍。在德国的猎人和森林工人中，有 35% 的人对阿尔法半乳糖酵素敏感；在厄瓜多尔的埃斯梅拉达斯省，该人群占当地总人口的 37%，而在肯尼亚的乡村卡巴蒂，该人群占当地总人口的 76%。

幸运的是，并非所有因一次蜱虫叮咬而产生过敏反应的人都会出现阿尔法半乳糖综合征的所有症状。在这些人中，大多数目前在日常生活中没有任何症状，只有 9% 的人经历过严重的过敏反应。然而，正如医学科学家所指出的那样，这种情况在不断发展。继续摄入阿尔法半乳糖酵素含量高的饮食，会将轻微的敏感变成严重的过敏。此外，每当人们多被蜱虫叮咬一次，未来就更有可能发生严重的反应。据估计，已经有 3 300 万美国人对阿尔法半乳糖酵素敏感，因此我们有理由想象，他们中的很多人都会出现更严重的反应，患上让生活发生显著改变的阿尔法半乳糖综合征。

此外，气候急剧变化导致全球蜱虫数量显著增加，对阿尔法半乳糖酵素敏感的人数肯定也会增加。与此同时，森林砍伐促使人们更频繁地接触鹿、兔子等携带蜱虫的动物。蜱虫还会出现在新的地方，如城市公园和海滩。美国疾病预防控制中心在 2019 年公布的一项研究指出，在纽约市 5 个行政区的 24 个公园中，有 17 个都出现了携带病毒的蜱虫。另一项研究发现，当前，1/5 的蜱虫叮咬发生在城市地区。在加利福尼亚，海滩游客如今收到警告，有高达 40% 的蜱虫会携带疾病，而且沿海灌木中的蜱虫数量正创历史新高。

因此，各种由蜱虫传播的疾病都在增加，不仅有阿尔法半乳糖综合征，还有莱姆病、巴贝虫病、边虫病和落基山斑点热。毫无疑问，未来10年，防护蜱虫叮咬将成为大多数人日益关注的问题。至于找到帮助人们避免蜱虫的方法，将是一个需要投入创造力进行研究和创新的主要领域。

与此同时，我们有理由希望，全球能够避免发生我们在这个场景中想象的这种极端危机。早期研究表明，如果有些人在这段时间内完全避免接触任何阿尔法半乳糖酵素分子，那么可能在2至3年后治愈他们的阿尔法半乳糖综合征。研究人员在一种名为布鲁顿酪氨酸激酶抑制剂（BTKis）的新型药物上取得了卓有成效的进展，如果在接触过敏原不久前服用，可以完全预防过敏反应，即便对危及生命的过敏者来说，也是如此。阿尔法半乳糖综合征的患者可以把它当作一张偶尔享受红肉的“自由通行证”。人们甚至可以每天服用它，从而过上脱敏生活，但长期服用可能会有副作用。最后，蜱虫研究领域正在迅速推出疾病预防和蜱虫控制的新想法，仅在2020年，就有10 000多份经同行评议的科研成果正式发表。如果你想了解更多细节，并参与其中，可以使用这个应用程序：蜱虫应用（thetickapp.org）。如果你住在美国，一旦遇到蜱虫，可以报告相关信息，并提交你找到的蜱虫照片，从而帮助你更好地了解蜱虫种群是如何以及在哪里增长的。通过注册蜱虫应用程序，你现在就能帮助科学家们预防蜱虫传播传染病，绝对无须等到2035年再做出积极的改变。

一场阿尔法半乳糖综合征的全球危机可能会发生。通过在脑海中植入这个场景，现在就关注这些未来力量，你能够降低被阿尔法半乳糖综合征和其他改变生活的蜱虫传播疾病影响的风险。万一阿尔法半乳糖综合征真的像很多科学家预测的那样普遍呢？即便如此，你也不会为此而感到震惊。你会接受这个未来，更迅速地做好准备去帮助自己和其他人，更有力地掌控危机在社区及个人自生活中出现的方式。

想象自己能帮到别人

在这个未来，我如何利用自己独特的优势来帮助他人？回答这个问题，还有一个更重要的好处。**想象自己能帮到别人，能提升你对未来自我的共情。**

还记得前文中的《未来自我连续性问卷》吗？它是由心理学家开发的一个工具，可以测量你对未来自我有多少共情，也就是对10年后的你有多少共情，测量从3个不同的维度展开：你在多大程度上能生动地想象未来的自我，你觉得自己在多大程度上与未来的自我很相似，以及你在多大程度上喜欢你期待变成的那个未来自我。想象所有你能为人们提供帮助的方式，甚至是以英雄的方式，这会让未来的自己更受欢迎。当你认为自己有能力在未来场景中做些积极的事情时，你就会与自己建立积极的情感联系。这能让你的大脑学会一种对待未来自我的方式，不是像一个陌生人，一个你几乎不认识也根本不关心的人，而是像一个你非常熟悉并关爱的人。

米塔·威廉斯（Mita Williams）是加拿大安大略省温莎市的一名图书馆研究员，也是两个青少年的母亲，她如此解释自己经常参加未来社会模拟游戏的原因："未来的我实在太棒了！"2007年，我在网上认识了米塔，当时有数千人在帮助我们想象一场全球石油危机，她就是其中的一员。2008年，她来未来研究所参加一场想象传染病的活动，我再次遇到了她。我第三次遇到她是在同时发生多个紧急事件的世界银行模拟游戏中，包括极端天气和大规模电网故障。我们最近谈到了让她一次又一次地探索未来，不断地接受冒险的召唤的原因。

米塔向我解释说，讲述自己将如何在一场虚构的全球危机中为他人提供帮助，让她获得一种新身份。

人们对我说过，“米塔，难道你不觉得紧张吗？你为什么喜欢考虑这类事情呢？”但我真的很喜欢未来的那个我。这是我最好的回答方式。未来的我会努力参与解决重要问题的过程中。未来，我为别人提供帮助。那次经历真的改变了我。现在，我有很强的参与感，而我以前却并非如此。

我开始把自己视作一个做实事的人，关注比我个人更重要的问题，并且会问，“我能提供哪些帮助？”我也许不是世界上最有权势的人，但让我想想，自己能为家人、朋友、邻居、自己所在的城市提供哪些帮助。

米塔给我举了一个例子，那是她最近采取的行动，不是在想象中的未来，而是在她现在的社区。“‘简之旅’（Jane's Walk）是一个一年一度的节日，每逢此时，人们在当地社区提供免费的散步导览服务。任何人都可以自愿担任散步导游，分享社区的故事，或者介绍当地鲜为人知的趣事。”

每年5月，位于世界各地的数百个城市都会举行简之旅活动，向城市学家兼社会活动家简·雅各布斯（Jane Jacobs）致敬，以纪念她对活力健康城市的开创性研究。今年，米塔决定参加简之旅，其灵感来自一些具有挑战性的未来场景，她曾花时间想象过这些场景，例如极端天气，以及由气候变化导致的电网故障。“我参观了当地的电力基础设施，”她说，“虽然我不是这方面的专家，但我做了一些研究。”在跟我讲述这个故事时，我的想法是，她肯定做了一些研究！她是一名图书馆研究员。这是她接受所有挑战时的标志性优势。

米塔组织的散步导览名为“电子滑梯：温莎市电网之旅”。这次的散步邀请函上写道：“你是否知道你用的电来自哪里，或者你家的电线最终通往哪里？加入我们的旅程，整个无形的电网将一览无余，看看它如何把我们以及我们所依赖的电力连接起来。”她的导览吸引了162个人参加，由于新冠疫情的原因，导览采用的是虚拟的形式。米塔说：“强调我们的电力来自哪里，是我做的一个小尝试，能让我们的社区更有韧性。”

“未来的你实在是太棒了，”我对她说，“现在的你也很棒。”

听米塔讲述自己的行动，我也受到了激励。我想参与简之旅活动。要是未来研究所的研究人员为人们在未来场景中提供散步导览呢？我们可以在自己的学生中发起一项挑战：从你所在的社区中至少挑选一个人，为其提供散步导览，谈谈某个未来如何在当地社区发挥作用。我愿意亲自试一试。也许我可以为虚构的阿尔法半乳糖综合征危机创建一个徒步导览之旅！

现在，我对自己采取的新行动有了一个想法，它与习得性帮助有关：它具有感染力。它在扩散勇气、创造力、能动性。当一个人找到自己的未来力量时，这个力量也会激励其他人找到各自的力量。

我经常被问到，为什么不看看周围的世界，关注我们真正面临的问题，并在今天就为别人提供帮助？想象10年后的未来挑战，有哪些神奇之处？最近，我向《唤醒》的另一位游戏开发者罗伯特·霍金斯提出同样的问题。对此，他的视角很独特，他曾帮助一家致力于解决当前实际问题的组织想象未来。霍金斯是世界银行在教育技术及创新方面的全球引领者。自从我们2010年第一次在全球范围内组织这款游戏以来，霍金斯一直在南非、巴西、墨西哥和哥伦比亚负责区域版本的《唤醒》游戏，并添加了新的未来场景，以及研究游戏在上述地区的影响。他目睹，用不同方式想象你在虚构的未来场景中如何为他人提供帮助，能够改变你今天对自己的看法，尤其是在资源和机遇都比较匮乏的社区。“对这些社区中的年轻人来说，有了思考未来的能力，是一种打破常规现实枷锁的方式，”他告诉我，“他们期望有限，缺少自尊，也许选择也有限。展望未来 10 年，可以帮助他们想象出不一样的场景。这为他们提供了空间和创造力，能更自由地想象自己将会变成什么样子，分析自己的现状。”

“一位在哥伦比亚参加游戏的年轻女性这样描述《唤醒》，‘它是一座桥梁，将我自己认为的局限性以及潜力联系起来。’确实，我认为这是一种发现行动机遇的方式，它搭建了一座桥梁，一端是个人无法独自解决的、似乎不可逾越且具有压倒性的挑战，另一端是帮助人们感觉自己有能力挺身而出去解决这些问题。”他跟我提起一项关于《唤醒》对南非玩家影响力的研究，这也是第一个有关《唤醒》影响的研究。60% 的玩家认为，游戏对他们的个人身份产生“强大的影响”，因为他们很显然同意以下观点：“我是一个关心未来重大问题的人”，以及“我能够想象自己开始尝试新事物”。

俗话说：“如果你不是自己故事的英雄，那你就是在讲一个错误的故事。”对此，我还想补充一句：“如果你不是自己未来的英雄，那你就是在想象一个错误的未来。”

未来，你无须成为所有人的英雄，只要成为某个人的英雄可以了。无论你是为自己所属的社区服务，还是让你的左邻右舍更安全，或是帮助家人取得成功，或是当有人散播虚假信息时去传播真相，或是发明一种新的做事方式，或是只帮助一个遇到麻烦的人，这些都是未来召唤你去做的事情。

现在开启面向未来的心理时间之旅，你就能在自己迫切需要帮助之前，找到采取行动的机会。无论出现哪种情况，你都能了解自己的力量，避免感到震惊或无助。如此一来，如果未来真的到来，你会用具有创造性的方式做好心理准备，并完成一些重要的事。

想象训练
Imagination Training

规则 10：接受冒险的召唤

把每个未来场景都当作一个想象自己完成重要使命的邀请。为了更好地理解行动的机会，要问自己 3 个问题：在未来，人们想要以及需要什么？在未来，什么样的人会特别有用？在未来，你将如何利用自己独特的优势帮助别人？寻找一些方法，利用自身的技能和知识，采取有用的行动。考虑一下，自己的价值观会如何激励自己去克服困难。想一想，如果这个场景真的发生，你要如何服务或调动自己所在的社区。无论你想象什么样的未来，都要成为某个人的英雄。

11

IMAGINABLE

模拟你想要的未来

疫情给我们带来的教训是，展望未来很重要。不仅要“向前看”，还要“提前感受”。结构化方式的共同想象要发生在变化开始前，而不是等到变化时再开始体验变化，通过这种方式，我们有希望影响并规划我们的未来。

——菲利波·卡蒂卡（Filippo Cuttica），

设计师和艺术家

心理模拟游戏是一个
清醒的梦，
梦里描绘的
是可能发生的未来。

我们为什么会在睡觉时做特别奇怪的梦？长期以来，哲学家、艺术家和心理学家一直在思考这个问题。最近，科学家们也开始提出这个问题。原来，不只是人类在睡觉时做梦。根据科学家在过去 20 年中的记载，猫、狗、鸟、蜥蜴，甚至是小鳞鱼，都有与人类梦境相似的大脑活动。做梦在生物中如此普遍，表明它并非只是人类大脑在运转时意外出现的副产品。当某种情况在多个不同物种中反复出现时，它一定传达着某种强大的进化优势信号。但这种优势是什么？梦如何帮助我们生存下去？

做一场清醒的梦

计算机科学家可以给出答案。他们发现，若想让机器拥有与人相似的智能，最有效的方法是让计算机程序拥有它们自己的梦。这些梦被称为“噪声注入”（Noise Injections），让程序的思维更具灵活性和适应性。噪声注入的工作原理是：**首先，人工智能程序得到一组真实的数据集，开始对其分析和解释。它以这些数据为基础，学会了处理数据，并做出准确的预测。接着，当程序运行良好时，人们就故意为它提供相同数据的较为奇怪的版本。这些新的数据集经过设计，就像梦一样，被称为“噪声数据”**。在计算机科学中，“噪声数据”是指毫无意义的、无法被机器轻易理解或正确处理的数据。因此，噪声注入以新的方式随机扭曲并重组了真实世界的信息，目的是让人工智能程序感到意外，暂时感到困惑。噪声注入向程序展示了它以前从未见过的东西和无法理解的东西。这些奇怪的数据集通常也比原始数据集更“稀疏”，不那么详细。噪声注入删除了必要的数据点，并要求程序随机应变，尝试填补缺失的空白。

噪声注入是为了确保人工智能程序学会如何处理它从未见过的东西——那些较难理解的东西。它们要确保这一点：程序不会假设未来所有的现实世界数据看起来与见过的数据完全一致。它们保护着机器版本，使其不会受到未来的冲击：它们教人工智能程序去期待意想不到的东西，不至于在出现从未见过的数据时僵住。而且有研究表明，它们特别奏效：与只用真实数据集训练的程序相比，接受过噪声注入训练的程序要学得更快，表现也好得多。

最近，美国塔夫茨大学的神经科学家埃里克·赫尔（Erik Hoel）注意到，这些机器学习算法技术特别像人类梦境，具有超现实和难以解释的本质。2021 年，赫尔在数据科学期刊《模式》（*Patterns*）上发表了一篇论文，文章指出，在做梦时，我们往往感觉像是“噪声注入”了大脑。我们的梦很少重复现实经历中的准确细节。与之相反，它们以看起来随机的怪诞方式将真实的人、地点、经历和事件重新组合起来。人类的梦也像噪声注入一样具有稀疏性，也就是缺少数据，这是一种叙事的模糊性。我们一旦尝试向别人解释一个梦，就会意识到它缺乏连贯的细节，最终发现无法理解它。

游戏化洞察

赫尔对做梦提出了一个全新的普遍理论。他认为，梦一定是奇怪的，因为所有的大脑都在以这种独特的方式从怪诞中获益，无论是人类的大脑、其他动物的大脑，还是基于计算机的人工神经网络。好处在于，我们的大脑在梦中反复遇到以前从未直接经历过或想都没想过的事物，从而帮助我们从过去生活中的具体细节中“解脱”出来，用更灵活的方式去思考，让我们准备得更充分，去面对未来将会遇到的任何新奇事物。事实证明，梦是一种巧妙的方法，能平衡大脑另一个最重要的进化适应本能：可导致正常化偏误的模式识别能力，也就是期待未来将在很大程度上与现在一样。

在大多数情况下，正常化偏误是有益的。它让我们的大脑花费较少的精力去把事情弄清楚，从而让我们能更快地对可预测的事件做出反应。只要一切正常，正常化偏误就颇为奏效！但当环境或我们的处境发生显著变化时，正常化偏误就会带来危害，甚至是致命的危害。它让我们被困在旧的思维方式中，无法随机应变。因此，为了生存下去，我们必须用梦来平衡这种偏误。它们进化的目的是确保我们具有想象的能力，以便应对并理解那些不“正常”的事情。

赫尔的假设是一种有趣的解释，它已引起神经科学家和人工智能研究者的极大兴趣。作为一名未来学家和游戏设计师，我之所以被它吸引，还有另一个原因。我相信，它有助于解释未来场景和未来心理模拟游戏所具备的独特的大脑训练能力，尤其是当这些模拟游戏具有社会性时。

未来场景描述了未来可能出现的新奇事实。它让我们探索在未来会发生哪些以前从未发生过的事，无论好坏。心理模拟游戏是在邀请我们短暂地生活在那个未来，体验我们脑海中出现的世界，并获得一种第一人称的沉浸式体验。到目前为止，你在本书中已经对未来的事做了快速的心理模拟。你一直在回答以下问题：在这个未来，我会有什么感觉？我会做些什么？我会需要什么？我会如何帮助别人？到目前为止，你的未来之旅都是快速思维实验。然而，心理模拟游戏的时长也许不止几分钟。它们可以持续几个小时、几天，甚至几周，不仅是在你自己的脑海中，而且还在你与他人的对话中。这就是我擅长创造的社会模拟游戏，如《超级结构》和《唤醒》。在本书的最后一个部分，我想邀请你体验这种模拟游戏，就像有意识地往你清醒的头脑中注入噪声。

在漫长的未来模拟游戏中，我们在脑海中体验一种替代性现实，以此来思考自己的日常生活。通过将想象中的未来与现实生活叠加起来，我们生动、详细地想象着自己在未来场景中的做法、想法、感受、想要的东西以及需要的东西。如果我们今天去上学，那我们面临的挑战就是想象学校在未来场景中会有哪些不同。如果我们去上班，就要想象我们的工作会有哪些不同。如果我们在现在居住的社区里看到有人正在挨饿，那么就想象这个问题在未来场景中将如何得到解决或程度进一步加剧。如果我们出去喝咖啡，或者参加一个派对，或者遛狗，或在图书馆拿起一本书、得到医疗救护、为钱发愁、安慰自己所爱的人等，那我们可以选择想象，若未来这些场景成真，情况会发生哪些变化。

游戏化洞察

模拟游戏故意模糊了我们当前真实生活和想象之间的界限，它用假设的可能性歪曲了我们日常生活中的事实，使其变得怪异。这些事实和可能性混合在一起，我们必须尝试理解这些组合，并填补其中的叙事空白，尽管我们期待“常态”。这个场景让我们的思想从过去的模式中挣脱出来，它为我们的大脑提供了一个机会，练习如何遭遇意料之外的东西，就像做梦时一样。

心理模拟游戏是一个清醒的梦，梦里描绘的是可能发生的未来。

假设你正在模拟上文中的“阿尔法半乳糖综合征危机”场景。在那个可能出现的未来，由于史无前例的蜱虫传播传染病，全世界有数亿人对红肉和其他动物产品产生了致命的过敏反应。想到这个假设的未来，你会以哪些不同的方式体验现实世界？你会看到、听到并遇到哪些日常生活中不存在的东西？

例如，如果你在现实中路过一家素食咖啡馆，你可以想象 2035 年会出现以下场景：由于未来的人对植物性餐饮的需求日益增加，现在几乎空无一人的咖啡馆，到时候会人流如织，人们鱼贯而出。你会在自己的脑海中看到现实世界中的场所发生了变化，这是一种你能在未来使用的资源。

或者，你会想象抗议者封锁了同一家咖啡馆的入口，大声喊着“素食黑手党”。他们举着的标语牌上宣扬毫无根据的阴谋论：“相信你的直觉！阿尔法半乳糖综合征不是真的！”你会在脑海中把现实世界的场所在未来重新定义为一个可能发生冲突的场所。

如果你在后院烧烤，你会想象客人戴着 N95 型口罩，以免接触空气中的肉类烟雾。你会花时间去考虑，如果这些朋友和家人患有阿尔法半乳糖综合征，他们在未来的社交聚会上以及吃饭时会有哪些不同的感受。你也许想要知道，派对的气氛会发生哪些变化，甚至未来自己是否会参加这样的聚会。

这些假设的场景只会存在于你的脑海中。它们是心理模拟游戏中的简短一幕。它们用生动真实的细节让场景变得栩栩如生，仿佛是你真正感受并体验到的内容。它们就像是未来的幻象，只不过是你在用自己的想象来控制和引导它们。

在长达一周的“阿尔法半乳糖综合征危机”模拟游戏中，你还会想象些什么？当你早上穿衣服时，你也许会想象自己戴着肾上腺素注射器皮套。你选择了哪种风格？它是由什么材料制作的？它是什么颜色？你是把它戴在胳膊上、腰上，还是大腿上？稍后，你可以就此快速画一个草图，来捕捉你的心理图像。或者，你已深入这个场景之中，真的把裤腿塞进了袜子，因为在你想象的未来，这种风格是反蜱虫时尚的一部分。那么，你可以选择在现实生活中的一天来这样打扮自己。虽然这只是一个小细节，但你会发现，它真的能帮你“感受”未来。

如果你关注股市，你在查看金融新闻时，也许会考虑市场将如何应对阿尔法半乳糖综合征危机：在未来，哪些股票会上涨，哪些会下跌？如果你在广告行业工作，你可能会在上下班途中走神，试着想象自己会和新客户合作，或是为现有客户举办新的活动，以便应对这场危机。如果你在图书出版业工作，你也许会查看当前的畅销书榜单，受到危机的启发，尝试想象 10 年后的畅销书排行榜：那些书的名字是什么，属于什么类型，是由哪类作者创作的？

通过你对场景的认识，任何一个清醒的生活瞬间都能转变成生动的一瞥，让你看到可能出现的未来。你也许会发现，自己按照惯例拜访预约好的医生，在等待时，脑海中也许会瞬间浮现出现实的未来版本：你其实是在那里验血，以便确定自己是否对阿尔法半乳糖酵素敏感。你也许会试着想象，在等待结果的 48 小时里，自己会有什么感受。

或者，你正在现实生活中注射流感疫苗。想到这个场景，你也许会想象它不是流感疫苗，而是用于抑制过敏反应的布鲁顿酪氨酸激酶抑制剂。你会简单地想象，自己患有阿尔法半乳糖综合征，刚刚花了 100 美元来注射这种药物，从而能获得一张 72 小时有效的“肉食通行证”。稍后，这个转瞬即逝的想法可以成为一个更详细的故事、一个让你填补未来空白的机会：你为什么且会在什么时候选择注射布鲁顿酪氨酸激酶抑制剂？你会如何处理自己那张 72 小时有效的“肉食通行证”？

即使是最微不足道的东西，也可以成为把未来场景带入现实生活的机会。例如，如果你正在观看一个烹饪节目，如《顶级厨师》（*Top Chef*），可以试着想象一下，在阿尔法半乳糖综合征危机期间，这个节目的制作方式会有哪些不同。如果你正在阅读国际新闻，可以写下一些新闻标题，概括不同国家对蜱虫传播传染病的防治措施。如果你正在查看你的社交媒体动态，可以以此为灵感，为这个未来编写一篇 Facebook 帖子或发一条 Twitter 消息。在阿尔法半乳糖综合征危机期间，你会向他人寻求或提供哪种帮助或信息？做饭时，你也许发现自己在思考，如果有一个朋友或家人是阿尔法半乳糖综合征患者，你做的饭菜会有哪些不同？它将如何改变你们共同做的事？

游戏化洞察

四处转转，将替代性的现实投射到正常生活之中，这种想法听起来也许有点让人摸不着头脑。它确实让人摸不着头脑，它确实像梦一样，具有超现实、超创造性的特征。它也许还对神经系统有益。通过主动想象如何用奇怪的方式改变周围的世界，你正在训练自己的大脑，用更平和、更灵活的方式来应对真实的变化。如果你认为自己不具备生动的想象力，那在玩过一个时间较长的社交模拟游戏之后，这种情况就会改变。

随着对模拟游戏有了更深入的了解，你也许想以更实际的方式，将未来场景带入现实生活。你可以根据想象中的未来创造出真实的物体，也就是未来学者所说的“未来物品”。它们是未来场景中可能存在的日常用品，例如，招牌、海报、家用产品或服饰。创造出这些物品后，你就能把它们当作未来的视觉及触觉提示，把它们置于现实世界的私人环境中，有时甚至可以放在公共空间中。

例如，你可以下载并打印一张“如何检查蜱虫”的海报，然后用红色马克笔在顶部写下“前方是阿尔法半乳糖综合征危险区！请自行确认是否进入”，从而把它变成一件未来物品。把这张海报贴在前门上，帮助自己沉浸在这个场景中。也许你想抗议制药公司高价出售救命药的做法，便制作以下抗议标语：“让人人都能用到肾上腺素注射器！应该免费拯救生命”和“不要从我的危机中获利”。**你不必为一个虚构的场景组织一场真正的抗议，但身处于这个空间中，你不仅可以在脑海中看到未来，还可以在现实世界中看到未来，这强化了社会模拟游戏的“清醒的梦”的本质。**

你还能做些什么？你可以添加一个未来的贴纸或标签，将一个普通的生活用品“未来化”。例如，你可以在一卷未打开包装的厕纸上添加一个标签，上面写着“阿尔法半乳糖酵素过敏警告！本产品添加了有额外软化功能的牛肉明胶”。或者，你也可以在一件普通的白 T 恤衫上写下一句口号，让它捕捉到这个场景中的某些情绪或争议。在“阿尔法半乳糖综合征危机”中，糖分子敏感测试呈阳性的人也许想大胆宣称“我很敏感”，从而将自己的身份去污名化。你能否想象，自己真的制作并穿上了一件“我很敏感”的 T 恤，当别人问起时，你会解释一下这个场景吗？

并非每个人都想成为未来大使！然而，如果你真的喜欢和别人分享自己正在学习的东西，标语、海报、贴纸或衬衫一类的物品可以起到抛砖引玉的作用，你们可以一起讨论为这些东西带来灵感的未来场景和变化信号。一旦你记录并与人分享自己梦一样的未来想法，而且别人也与你分享他们的清醒的梦，模拟游戏的魔法就会真实地显现。

与人分享让未来场景变得更真实，变成一个你们一起访问的世界。当为期 6 周的《超级结构》模拟游戏结束时，一名玩家在论坛上写道：“我就像从一场梦中醒来，但这是我和成千上万的陌生人一起做的梦。”的确如此，通过选择模拟场景，我们选择着梦想中的未来。而且当我们的模拟游戏是一种社会活动时，它们就能让我们一起畅想未来。

为了一起畅想未来，我们需要记录并分享我们想象的内容。这是社会模拟游戏中最关键的部分：我们必须记录自己在脑海中虚构的所有奇怪事物，给超现实的思想和意象赋予叙事体形式。可以采用手写形式完成这种社会活动，如两个人用不同的笔记本记录各自的日记，每天写下一些想法，然后在模拟游戏结束时交换日记，比较两人畅想的未来。或者，还可以采用小组邮件的形式，所有参与者每天或每周都分享一些新的想法，并介绍这个场景中还会发生什么，自己担心什么，以及自己能够提供哪些帮助。

这种活动也可以采取网络论坛的形式，你和成百上千的人一起想象同样的未来场景，论坛从而可以贡献出大量不一样的个人故事和可能性，人们可以以彼此的想法为基础来创作。或者，它可以在“自然状态下”开展，就像我们在未来研究所说的那样。参与者可以在网络社交平台上发布自己的想法和故事，讲述这个场景如何影响自己的生活和社区。你还可以在上面添加一个场景话题，如“阿尔法半乳糖综合征危机”。这会创造一个分散性故事，关于未来的碎片分散在互联网上，它让我们想起之前引用的威廉·吉布森的话：“未来已经到来。它只是分布不均罢了。”这个模拟游戏变成了一种在社交媒体平台上开展的寻宝游戏，内容是寻找未来的旅行者以及他们的故事。由个人想象并分享的微小的私人瞬间，可以构建一个替代性的宇宙。

游戏化洞察

任何一种形式的社会文献，都能让我们重温并反思自己的想象，如此一来，我们的见解不会转瞬即逝。它让我们能了解别人在相同场景下的经历，因此我们可以从他们的角度畅想未来。我们遇到的很多事，仅凭我们自己的大脑永远想象不出来。我们从别人的大脑和生活经历那里收集到大量数据，可以把它们看作是我们清醒时的想象力的指数级“噪声注入”。

目前，未来研究所的最长时间游戏纪录长达两天，这款模拟游戏有近 9 000 名参与者分享了超过 64 000 个故事和想法。规模如此庞大，以至于一个人无法消化上述所有内容。相反，它变成了一种沉浸式的想法流，你身处其中，收集线索，满足自己的好奇心。如果你在数据库中收集了所有内容，就可以对其进行检索和分析，以便找到趋势和模式，这是我们在研究院里的常规做法。但我总会说：模拟游戏的体验最重要。最有价值的产出是，游戏用某种方式拓展了参与者的想象空间，培养他们真正的技能，从而使他们适应了难以想象的变化。无论你从社交模拟游戏中获得怎样的研究结果，无论它帮助你做出哪些预测，都是额外的奖励。

参与社会模拟游戏的人越多，集体的想象就越强大。但你无须用未来场景玩如此大规模的游戏。两个人在几天或几周内来回分享故事和想法，也能创造出一个心灵宇宙。

如果你依然觉得这游戏有点抽象，那么本章的目标就是让它更具体。如果你想使用本书中的某个场景发明自己的场景，创建并运行自己的长期社会模拟游戏，那么我会拆解自己设计社会模拟游戏的创作过程，手把手教会你所有的 6 个步骤。一旦知道了怎么做，你也许会决定针对一个俱乐部、一个工作团队、一个互助小组、一个网络社区、一个班级、一场会议、你的整个社区或一个特殊的事件，组织一个模拟游戏。

但如果你认为自己理解了游戏，并已准备好开始玩它了，那么，我建议你直接跳到最后一章，“在未来玩 10 天（游戏）”。在那里，你会发现三个可以用来玩游戏的未来场景。选择其中一个场景，然后继续你的日常生活，但是在接下来的 10 天你要在脑海中运行这个场景。你会按照引导去想象：如果这个未来场景成真，你在现实生活中去过的每个地方、进行的每个活动、与他人的每次互动将会发生哪些变化？你会接受挑战，用“未来日记”记录所有你认为最奇怪的事情，所有你想象的最令人惊讶的事情，记日记的形式不限，笔记本、电子邮件、视频日记、录音、社交媒体帖子、脑图、谷歌或 Word 文档，或者你想要使用的其他任何一种形式都可以。我会鼓励你，至少和一个人分享这段经历，和别人一起畅想未来。

如果你想要开始，只需跳到下一章，阅读模拟游戏说明。在这 10 天中，每天都有不同的想象提示。然后，挑选一个人，和你一起开始模拟未来，一起用其中一个场景玩游戏，分享彼此的想法和故事。看看你们能完成多少个日常挑战。

从小处着手也可以：挑选一个人或者一个读书会规模大小的小组，和他们一起玩。如果你们玩得开心，也许可以邀请一个更大的小组加入游戏。最终，你也许会有更大的雄心壮志，受到更大的启发，去发明自己的场景，或者自己运行一个规模庞大的模拟游戏。如果是这样，本章中的其他信息能够帮助你达成这个目标。

如果你现在已准备好了，随时可以跳过本章中的后续部分，我会和你重逢在 2033 年，在未来一起畅游 10 天。

用 6 个步骤模拟你想要的未来

为了规划你自己的社交模拟游戏，你需要决定：

1. 你想模拟什么场景？
2. 你要邀请谁来参加？
3. 你将在什么时候开始和结束这个模拟游戏？
4. 用哪个社交平台分享它？
5. 你将如何探索未来的不同维度？
6. 你为什么要模拟这个未来？

我将使用一款社会模拟游戏作为真实案例，手把手教会你以上 6 个步骤。2016 年，未来研究所与非营利教育组织“面对历史与我们自己”（Facing History and Ourselves）合作，共同为高中生开发这款游戏。

步骤 1：你要模拟什么场景？任何社交模拟游戏的核心都是一个未来场景，它描述一个特定的世界，我们有一天会在这个世界醒来，时间通常是在 10 年后。第一个步骤是，选择一个你希望与他人共同花时间想象的可能出现的世界。就未来研究所在 2016 年与“面对历史与我们自己”的合作而言，我们想要探索社交技术的未来。我们好奇的是：下一代的社交媒体会是什么样的？未来，我们会在网上分享哪些今天不能分享的内容？

未来场景 11：感同身受的未来

Imaginable

2026 年

超过 10 亿人加入一个名为“感同身受”（FeelThat）的新型社交网络。

它和其他社交网络类似，但不是分享文字、照片或视频，而是分享你的身体感觉和情感。

“感同身受”的成员佩戴着生物追踪、激素检测和神经传感设备，将心率、压力水平、体力、情绪和催产素的指数实时报告给朋友和关注者们。它被视作一种通过网络分享真我的一种最真实的方式，无须任何审查和过滤。

无论你有什么感觉，“感同身受”平台上的关注者只要拥有神经刺激外设就能感受到同样的感觉。这是一种非侵入式设备，会刺激迷走神经和大脑中参与情绪控制的区域。点击“真的感受它”按钮，刺激外设会改变你的能量和情绪，使其非常接近被你关注的那个人的能量和情绪，也就是他的“感觉”。这项技术还不太完善，但它却是人类发明中迄今为止最接近心灵感知的融合技术。

如果你愿意，你可以将视野由个人感受拓展开来，看看在社区和城市中传播的情感、压力、爱和能量。你可以查看自己的学校、工作场所、家族或社区中的“热门情绪”。

到目前为止，“感同身受”网站有10亿名会员，它产生的最大的社会影响在于，很多成员开始寻找那些散播积极情感、提升身体能量、增加爱与信任的荷尔蒙的个人和场所，并把更多时间用于关注这些人和这些地方。“感同身受”的会员们越来越多地避开那些会增加压力、消耗精力、传播负面情绪的人和地方，这种现象越来越常见。

并非所有人都用这种方式使用这个网络。有些成员故意寻找悲伤或焦虑、低能量或低催产素、压力最大的个人和地点，可能是因为同病相怜，也可能是因为这是一个帮助他人的机会，能让他们感觉好受些。

选择时刻

你是否会加入这个网络？为什么？

除了用简短的文字描述它，我们还制作了一段10分钟的视频，向人们说明如何使用虚构的“感同身受”平台，以便帮助参与者在这个未来更加身临其境。在未来研究所的YouTube频道搜索“面向未来”，你就能看到这段视频，还包括一段神经刺激外设的“开箱”视频和一段现场演示视频。

我们还分享了十几篇新闻报道的链接，这些文章介绍了当前神经感应、生物追踪和神经刺激方面的真实技术，它们都是让这个场景显得合理的变化信号。如果你感兴趣，可以在网络上查找相关线索。无论你选择或发明什么场景，你也许都希望收集一些变化信号，并与参与者分享这些信号，帮助他们理解这个场景为什么合理、为什么值得想象。

那么，你会邀请别人一起想象哪种可能出现的世界呢？由于这是你第一次组织一款完整的社交模拟游戏，我建议你从本书中选择一个场景。只要出于非商业用途，你就可以随意调整或修改这些场景。在掌握了技巧之后，你也许想要发明自己的模拟游戏场景。我在本章结尾处提供了一些线索，帮你了解如何实现这一目标。

我首先想要模拟的场景是：____________________。

步骤 2：你想邀请谁来参加？社交模拟游戏可以是两个人之间的亲密体验，也可以是数千名参与者一起合作的史诗般体验。

从小处开始着手当然会更容易。我建议你把第一次模拟游戏的参与者限定为3到30人之间。你可以参考读书会、工作团队、聚会或班级的规模。之后，你也许想要为整个公司、学校、研讨会、活动、城市或全球民众组织一个规模更大的模拟游戏。

未来研究所的很多模拟游戏都对公众完全开放，面向任何人、任何地点。但我们与其他组织合作的《感同身受的未来》（Feel That Future）游戏，仅限高中生参与，他们大多都来自美国。对这个模拟游戏来说，“谁参加”特别重要，原因有以下两点。首先，从社会影响的角度看，我们想向年轻人传授未来思维技能，他们经常被排除在关于未来社会的对话之外。其次，我们想要通过研究来探索，“感同身受”这样的技术如果真的出现，可能会出现什么情况。就流行的新技术而言，通常是年轻人推动了此类技术的早期运用，并为新技术的使用设定了规范和文化价值观。我们邀请了 13 到 18 岁的参与者，等到想象中的神经感知、生物追踪社交网络真的出现时，他们将处于 23 到 28 岁之间，这个年龄段的人是我们想要吸引的对象。当这种新兴技术出现时，他们就是真正塑造未来的最佳人群，他们可以通过自己的决策和行为决定如何使用这些技术。

如果你邀请的对象不太熟悉社会模拟游戏，那就有必要先提供一些背景知识，例如，我们邀请老师和他们的学生来模拟《感同身受的未来》场景时，曾使用过以下说明：

> 这是一个充满想法、希望、忧虑和预测的游戏。在游戏中，你按要求想象一个有着新技术的世界，一个名为“感同身受”的平台会跟踪并分享我们身体和心理状态的信息。它和其他社交网络类似，但不是分享文字、照片或视频，而是分享我们的身体感觉和情感。这个场景是虚构的，虽然它以当前正在研发的真实技术为基础，但它发生在一个想象中的未来。
>
> 为了玩这个游戏，你要按照要求分享自己的想法，如果“感同身受”这个社交网络是真的，你本人会做些什么？你是否会加入这个网络？你会和谁成为“好友”？你会屏蔽谁？你会关注谁？如果这项技术是真的，哪些方面会让你感到兴奋？你会担心什么？如果你使用“感同身受”，而不是其他一些社交应用，那么，你会如何度过日常生活中的一天？你们可以在教室里讨论这些问题，并将自己的想法添加到全球线上讨论区里。
>
> 加入并和我们一起想象，你会如何使用未来的社交技术，以及可能发生哪些情况。与来自世界各地的人一起讨论，世界将如何变

化，我们想如何应对这些发展，为之做好准备，或者试着影响或改变它们。

共有 8 500 多名高中生和 300 多名教师参与我们的全球实时模拟游戏。同时，我们也将“面对历史与我们自己”的场景及讨论提示向世界各地的所有教师或青年团体永久开放，供其运行规模较小的本地模拟游戏。

若想确定社会模拟游戏的对象是“谁”，还有一个提示：你也许想要和不同的社会群体或不同年龄段的人在不同的国家或社区多次运行同一个模拟游戏，针对未来如何发展创建不同的愿景。

我首先想邀请的个人或团体是：____________________。

步骤 3：你将在什么时候开始和结束这个模拟游戏？一个社交模拟游戏可以短至数个小时，也可以持续相当长的时间。我更喜欢至少持续两三天的模拟游戏。我发现，每当自己有机会真正融入场景之中，让潜意识去思考它，就更容易出现有关未来的创意。我总想给参与者一个“好好考虑它”的机会。通常情况下，两三天的时间足以出现真正让人惊讶的想法。

“感同身受的未来”模拟游戏是一段长达两天的现场体验。我们提前一周向学生和老师们公布一个场景，让他们在想象中酝酿一下，然后再加入全球对话。从另一方面看，《超级结构》运行了 6 周，《唤醒》运行了 10 周。但我最喜欢长达 10 天的模拟游戏。它足够长，让你觉得这个场景是自己的真实经历，而不只是一闪而过的念头。同时，它也足够短，能让更多的人做出合理的承诺，每天至少玩 10 分钟，从开始到结束。我在这里所说的“玩”，是指每天至少积极地思考一次这个场景，用一个简短的故事聊聊这个场景如何影响自己，或捕捉一个想法，然后与小组分享。

很多参与者每天玩游戏的时间都超过了 10 分钟，尤其是当他们正在了解别人的故事和想法，并参与正在进行中的讨论时。根据我们的数据分析，《感同身受的未来》的参与者平均每天在全球线上论坛花费 31 分钟！

有些原因会导致模拟游戏的运行时间超过 10 天，例如你想和同一个小组来探索多个场景。在运行长达 6 周的《超级结构》中，我们探索了 5 种不同的场景，在运行长达 10 周的《唤醒》中，我们探索了 10 个场景。模拟游戏持续的时间越长，人们就越难坚持每日体验。在这些时间较长的模拟游戏中，参与者每周只分享一个故事或想法。

对这些时间较长的模拟游戏来说，最大好处是随着参与者用这个场景玩游戏的次数越来越多，他们往往会变得更自在、更富有想象力。他们还会用更多的时间来调查与这个场景相关的变化信号，这有助于让他们的想象更加真实、可信。此外，运行时间较长的模拟游戏可以创建一个联系更加紧密的社区，并对参与者产生更深层次的心理影响。我从未听人说过，两天的模拟游戏会“改变生活”，但很多人却对长达数周的模拟游戏有这样的评价，因为后者能帮助人们意识到他们想要用未来做些什么，想要感知哪些全球挑战的召唤，并为其提供帮助。

我打算让大家花：________________（天 / 周）时间一起想象这个未来。

步骤 4：用哪个社交平台分享它？要组织一款社会模拟游戏，你需要一处场所，让参与者分享自己的想法和故事。可以通过网络，也可以面对面，或者同时使用两种方式，具体取决于你所邀请的小组成员的现实条件。

如果你只和一个伙伴一起玩，开始可以先聊聊天，一起理解这个场景。制订一个计划，每天互相发送一个想法或个人故事，可以通过发电子邮件或短信息，也可以使用你们平时沟通的任何一种方式。如果你足够幸运，和与你生活在一起的人模拟未来，那就在晚餐时分享你们每天的故事，或者在散步时讨论你们今天的想象！如果你们觉得每天分享一次太频繁，可以约好在第 10 天游戏结束时交换完整的“未来日记”。一定要在模拟游戏结束时聊一聊，在这段经历中，最令人惊讶或最有趣的地方是什么？为了能在这个场景真的发生时自己准备得更充分，你们是否打算采取行动？

如果你正在组织一个规模稍大的模拟游戏，例如参与者不超过 30 人的那种，那么你至少应该安排一次实时聚会。实时聚会可以采用多种形式，如俱乐部会议、午后休闲聚会、每周的工作团队会议或班会、晚间的视频会议等。你需要邀请参与者轮流分享想象中的最佳未来时刻。这会激发讨论，也许还会对相应的后果做出总结：“如果这种情况真的发生，那可能会出现……”你还可以鼓励参与者带来一个与场景相关的变化信号，或者带来一个创意，让他们说说准备为这个未来采取哪种微行动，并跟小组分享这些内容。根据小组的实际情况和模拟游戏的长度，你也许会想要多组织几次这种聚会。我本人就特别喜欢每周定期组织模拟游戏聚会！

除了聚会之外，你还需要创建一个电子邮件列表、Facebook 小组、Slack 频道、Discord 频道、社交媒体话题或线上论坛，让人们在整个模拟过程中发布他们的想法和故事。这会让讨论更加深入，给人们提供更多机会来查看别人的成果。最重要的是，如果你想用展览的形式把它分享给更大的社区，或者分析它的趋势和模式，或者只是在未来重新审视它，那么，它会为你提供一种收集所有内容的途径。

对于规模较大的模拟游戏，虽然参与者也可选择用本地小团体的形式来组织社交聚会，但大部分活动都会通过线上平台完成。

不要尝试找到最好的网络平台，这不太现实，选择一个你熟悉的平台，而且是大多数参与者都能适应的一个平台。我曾尝试过多个不同的平台，如果你不确定应该选择哪个，我建议你问问参与者，看看他们更喜欢哪个！

如果你在一个长达数天的会议或活动中组织一个模拟游戏，通常这也是我最喜欢的方法之一，那么你可以在活动过程中安排 3 ～ 4 个线下聚会，提供一个社交媒体话题或论坛，以便大家能够全天 24 小时随时分享创意，讲述他们的故事。

在《感同身受的未来》中，老师们组织了线下课堂及课后讨论等活动，而未来学院则举办了一场全球线上讨论活动，所有学生都能分享并回应彼此的想法。

这里有个重要提示：我总是鼓励模拟游戏的主持人或组织者，在整个模拟过程中把他们最喜欢的想法和故事展示并强调出来，让所有人都能看到最有意思的故事和最令人惊讶的想法。最简单的方法是每天或每周选择一个“未来时刻”，用电子邮件、便利贴或社交媒体分享给所有的参与者。这有助于为团队创造一个共同的叙事模式和一段普遍的体验。如果参与者想让自己的故事和想法成为每日焦点，他们会更加努力！它也能帮助那些大脑一片空白或创意枯竭的参与者，让他们效仿其他有创意的伙伴。

例如，在《感同身受的未来》中，我们向整个团队强调过以下优秀创意：“通过‘感同身受’网络，我们能把自己的感受记录下来，代代相传：‘奶奶为你感到骄傲，你能感觉到吗？’‘即使你不记得妈妈了，她也是爱你的。’”接着，我们要求参与者以这个想法为基础展开想象：你想要把哪种感受传递给子孙后代？你希望过去的哪种感觉能被记录下来，并传递给自己？

最后，根据线上群组的规模大小，你也许需要制订一个计划，对帖子和评论进行主动审核。当数千名参与者参加我的公开模拟游戏时，我通常会组建一个由 5 ～ 10 人组成的兼职线上管理员团队，确保没有骚扰、侮辱、垃圾邮件或以负面方式影响社交体验的其他行为。这些管理员还能帮你挖掘并找到最有趣的故事和最惊人的想法，将其分享给更大的群体，这在大规模的模拟游戏中非常必要，因为参与者每天会贡献成千上万的想法和故事。例如，在长达两天的《感同身受的未来》游戏期间，那些高中师生贡献了 64 012 个想法和故事！当时，想象活动进展得如此之快，以至于大家都无法跟上这个节奏，因此，非常有必要让一个团队按计划来挑选并聚焦你最喜欢的内容。在《感同身受的未来》结束时，未来研究所发表了一份长达 20 页的总结报告，介绍了最有趣的主题和想法。在模拟游戏的结尾，你可能想要制订一个计划，与参与者分享一份总结，内容包括更宏大的使命、最喜欢的故事、最令人惊讶的预测以及你自己的反思。

这会帮助参与者不再局限于个人经历、理解更宏大的图景，并让那些没有参与其中的人有机会了解你们共同发现的东西。

来自这个未来的想法、故事和“时刻”将通过以下平台分享：________________________________。

步骤 5：你将如何探索未来的不同维度？在最理想的情况下，社会模拟游戏带有一种节奏感、一种“对唱”的氛围。参与者受邀在几个小时、几天或几周内，多次返回这个场景，带来新想法和更深刻的见解。你会发现，**若想达成这种参与目标，需要规划好一系列的讨论问题或富有创造性的提示，以便“刷新”每个人的想象，并引导参与者用新的方式去探索这个场景。**

例如，在长达两天的《感同身受的未来》游戏过程中，我们每小时都会在网络论坛上发布一个新的指导问题，让对话持续朝不同的方向发展。家人和父母将如何使用“感同身受”？如何在教育中使用“感同身受”？如何在政治和司法系统中使用“感同身受”？如何在选举、政治活动和民主事务中使用“感同身受”？如何在艺术、讲故事和娱乐中使用“感同身受”？如何在浪漫关系和其他亲密关系中使用“感同身受”？这个列表包含近50个不同的问题，我们提前将问题分享给老师，让他们按照自己的想法从中挑选，并将其应用在自己的课堂上。如果你的模拟游戏使用了本书中的场景，那也可以获取相应的讨论问题。你可以随意添加自己的问题！

对于时间较短的模拟游戏，如果每小时都出现一个新的提示，就可以让游戏保持能量充沛的状态，并能鼓励参与者返回查看当前的进展。对于时间较长的模拟游戏，你可以每天或每周提供一个新的想象提示。

另一种探索未来不同维度的方法是鼓励人们通过合作来应对一项挑战。在一款模拟游戏中，我最喜欢两种团队挑战：一是在这个未来，人们需要帮忙处理的100件事情是什么？二是在这个未来，人们互相帮助的100种方式是什么？为参与者提供一个进行集体头脑风暴的场所，看看你们可以收集多少不同的想法。稍后，你可以组织或展示自己最喜欢的100个想法。如果一款社交模拟游戏没有产生其他的洞见，那么，仅凭这两个方法，你们就能从游戏体验中获得强大且有启发性的关键要义。

你也许想要发出邀请，征集一些能把这个场景带到现实生活中的未来物品。在一次《超级结构》的聚会中，参与者把手工制作的抗议标志挂在了墙上，表达对未来政府未能有效控制虚构病毒的失望，并要求为虚构的“长期”呼吸窘迫综合征患者提供更多经济支持。在想象的世界中，写有“坚持自己的情感”和“感受我@（用户名）”字样的T恤衫，成为“感同身受”网络上的流行时尚宣言。在《感同身受的未来》游戏期间，有些参与者分享了

“未来自拍”，在这些照片中，他们戴着自制的耳机和腕带，目的是唤起人们对 2026 年神经感应和情感刺激技术的想象。在《超级结构》中，参与者在不同的社交环境中戴着口罩拍照。（事实证明，他们通过这种视觉表达方式异常准确地预测到了未来）。在你的游戏中，为了捕捉模拟场景的独特“内容”和“氛围”，参与者可以使用哪种自拍方式拍照？

有无数种有创意的社交途径能把未来场景带到现实生活中，具体取决于你想要达到哪种程度。你可以举办一个真正的晚餐派对，以未来场景为灵感制作菜单。你可以用 PPT 创建一个初创公司的“融资推介”，介绍自己未来想要创办的新企业；你可以创作并录制一首未来可能流行的抗议新歌；你可以为未来可能出现的某个新产品设计一条广告。

你甚至可以发明并实践一种新的仪式或传统，为紧急气候移民事件举办新型欢迎会，或是做一次邻里大聚餐，把周期性停电期间会变质的所有冷藏及冷冻食品都消耗掉。例如，在 2007 年一个名为《无油世界》（World Without Oil）的社会模拟游戏中，来自旧金山艺术学院的一个艺术学生团队为儿童设计了一系列在能源危机期间玩的游乐场新游戏。它们的灵感来自一首流行儿歌，源于伦敦 1665 年暴发的传染病，歌词大意为“用玫瑰做的花环 / 一口袋的花瓣 / 灰飞烟灭 / 灰飞烟灭 / 我们全都倒下去”。学生们想象儿童如何在能量及精力都缺乏保障的生活环境下，通过仪式和娱乐来转换消极体验。接着，他们举办了一个小型的游乐场庆祝活动，教其他人玩他们发明的新游戏。

也就是说，社会模拟游戏实际上是一张邀请函，无论你受到哪种方式的启发，都能用它去玩、去创造。

在这个模拟游戏中，我想让别人回答的问题是：____________________。

我“创造”未来的方式（例如，创作一个抗议标志，做一件T恤衫，拍一张像在未来拍摄的自拍照……）：________________________________。

步骤6：你为什么要模拟这个未来？如果你打算邀请几个朋友或同事一起模拟一个场景，也许纯粹是为了好玩，也许是要学习一项新技能，或可能出于好奇心，或是做些有创意的事。这也是邀请数千人来模拟未来的充分理由！然而，如果你真想规划一个规模更大的模拟游戏，面向一个社区、组织或一场赛事，或是面向任何想要通过网络加入其中的人，那就有必要思考更大的目标。

为你自己的模拟游戏制定一个或多个大目标，能帮你设定参与者的期望值，培养兴奋感。人们会好奇：我为什么要这样做？我能从中得到什么？通过参与这个活动，我如何达成一个更大的使命？

我之所以决定运行大规模社交模拟游戏，部分原因在于以下几个方面。

- 为了现在就认真面对未来可能发生的危机，让我们所有人都准备得更充分，能在危机真的发生时为自己和他人提供帮助。
- 为了调查一项政策或一部新法规将如何影响我们的生活，让我们所有人都能用更清晰的视角和更多的同理心来决定是否支持它。
- 为了知晓人们如何使用一项未来技术，通过集体智慧来预测其潜在的风险、意外的伤害或伦理的困境。
- 为了给某个边缘群体或社区提供一个机会，分享他们对未来的希望和恐惧情绪，并让他们对未来的结果拥有更多的发言权。
- 为了弄清楚人们在某种特定危机或紧急情况下会做出哪些令人惊讶的事，会普遍出现哪些不理性的行为，让我们能更好地预测未来事件所导致的“难以预测”的社会后果。

- 为了以乐观的方式吸引那些担心最坏情况（考虑气候变化）的人，让我们在遇到困难时能找到创造性的解决方案。
- 为了创造协作创新的机会，让许多人一起讲述一个故事，以公共艺术的形式，分享同一个未来愿景。
- 为了对某个想法进行“压力测试”，且认为这个想法能带来更好的改变：它是否真的有效？我的解决方案忽略了哪些团体或社区？我忽略了哪些可能出现的意外后果？
- 为了拓展团队的想象力，为了更加笃定地相信未来一切都将改变，让我们意识到自己现在就有能力实施变革。

在《感同身受的未来》中，我们想帮助年轻人更好地掌控自己的未来。此外，我们还有另外一个研究目标：确定神经感知和神经刺激活动有多大可能成为一种“正常”的社会活动。我们要知道年轻人是否想使用这种技术，如果想，他们会如何使用它。他们是愿意分享这些私密的生物及神经系统数据，还是认为这是在侵犯隐私，甚至有一种反乌托邦或危险的可能性？最后，让我感到惊讶的是，这些年轻的参与者对“感同身受”抱有如此开放的心态。虽然他们确认了许多潜在的风险和危害，但也就个人表达、艺术、行动主义、志愿服务、科学研究和社会体验提出了很多令人兴奋的新想法。

使未来场景更有可能发生的因素之一，是让人们产生高度的兴趣：很多人真的希望它能发生，并愿意帮助它发生。同样，如果大多数人看起来都想刻意避免让它出现，那这个未来场景就不太合理。在组织《感同身受的未来》模拟游戏之前，我原以为，神经感知和神经刺激的社交技术不太可能被广泛接受。然而在模拟游戏之后，我却完全有希望相信自己有朝一日能生活在这个想象中的未来。

趣味性、新知、好奇心、创造力以及准备就绪，一直是未来模拟游戏的核心。如果你有一个更大的使命、研究问题或目的，让人们聚在一起想象在可能出现的未来会思考什么，有什么感觉，以及做些什么，那就要让所有人都知晓这个使命、问题或目的！

我做这个模拟游戏的目标是：______________________________。

现在，你了解了规划模拟游戏的 6 个步骤，让我再多分享一些建议。**社会模拟游戏是一个助推器，能让世界变得更美好。永远要记住，社会模拟游戏的主要目的是让人们有机会拓展他们的想象，培养对未来的信心。**通过这种方式，我们能为“难以想象”的事件做好心理准备，更好地应对冲击，并发觉我们当前就能采取的一些微行动，从而为帮助自己和他人做好准备。当人们问我一款模拟游戏的“结果”时，他们通常想知道：我们发现了什么？我们现在能充满信心地对未来做出哪些预测？我总会回答说，模拟游戏会塑造一群获得超自主能力并满怀希望的新人。无论社会模拟游戏会产生哪些积极的影响，关键在于，所有参与者都会日益感受到坚定的乐观主义，为接下来发生的任何事情做好准备。

社会模拟游戏的第二个目的是向参与者学习：创造一种集体智慧，这种智慧揭示，如果未来场景真实发生，可能会出现哪些情况，并发现大多数人对未来具有哪些相同的希望和恐惧。

如果你想向参与者学习，就必须做好规划，想好用哪种方式理解人们分享的所有的故事和想法。这是一项具有挑战性的研究活动，需要一定的分析思维和耐心——并非人人都适合！与之相反，你也许更喜欢在游戏结束后向参与者发送一份调查问卷，让他们预测自己在这个未来会采取哪些行动，以及需要什么。现在，他们既然已经考虑这个未来，那么，他们最大的希望是什么？他们最担心什么？为了给自己想象的未来做好更充分的准备，他们今天计划采取哪些行动？谷歌表单（Google Forms）之类的线上调查工具，能帮你收集、分析和分享此类结果，无须专业的研究团队。

社会模拟游戏是一个相对较新的事物。我总在尝试新的方法，而且我自己的“最佳实践”也依然在持续优化。实际上，我从未以相同的方式重复运行同一个模拟游戏。希望我分享的内容能给你带来灵感，但你无须像我这样处理模拟游戏。你也许有自己独特的愿景，有不一样的风格，有让社会模拟游戏适应不同用途的方法。大胆去做！在未来，一切都会变化，包括我们模拟它的方式。你可以大胆创造自己的规则。

发明新场景的提示

1. 关注几个你最喜欢的变化信号和未来力量

对你的场景而言，它的灵感应该源于当下已经发生的真实事件。因此，要挑选一些让你感到特别兴奋或担忧的变化信号和未来力量。它们将是未来场景的根基，能让它变得可信，并值得想象。

在对未来场景进行头脑风暴时，你要问问自己：

- 如果这个信号变得普遍且常见，世界将会是什么样子？
- 如果这个信号成为全球趋势，会有什么样的“新常态”？
- 再问问自己：这个未来力量会导致哪些最积极的变化？
- 会导致哪些最糟糕的变化？

答案没有对错。此时，你的创造力、直觉和独特视角会发挥作用。开动脑筋，提出一些不同的可能性，并选择其中的一个或多个想法，草拟一个引人注目的场景。看看哪些可能出现的未来会激发最令人兴奋的想象，或者哪些未来最为紧急需要我们尽快做好准备。记住：只要拥有几个切实的信号，并至少拥有一股强大的未来力量，你就能把它们整合到一个未来场景中，无论你想让这个场景有多大的戏剧性、有多极端。如果你觉得这个场景不够奇怪或缺乏争议，那就提高它的变化幅度和危机严重度。根据自己的喜好，让你的未来世界变得疯狂或令人惊讶：禁用一些东西；让这个世界完全耗尽一些东西；宣称超过10亿人正在使用一种新技术，或采取一种新奇的行为，或加入一场新运动；颁布一条激进的法律，以至于有些人会认为这条法律在当前的政治体系内是难以想象的。让你能想象到的未来危机出现最令人震惊的情况。无论你做什么，一开始都要显得很荒谬，因为你需要创造出强烈的情感，如好奇、敬畏、恐惧、希望或惊讶，才能拓展想象。

2. 选择 1 个原型，或者 4 个！

你想讲述什么样的未来故事？专业的未来学家往往把场景划分为4种情节或原型：增长、限制、崩溃和转型。你会发现，在发明场景时，首先要考虑你最想想象哪种类型的故事。

增长是指变多。在一个增长场景中，无论当前的趋势和状况是好还是坏，都会像过去一样持续增长，只不过当前增长的速度更快。“阿尔法半乳糖综合征危机”是一种通过蜱虫传播的传染病，是当前人类健康及环境变化急剧加速后的情况，这是一个增长场景。“爱心包”也是如此，它想象了如果把当前“食物即药”这个地区性项目推广到全国，将会发生什么样的未来。

限制是指接受新的局限性。在一个限制场景中，我们接受新的约束，并用新形式来自我约束，以此对威胁或问题做出回应。这个故事通常发生在一个令人绝望的时期，你需要采取孤注一掷的措施，协调全球资源，并重新安排事情的优先级。在这个故事中，个人需要做出牺牲，以保护更大的利益。开普敦水危机的故事，让你考虑如何适应严重的用水限制，这就是一个限制场景。以灰北极熊为灵感的场景也是如此，它想象了安全生活区域所面临的新限制措施，为了适应极端高温和不断上升的海平面，流动人口多达20亿。

崩溃是指突然关机或惨败。当被我们视作理所当然的东西不再可靠或不可使用的时候，这种缺失就会导致震惊，有时还会引发混乱。在一个崩溃场景中，社会系统的主要压力超出了临界点，便会导致新的痛苦和社会紊乱。“大规模断网”就是一个崩溃场景，讲述政府会强制关闭互联网的情况，它探讨了当一项基础公共服务在一夜间消失时，社会会发生什么变化。

转型是指一项可以改变世界的创新或突破。它拓展我们的想象，挑战我们的假设，而且它还表明，曾经不可能发生的事情现在已被实现。转型通常会鼓舞人心，为个人和社会开辟出一条新的道路。感谢日是一项新型经济刺激措施，将通用现金支付与对基层工作者的感激之情结合起来，是一个激进的政策实验；这是一个转型场景。“让你的钱翻倍”和“感同身受的未来”这两个场景也是如此，它们想象革命性的技术，即中央银行数字货币及生物追踪和神经刺激技术得到大规模的应用。

我们可以通过以上 4 个原型来探讨任何一个未来主题。如果我正在想象鞋子的未来，正如我经常做的那样，那么，我可能会以自己寻找的变化信号为灵感，创建一个增长故事、一个限制故事、一个崩溃故事，或一个鞋文化或鞋行业转型的故事。实际上，未来学家经常就同一主题创造出上述 4 种不同的场景，以探索并保持多种不同的可能性。斟酌一下自己的选择。看看哪种原型能帮你讲述以前最让你难以想象的或令你难以置信的故事。

3. 在玩游戏前得到反馈

当我创建一个新场景时，我至少会把它分享给好几个人，以便获得一些关键的反馈，然后再提出与较大的群体玩这款游戏。当我第一次想出一个新场景时，我会提出以下问题：

- 用 1 ～ 10 来打分，你个人觉得这个场景有多有趣？
- 在这个场景中，是否有令人困惑或无意义的内容？
- 是否有你想解释得更好或更详细的内容？
- 你能否想到这个场景将会给生活带来的一种影响？如何影响？至少想出一种。
- 用 1 ～ 10 来打分，你认为这个场景 10 年后有多大的合理性或可能性会真的出现？

如果大多数人对这个场景都不感兴趣，比如当平均分数低于 6 分时，那我会放弃它，然后换一个新想法重新开始。如果有令人困惑的部分，我会解释清楚。如果人们想要理解得更充分，我会解释得更详细。

如果这个场景让人们普遍感到难受，那我会重新思考、重新设计，从而让它更明显地影响我们的生活和社会。相反，就这个场景如何影响自身生活而言，如果人们的回答非常多样化，我就会感到非常兴奋。当不同的人想象不同的事情时，模拟游戏会更有趣、更具成效。

对我来说，即使场景构思可信度得分不高，比如低于 5 分，也没关系。对好的场景来说，它一开始往往听起来很荒谬。但在这种情况下，我会确保用大量的变化信号和未来力量来介绍这个场景，然后再让人们用它做游戏，因为我真心希望人们能接受一种可能性。我们有一天真的会在这样的世界中醒来。

想象训练
Imagination Training

规则 11：模拟你想要的未来

当未来成为人们共同的梦想时，它不仅会拓展我们个人的想象，而且还会拓展我们的集体想象。邀请其他人、其他团队或整个社区，花几小时、几天甚至几周的时间，和你一起积极地思考未来场景。你要鼓励所有人，描述一下这个场景给他们的生活带来了哪些影响。他们会有什么感觉？他们会用不同的方式做哪些事？他们需要什么？他们如何向他人提供帮助？把这些想法和故事收集起来，构建一个替代性的现实，从多种不同的视角想象它。

12

IMAGINABLE

将想象中的未来与现实生活叠加

我们必须不拘泥于自己的思维，想象以前从未发生过的事情，并书写社会这本小说。

——穆罕默德·尤努斯（Muhammad Yunus），
社会企业家及诺贝尔和平奖获奖者

深呼吸。不要惊慌，不要逃跑。沉下心来，感受一切……去想象，泰然处之。

——格伦农·道尔（Glennon Doyle），
作家及社会活动家

未来并非
最后的目的地，
而是一个不断
展开的过程。

欢迎来到 2033 年，这里正在发生一些奇怪的事。

奇怪的天气模式，奇怪的政治联盟，不仅其他人行为古怪，你也在做着自己从未想过的事。

难怪人们开始把 21 世纪 30 年代称为“难以想象的年代”。似乎整个世界在这个年代之初苏醒，人们决定要尝试一些与众不同的事。面对全球挑战，以前被认为过于激进、怪异、昂贵、实施起来过于困难的潜在解决方案，如今正在实施的过程中。

不足为奇，未来人们会把 2033 年视作人类历史上的一个转折点。但愿它是好的转折，但由于全世界的人们正在尝试上文所述所有奇怪的事，所以肯定会引发意想不到的后果。你正在尽最大努力跟上时代的脚步。去适应它，充分利用它，为面前出现的任何一个机会做好准备。你正在用日记记录自己的想法、感受和经历。当全世界通过迷恋和敬畏回望 2033 年发生的一切时，你会想让你的故事也载入史册。

到未来玩 10 天游戏

是时候去未来待上 10 天了。你会先在哪个世界苏醒？

- “零垃圾快乐之路”：在你醒来的这个世界，被你视作理所当然的公共服务几乎在一夜间消失了。你要做好准备，重新思考日常生活的各个方面。
- “欢迎会”：在你苏醒的这个世界，人们共同帮助 10 亿人跨国流动。你要做好准备，选择自己新的目的地。
- “10 年寒冬”：在你醒来的这个世界，全世界人民刚投票决定，要承担人类历史上最大的风险，它是否会有回报？准备好去寻找答案吧。

这 3 个场景都设定在 2033 年，虽然是虚构的，但这是合理的：它们都以当前已经存在的真实变化信号和未来力量为基础。对你来说，它们一开始听起来也许特别极端或荒谬。它们也许令人震惊、难以想象，完全令人“难以置信”。这是故意为之的，它们是为了帮助你更好地思考难以置信之物、想象难以想象之事，从而让你能以更具创意、更有策略的方式去应对未来可能面临的任何挑战。

这些假设的未来场景有点混乱，也有很多不确定性。它们探讨了在过渡时期，我们必须穿过这些世界，才能进入自己想要的未来。它们似乎不是“美满的结局”。的确如此，**未来并非最后的目的地，而是一个不断展开的过程。**为了实现最乐观的愿景，我们不得不经历充满挑战的时代。

阅读这些场景，和别人聊聊它们。讲讲你在未来会思考、感受以及想要做的事情，让它们在想象中肆意驰骋。我虽然是这本书的作者，但在这个故事中只能带你走到这一步。

在这一章里，我需要你和我一起撰写结尾。

如何开始

1. 从 3 个 2033 年的场景中选择 1 个进行模拟。从你最感兴趣的未来开始。
2. 创建你的“未来日记”。想好在哪里以及如何记录你对这个场景的想法：写在笔记本上、给朋友发电子邮件、使用电脑文档、写视频日记、使用线上论坛，或者你觉得最自然的其他任何一种途径。
3. 选择从哪天开始进行模拟游戏。每个模拟游戏从开始到结束都需要 10 天时间。计划每天至少花 10 分钟来想象自己在这个场景中的想法、感觉、行动和体验，把自己想象的内容记录在未来日记中。这会给你带来一些具有创造性的引导提示。你无须连续写 10 天日记。如果你要用两周或 1 个月的时间完成在未来 10 天的任务，这也没关系。
4. 和他人一起去未来。你可以自己模拟未来，但我鼓励你至少邀请一个人共同模拟它。分享你们的想象会让乐趣加倍，而且也会让新知翻倍，因为你在以别人的视角看未来。可以每天互相分享你们的未来日记，也可以选择在第一天和最后一天分享，或是选择你们觉得最合适的分享频率。

现在你已准备好开启一段陌生的新世界之旅了。当你玩游戏的时候，你也许会提出自己的想法，将 2033 年带到现实生活中。请随意超越我的建议，创建你自己的挑战！我想看看你有哪些好想法。你在未来日记中记录的任何线索或自己的任何创造性挑战发明，都可以将它分享在社交网络上。

如何回到现在

花 10 天写下未来日记后，你就可以回到现在了。为了帮助你反思自己的旅程，我推荐你尝试以下“重新适应”的活动：

- 收集变化的信号：在现实世界中，有哪些事件和标题表明我们最终会进入一个该场景所描述的世界？在新闻和社交媒体上寻找线索。试着找到至少 3 个与该场景相关的变化信号（有关如何寻找未来线索的方法参见第 6 章）。
- 承诺追踪一种未来力量：每个场景的灵感都源于真实的未来力量，这些力量已经改变了当前的可能性。从这个场景的力量列表中挑选一个，并承诺在未来一年中进一步了解它。为了加深你对这个未来力量的理解，至少要找到一本书、一集播客、一段 TED 演讲、一份可下载的趋势报告、一位你可以在社交媒体上关注的专家，或一份你可以订阅的简报（有关如何追踪未来力量的更多指南参见第 7 章）。
- 制订一个微行动计划：如果这个场景真的发生，你能做点什么从而让自己准备得更充分？选择一个你有信心在未来几周能真正实施的行动。为了避免遇到困难，这个行动越小越好。
- 向他人汇报：与其他未来旅行者讨论你们的经历。在这段经历中，最有意思的部分是什么？最具挑战性的部分是什么？最大的顿悟时刻是什么？与想象这个场景之前相比，你们现在更担心什么？你们对什么抱有更大的希望？如果你们已经收集了变化信号，或制订了微行动计划，那就分享给彼此。你们可以逐一汇报自己的计划，也可以召开小组讨论会。如果你面对很多未来旅行者，那就发放一份模拟游戏后期问卷！

游戏规则介绍

当你准备好迎接下一次未来之旅时，要选择另一个场景，然后按照同样的步骤去做。当你完成这个 2033 年模拟游戏后，可以返回本书中的任何一个场景，在未来日记中写下你自己的线索。不久，你会创建自己的场景，邀请其他人来模拟你发明的那个未来（有关如何创建场景并设计自己的模拟游戏的相关提示参见第 11 章）。

在你启程前往2033年之前……给未来的你创建一份简短的介绍或档案。在 2033 年，你会变成什么样子？可以根据自己的想法，让 2033 年的生活不同于现在的生活，只要你觉得它真实可信即可。请记住：在 2033 年，你依然是你，不要使用一个虚构人物！

- 到 2033 年，你多大年纪？
- 你住在哪里？
- 如果你和他人住在一起，那个人会是谁？
- 你通常如何度过自己的一天？
- 你的理想和兴趣是什么？

尽量加入你能想到的更多细节。不要只回答以上问题。**将你的个人简介或档案作为第一条内容，写在未来日记里。决定好你将携带哪些东西前往未来。**快速列出你当前已经拥有的优势和资源，它们会在 2033 年派上用场：

- 技能和能力。你擅长什么？你有哪些其他很多人都不会的技能或能力？在 2033 年，你会发现，这些技能和能力都是强力的线索，能决定你如何为自己和他人提供帮助。

- 深度的学识和深厚的激情。与大多数人相比，你更了解哪些话题或活动？与大多数人相比，你的时间更多地用于思考哪些内容？在2033年，你会发现，自己会在这些学识、激情以及当前的危机之间建立富有创造性的联系。
- 社团。你属于哪些社团？在2033年，你可能会动员这些团体，或维护他们的权益，或为了让他们及时获取信息而提供重要的帮助。
- 价值观。你的核心价值观是什么？价值观是一种给生活赋予目的和意义的方式。这是一种你想要展示的力量、一种你想要维护的美德、一种你想要体现的品质，或是服务于一种更伟大的使命的方式。在2033年，你会发现，这些价值观引导你的行动，并帮助你专注于一些事物，这些事物能让你在充满挑战的时刻依然保持积极性和韧性。

把你的列表作为未来日记的第2个条目，以便在你需要时提供参考。

未来模拟游戏1： 通往零垃圾的快乐之路

Imaginable

> 毫不夸张地说，要想与地球和谐相处，我们只须做一件事：不要如此浪费。
>
> ——罗伯特·孔齐希（Robert Kunzig），科学记者

今天，我们所有人都必须处理垃圾。这是生活中最基本、最普遍的事之一。但就像现在的所有事一样，我们可以为未来去转换它。首先，让我们考虑一种显得荒谬的可能性：一个不再使用“垃圾”一词的世界。

你能否想象这个未来？一次性包装不复存在。大多数人几周，

甚至几个月都不会扔掉任何东西。孩子们长大后都不知道什么是“倒垃圾”。你家里甚至没有垃圾桶！

人们不再无止境地盲目囤积东西。人们把大部分钱花在经历而非物质上。你无论暂时拥有哪些物品，很快就会把它转给下一个需要它的人。或者，你会把它寄回出售它的公司，把它回收再利用，变成新的物品。

零垃圾成为新常态，这种感觉真好。实际上，它如此之好，以至于心理学家发明了一个新词“零垃圾快乐”（zerophoria），用来描述由零垃圾社会生活引发的积极情感。零垃圾快乐融合了快乐、骄傲和机智。它是一种轻盈的存在，因为它既没有浪费任何东西，也没有留下任何东西被使用过的痕迹。这种新的感觉是治愈气候变化焦虑症的良药。以前，政府每年都花费数万亿美元来填埋和焚烧垃圾，现在却将这笔钱用在更美好的事情上：教育、医疗保健、基础设施和全民基本收入保障。

我当然想在这个未来苏醒。但我们如何才能进入这样一个世界呢？对系统的哪种突然“冲击”会让我们抵达那个世界？生活在这个过渡期会是什么感觉？我们如何才能帮助彼此适应这种情况？零垃圾快乐的时代到底什么时候开始？

这就是我们将在未来模拟游戏 1 中尝试找到的答案：“通往零垃圾的快乐之路。”

让我们开始玩游戏吧。

今天，他们把你的垃圾桶拿走了，还拿走你的回收箱，只留下那个堆肥箱。邻居们站在路边，看着卡车开走，显得有点震惊。

去年，当美国联邦政府第一次宣布这一消息时，它听起来难以置信。但如今，它真的发生了。

据我们所知，这是垃圾的终结。

所有的垃圾填埋场都满了。垃圾焚烧发电厂已经关闭；之前，太多人因垃圾燃烧而生病。而且回收利用毕竟不是真的奏效。人们放在垃圾桶里的东西，只有不到一半真正得到回收，包括不到10% 的塑料。美国出口 80% 的垃圾，将其运往开设更多垃圾填埋场的其他国家。菲律宾、印度尼西亚、肯尼亚等国数十年来都在接受美国的垃圾。但后来，这些国家逐渐意识到，从长远来看，掩埋及焚烧全世界的垃圾是不健康的。他们开始拒绝装满塑料瓶和旧衣服的巨大集装箱，将其退回美国港口。美国总统宣布，全国进入紧急状态。不久，负责管理全国城市垃圾回收的美国环境保护署也被永久关闭。

新规定已经被解释过无数次，其内容通过邮件、市政厅会议、现场直播的公共广播节目进行宣传，无线紧急警报系统将条目发送至每个人的手机，甚至还有众星云集的电视专题节目来解读它。

一个后垃圾社会有如下规则：

1. **路边不会再有垃圾桶，也不再提供垃圾回收服务**。不要再期待别人来处理你的垃圾，那样的日子已经一去不复返了。
2. **在公共空间、学校、工作场所和零售商店，所有垃圾桶都将被移走**。从现在开始，无论你去哪里，都要遵守国家公园的规定：“不留痕迹”和“将所有的垃圾、吃剩的食物和废物都打包带走”。没错，你得随身携带垃圾。
3. **如果你确实需要扔东西，那就把它带到当地的付费弃物中心，每包垃圾收费 100 美元，而且袋子很小，像一个纸质杂货袋那么大**。是的，它贵得离谱。政府不想让你再扔掉任何东西了，如果你要扔东西，就要为这项特权付出很大的代价。
4. **所有使用不可降解材料的非一次性包装商品，都要征收 10 倍的销售税，该法律即刻生效**。如果你想要买一杯使用一次性杯子的咖啡，咖啡原价 2 美元，但新税法公布后，你一共需要支付 22 美元。要是你在亚马逊买了一本定价 10 美元的书呢？如果他们使用不可降解材料配送，价格就会增加至 110 美元。政府有一套理论：实现极端可持续性的最佳方法并不是通过自上而下的商业监管，而是依赖消费者对可持续产品及服务的巨大需求。“如果消费者有需求，公司和企业将会适应它，”总统说道，“所以我们将创造一些需求。”

5. **除了“大棒”，还有“胡萝卜”**。如果国家每年减少 80% 的集体垃圾，或者将人均垃圾恢复到 20 世纪 60 年代的水平，那么每个居民包括儿童都将获得 1 万美元现金。总统表示：“如果要花费 3.5 万亿美元才能一劳永逸地解决我国对垃圾的依赖，那从地球的长期健康和我们自己的长期福祉来看，这笔费用并不高。”这笔钱将以数字货币的形式支付，必须在 60 天内使用，否则到期失效。你必须承认：想象一下，整个国家的人都沉浸在每人获得 1 万美元的狂欢中，那会很有趣。

奇怪的是，很多人似乎对这个场景特别感兴趣，尤其是年轻一代，他们一直在等待全世界觉醒，为保护环境做些实事。随着政府不再提供垃圾回收服务，企业家们开始涉足这一领域，以填补这一空白。谢天谢地，每周依然有人回收堆肥垃圾。你记住“你真正能用来制肥的 100 个奇怪物品”清单上的所有东西，包括动物毛、头发、纸箱、吸尘器中的碎屑和灰尘。

但并非所有人都支持这个计划。人们已经开始尝试弄明白，能把哪些东西冲进马桶、放进垃圾处理机，或是藏在堆肥箱里。抗议者正计划用篝火焚烧垃圾，企业正在寻找计划的漏洞。有些人开玩笑说，亿万富翁会把他们的垃圾送到太空，但这也许不是一个玩笑。肯定会出现非法倾倒垃圾和乱扔垃圾的问题，随着新规定的实施，人们会尝试使用无人机、人脸识别系统和其他监控技术。但如果有足够多的人想要获得 1 万美元现金，当然也是为了拯救地球，那么，社会规范很快也会随之改变。毕竟，正如环境保护主义者比尔·麦奇本（Bill McKibben）所说的那样，“如果我们真的想改变，迟早会真正做出改变”。谁知道呢？做些不一样的事，感觉也许不错。也许你会在刚开业的“无包装”杂货店买东西。它隶属于一个新的连锁企业。你必须自备可重复使用的购物袋，但令人惊讶的是，这里的东西比你过去购买的单独包装商品要更便宜。也许你可以逛逛当地的新型“闲置物品交换店”，人们把自己不需要且无法回收的物品放在那里，供其他人免费取用。也许你甚至会成为一名“回收顾问”，给人们提供旧物改造方面的创意。

这是一个新世界。你必须改变自己的习惯。你可以想出帮助他人适应后垃圾社会的新方法。或者你可以站出来，参加抗议活动，并尝试让新系统失效。或者，你可以成为一个改革者，提出让规则变得更公平、更容易遵守的方法。决定权在你手中。

把你对这个场景的第一反应捕捉下来，或是和朋友聊聊这个场景。在你的第一次对话或第一条日记中，你可能想要回答以下与这个未来有关的问题：

- 你有什么感受？
- 当你接受新规则时，你的脑海中有哪些想法？
- 对于许可和禁止行为方面的规定，你有哪些疑问？
- 为了立即减少自己的垃圾数量，你可以改变哪个习惯？
- 想象一下，你最难放弃或改变的是什么？
- 你如何预测其他人的反应？你家人的反应是什么？朋友的

反应呢？邻居的反应呢？

- 这个新局面有哪些方面让你兴奋？
- 这个未来时刻有哪些方面让你最担心？

选择时刻

在这个未来的后垃圾社会，你会接受新制度并尽最大努力适应它吗？还是打算抵制它？或者对它进行改革？为什么？用未来日记记录你的答案和你对这个场景的整体反应。

用日记记录想法

你的挑战是写 10 篇有关这个未来的日常生活日记。在想象它时，尽量尝试使用更多生动具体的细节：你的生活正在发生哪些改变？你的做法有哪些不同？有哪些好事正在发生？出现了哪些问题？一定要从自己独特的角度出发，写自己了解的场所、自己花时间陪伴的人、自己的工作和活动、自己关心的原因，以及自己所属的社团。

在这个未来日记中，你也许会记录下列想法。根据自己的好奇心和创造力，来挑选你喜欢的内容。如果你真的喜欢某个提示，可以用不同的故事或想法多次做出回应。不要局限于这些条目中的建议，无论你想用哪种方式探索“通往零垃圾的快乐之路”，尽管大胆尝试吧！

1. **成为一名记者，报道 2033 年正在发生的事**。此时，你在以下某个场所花了很多时间：公园、学校、工作场所、礼拜场所、公共交通、商店、健身房、餐馆或咖啡店、你提供志愿服务的网点。这个场景如何在这个场所显现出来？在 2033 年，你看到的、听到的、感受到的、遭遇或体验到的与今天有什么不同？也许后垃圾时代的社会规则已成功施行。这是如何做到的？也许它目前进展得不太顺利。出现了哪些问题？你会发现，当自己位于要想象的场所时，会更容易想象这个场景。

2. **在日常生活中找一个会发生这种场景的小时刻。**由于后垃圾时代的新规则，2033 年的那个时刻会有哪些不同？它可以是一个很小的时刻，如一个日常生活习惯（穿衣服）、一顿饭（做早餐）、一件家务（遛狗）、一个卫生习惯（刷牙）、一种自我照护行为（在这个未来，你用哪种方式放松或关注自己？），或者给妈妈打个电话（在这个未来，你会说些什么？）。选择一个今天的习惯做法，然后在日记中描述这个小时刻，捕捉 2033 年的后垃圾时代有哪些新的东西，又有哪些不一样的东西。
3. **想象一下社交媒体上发生了什么。**在这个未来，有哪些热门话题？网红们正在推广哪些产品？你会发布什么信息？你会表达什么意见？你会发泄或抱怨什么？你在寻求哪些信息、建议或帮助？你会分享哪些令人兴奋的消息或让人开心的想法？去社交媒体上发布有关这个未来的帖子，就像你在 2033 年与朋友、家人或粉丝分享想法、感受和新闻一样。
4. **用一种零垃圾的思维做个实验。**在接下来的 24 小时内，列出你在当前的现实生活中扔到垃圾桶里的所有东西，进而了解这个场景会对你产生多大影响。计算一下，你今天一共扔掉了多少东西？在这个未来，如果不扔掉这些东西，你的习惯、企业包装和销售商品的方式以及社会的运作方式将会发生哪些改变？你感觉哪些方面可能改变，哪些似乎无法改变，把答案写下来。

5. **描述一下在 2033 年去闲置物品交换店的感觉**。你要送出哪些随身携带的东西？你希望能找到什么？
6. **用创造性的方式进行升级改造和再利用**。从家里找一件你在不久的将来也许会扔掉的东西。如果你选择不再扔东西，那么你能用它制作出什么样的创意新物品？
7. **制作一个未来物品**。在这个世界，有哪些当前还不存在的日常物品？用一个能帮你真正预先感受未来的实物，将这个未来场景带到现实生活。它也许是贴在一次性咖啡杯上的贴纸，上面写着：“警告：购买装在一次性咖啡杯里的饮料，将额外收取 20 美元。”它也许是一件 T 恤衫，鼓励人们共同努力，达成每年减少 80% 垃圾的目标，从而获得现金奖励。可以在 T 恤衫正面写上“组队赢万元”，背面写上“我今天没有丢弃任何东西，你呢？”。它也许是当地的传单，宣布即将用篝火来抗议新规定：“处理小区垃圾！抗议政府越权。把你的垃圾带来！我们会为你烧掉它！”事实证明，制作一件未来物品，能够快速帮你克服大脑的正常化偏误。它将一种抽象的、假设的可能性转变为一种在更大程度上可感知的、“可以想象”的物品。它在你的日常物理环境中植入了一条线索，让你能想起这个场景，并持续激发你的想象火花。因此，无论你在这个后垃圾时代中想象了什么东西，不妨尝试将其制作出来，并把这个新物件放在你能经常看到的地方。
8. **想想你期待的特殊日子**。一个最喜欢的节日、一个家庭传统、一个有趣的假期、一个重要的礼拜日、一年一度的体育赛事、一个派对或庆祝活动、一场表演、一趟主题公园游，以及一个大型节日或一次会议。从中挑选一个来想象。后垃圾时代的规则将如何影响这个特殊的场合或事件？在2033年，你将如何适应它？

9. **使用你的技能、知识和激情。**针对这个未来的召唤，你觉得自己会做什么？你能制作或创造什么？你将开始从事哪种业务或服务？你会如何动员自己的社区？你能教别人做些什么？你有哪些想法能让这个未来变得更美好？

10. **寻找深层弊端。**哪些人更难适应这个新世界？哪些不平等或不公正的情况会让人们更难遵守后垃圾时代的新规则？哪些个人及社会因素会让人们更有可能抵制新的系统？为了让这个系统更公平、更受欢迎、更有效，或是更容易让人们适应，提出一些建议，介绍一下你将如何改变后垃圾时代的规则。

11. **尽情去探索这个未来。**在实施新规后一年或更长的时间里，整个社会或你自己的生活发生哪些最显著的积极变化？为了能更公平或是让人们更容易适应，后垃圾时代的规则发生哪些改变？为了让人们更容易接受零垃圾生活方式，大企业如何彻底改变他们的做事方式？

12. **感觉快乐，欢庆乐观的成果。**想象一下，有一天，人人都完成减少80%垃圾的年终目标，并因此赢得1万美元奖金。人们会如何庆祝？你如何支配自己的1万美元？记住，每个人必须在60天内花掉奖金，否则它就失效了！或者描述一下这个时刻：在这个未来世界中，你感受到内心涌出一股冲动，那是一种积极的新情感，即零垃圾的快乐。你在哪里体验到这种感受？为什么？这是一种什么样的体验？

日记提示

- 你也许会获得具有创造性的灵感，想要把 10 天时间都花在一个或几个提示上。如果是这样，那就太棒了！请随意在未来 10 天内创造性地改造自己家里的东西，或制作未来物品，或想象 2033 年的社交媒体热门话题，或提出让这个未来更公正、更平等的想法……任何你觉得好玩、有趣、又有意义的东西都可以，这是在未来度过 10 天的最好方式。
- 限制你写日记的数量，每天最多写一篇，至少用 10 天的时间玩这款模拟游戏，从而确保这个场景有足够的时间在想象中酝酿并发展。

这样的未来真的会发生吗？让我们来看看位于“通往零垃圾的快乐之路”背后的变化信号和未来力量。引发这个场景的问题当然是真实存在的，而且日益明显，但幸运的是，潜在的解决方案也是如此。

首先，让我们聊聊全球的垃圾危机。目前，全球每年制造超过 20 亿吨垃圾。按照这个数字，如果你把装满 20 亿吨垃圾的垃圾桶排成一列，它们就会绵延 5 万多千米，比绕地球一周还要长。这就是我们每年制造的垃圾数量。根据世界银行发布的数据，这个数字可能会在 25 年后增长一倍。处理以上所有垃圾正成为导致全球气候变化和健康问题的主要原因。

目前，腐烂的垃圾占全球碳排放总量的 5%，超过了整个航空、铁路和航运产业排放量的总和。这是因为填埋场的垃圾在分解时会释放甲烷和二氧化碳。我们扔的垃圾越多，海平面上升得就越快，极端热浪影响的范围就越广。研究表明，与远离垃圾填埋场的人相比，住在垃圾填埋场附近的人更容易患上哮喘、癌症、慢性疲劳和其他慢性疾病，这是因为他们持续接触化学物质、有毒烟雾和灰尘。我们填埋的垃圾越多，人们病得越重。

与此同时，如果我们每年继续将生产的半数的塑料进行倾倒，预计到 2050 年，海洋中的塑料将会超过鱼的数量。如今，塑料垃圾中的毒素已进入海洋食物链，每年杀死 100 万的鱼类、海龟、鸟类和海洋哺乳动物，并让我们的健康和全球食品系统处于危险之中。

其次，许多国家已耗尽了垃圾填埋空间，为了尝试消除对环境造成的影响，转而设立以垃圾为燃料的垃圾焚烧发电厂。它的优点是，被焚化的垃圾不会在地下腐烂，也不会漂浮在海洋之中。缺点是，这些发电厂造成了严重的空气污染，还会将铅、汞和有害的灰尘释放到附近的社区。这些健康风险就像垃圾填埋场导致的问题一样，也存在着不平等问题。垃圾焚烧发电厂通常位于少数族裔较为集中的低收入社区。在短期内，将垃圾作为燃料似乎可行，但从长远来看，它缺乏可持续性和公平性，也不大可能被大多数社区接受。

最后，处理这么多的垃圾需要花费较高的成本。在高收入国家，5% 的市政预算被用于垃圾管理，中等收入国家投入 10%，低收入国家投入 20%。如果能节省其中的一部分资金，就能将这部分资金用于医疗保健、教育、基础设施以及适应气候变化上。实际上，扔东西有百害而无一利。

如果全球垃圾危机会在某个地区达到紧急峰值，那一定是在美国。几十年来，美国一直付钱让其他国家收购垃圾，近年来，每月都有 1 万多个集装箱的垃圾运往海外。直到 2018 年年底，美国还在将超过半数的可回收塑料及纸垃圾运往中国。

实际上，在美国运往中国的垃圾中，约有 1/3 被食物垃圾严重污染，根本无法回收利用，需要被填埋或焚烧。不久后，世界上大多数主要垃圾进口国如马来西亚、印度尼西亚、越南、菲律宾、印度等，要么禁止进口垃圾，要么严格限制进口垃圾的种类。美国、日本、德国和英国等国家面临着日益严重的困境，即他们不得不处理本国不断增加的垃圾。

这就是这场危机当前的状态。垃圾处理问题是一个非常真实且日益严重的未来风险。然而，我们未来对全球垃圾危机的解决方案会像“通往零垃圾的快乐之路”中设想的那样富有戏剧性吗？可能会是这样，但我们实际实施的政策不会那么极端。如今，有很多假设场景中提及的垃圾管理想法已得到了实验。

例如，全球多个地区都设立了付费弃物项目。在韩国，所有食物垃圾必须与其他垃圾分离，并在装有秤及射频识别（RFID）器的社区“智能垃圾箱”中称重。每个人必须刷射频识别卡，才能打开垃圾桶扔垃圾，根据垃圾重量自动缴费。如此一来，韩国目前回收的食物垃圾从 1995 年的 2% 上升到惊人的 95%。在其他的垃圾付费项目中，例如在中国台湾地区，垃圾只有被装在专用的蓝色垃圾袋中才会被回收，如果人们想扔东西，就必须购买这种袋子。每个袋子的费用是固定的，所以人们通常尽可能用每个袋子多装一些垃圾。尽管如此，但自 1999 年实施这个项目以来，该市的垃圾总量减少了 35%。你能否想象，如果全球所有公共垃圾桶都采用这样的设计，而且扔垃圾一直需要付费，那会怎样？

即使在美国，也有约 10% 的城市实施了某种“浮动费率”，最常见的做法是，让居民选择不同尺寸的垃圾桶，垃圾桶越大，每月垃圾回收费用越高。研究表明，这些项目的实施已经使垃圾减少了平均 10% 至 15%。我们不难想象，浮动费率会让未来的垃圾桶变得更小。为了节省费用，你是否愿意用一个鞋盒大小的垃圾桶取代现在的垃圾桶？

在上述现有的付费弃物项目中，它们的费用比我们想象中的2033年的场景里的费用要低得多。然而，如果把垃圾处理当作一项公共服务，那么你用得越多，费用就越高，这个想法经过了充分的考验。在一场真正的全球垃圾危机中，平均费用会呈指数级增长，这是合理的。

有些政府已成功实施了更严格的垃圾处理政策，目的是要建设“零垃圾社区”。以日本的小镇上胜町（Kamikatsu）为例，居民需要将所有垃圾带到一个社区分类设施那里，将自己的垃圾分到45个不同的垃圾桶中。这种方法让整个小镇能回收45种不同类型的金属、塑料、纸和食物垃圾，重复利用垃圾的比例居世界领先水平，高达81%。为了进一步减少垃圾，该镇还为居民提供免费的产品，从而让零垃圾的生活方式推广起来更容易些。例如，所有新手父母都能获得免费尿布。最独特的是，上胜町在镇中心开设了一家易物商店，居民们把所有他们不需要且无法回收的物品留给其他人，供其免费取用。你能否想象，在2033年，闲置物品交换店成为全球日常生活的重要组成部分？

实际上，在一些社交媒体平台上，已经出现了越来越多的地方性“不购买”小组，供邻居们发布他们想要赠送的物品，并询问谁有他们需要的物品。Facebook上有6 000多个这样的小组，活跃用户约有400万人，覆盖了至少44个国家。2021年，第一个“不购买”应用程序正式发布。这种非正式的地方性赠予式网络一定会是后垃圾时代的重要基础设施。

未来10年内，即使没有政府的干预，零垃圾的生活方式也会更加流行。当前，社交媒体上有许多在零垃圾生活方面做得最好的网红们。粉丝最多的零垃圾网红已经想出如何把每年产生的个人垃圾减少到一袋，甚至更少的办法，尽管他们生活在美国和英国这样的垃圾制造大国。他们发布了自己每年产生的极少的垃圾的照片，通常他们把垃圾塞进一个可供一家 4 口使用的大口玻璃瓶里，从而激励其他人。他们还尝试在不少相关网站分享零垃圾式的烹饪、清洁、旅行、育儿、美容及时尚方面的实用技巧。如果你正在为未来日记寻找灵感，思考自己如何适应 2033 年的场景，这些网站就是激发想象的好去处。

如今，若想采取一种零垃圾的生活方式，需要有一定的特权。你需要有足够的闲暇时间，适应一种不太方便的、商品缺少包装的生活。然而在未来，它会成为一种更容易获取的生活方式，尤其是在零垃圾基础设施变得更为普遍的情况下，例如，会出现一种新型杂货店，出售完全没有包装的食品。这不难想象，事实上，中国香港已经有一家名为 Live Zero 的杂货店，只销售零垃圾、无包装的散装食品和清洁产品，而且在美国、意大利、马来西亚和南非都有类似的店铺。这些商店现在还只是小规模实验。但你能否想象，未来 10 年内，第一个成功的零垃圾全球连锁杂货店会是什么样？

如果未来的全食超市和沃尔玛都不提供包装，那么，人们就更容易遵守针对生活垃圾及商业垃圾的严格规定，相关政策也会更加公平。一项受欢迎的新法律甚至会让零包装购物变得更加普遍。2021 年，美国的缅因州和俄勒冈州最早通过了一项法律，要求制造商向与地方政府签约的一家非营利性“制造商责任组织”付费，以承担自产包装的回收费用。该费用取决于企业投入市场的包装总吨数。虽然它不同于向个人收取的垃圾费用，却异曲同工：你一旦制造了垃圾，就要付钱。类似的法律已经在欧盟部分国家、日本、韩国和加拿大的部分地区流行开来，这些国家的垃圾回收项目变得更有弹性。如果企业不得不为包装付费，它们也许宁可少生产些包装。

如今，其他类型的企业也在或多或少地尝试零垃圾模式，到 2033 年，它们也许会完成重大转型。你不妨思考一下下文反映的进一步变化的信号：

- 2020 年，星巴克、麦当劳和汉堡王开始测试可重复使用的咖啡杯和汉堡包装。在这些测试活动中，顾客可以在 5 天内归还可重复使用的餐具，这些餐具上印有独特的二维码。若在 5 天内没有归还餐具，顾客的账户会被自动收取 15 美元的“保留餐具”罚款。根据目前的数据显示，这项实验中餐具的归还率为 90% 至 95%。
- 时尚品牌艾琳菲舍尔（Eileen Fisher）现在以 5 美元的价格无条件回购其旗下品牌的任何一件旧衣服，将其转售、用于制作艺术材料，或捐赠给有需要的女性。与此同时，宜家最近也在斯德哥尔摩开设了全球第一家二手店，顾客可以在那里买到二手宜家家具。大多数的知名品牌和零售商都可能会尝试采用多种方法来延长产品的生命周期。你能否想象，将来会在自己最喜欢的品牌或零售商的官方二手商店里购物？
- 电子产品也逐渐重获新生。美国的交易 HYLA Mobile 公司与电信企业合作，每天收集超过 2 万部换购机、旧手机以及坏手机，截至目前，共回收了超过 1 亿部原本要被运到垃圾填埋场的手机。手机经过修理后，公司将这些手机重新销售到一些新兴的发展中国家。
- 澳大利亚一家名为闭环（Close the Loop）的公司回收旧打印机墨盒，将其与传统的沥青融合，从而使路面更持久耐用。在新铺设的道路上，每千米路面含有从 1.2 万个打印机墨盒中回收的废墨粉。

- 2022 年，瑞士鞋业公司昂跑（On）计划推出第一款由蓖麻籽制成的安全可回收的运动鞋。这种鞋你无法购买，只能订购。一旦穿破，你可以把运动鞋寄回公司，他们会再寄给你一双新鞋。这样的话也许你再也不会扔掉一双鞋了。

推动以上多种创新的动力是一种循环经济理念。在循环经济中，要尽可能使用一切资源、产品和材料，永远不要将其简单地丢弃。多数大企业已在努力寻求循环经济的解决方案，预计在 10 年或 20 年内，它将成为常态。好消息是，如果你发现自己在“通往零垃圾的快乐之路”的世界里醒来，无须为如何适应它而发愁。很多企业都会提供一些策略，让我们所有人都能过上没有垃圾的生活。

让人最雄心勃勃的全国垃圾减排目标如果能在该项目的第一年年底实现目标，让每个公民都得到 1 万美元现金将会怎样？如此看来这个想法也并非遥不可及。1 万美元的补贴相当于每年通过全民基本收入项目支付的金额，后者在全球多个地区都得到广泛的支持和政治上的关注。未来，各国政府可以实施此类项目，以配合其他社会改善措施，例如减少碳排放、全民接种疫苗，或者像我们所知道的那样，人们不再扔垃圾。你能否想象，政府为了激励可持续性的健康行为，会越来越多地提供全民现金奖励和其他奖励？我可以想象。

若继续寻找有关这个未来的线索，要领先这个场景一步。你可以在社交媒体上关注相关专家，通过搜索以下关键词来发现新的变化信号：

- “循环经济”
- “付费弃物项目”
- “全球垃圾危机”
- “零垃圾运动”

未来模拟游戏 2： 欢迎会

Imaginable

我们可以一直将气候迁徙视作灾难。或者，我们可以恢复人类的迁徙历史，就像蝴蝶和鸟类一样，再次成为大自然中的迁徙者。

——索尼娅·沙阿（Sonia Shah），科学记者

当前，我们面临着一场日益严重的气候迁徙危机。但要是我们把思维方式翻转过来呢？让我们先想象另一种一开始显得荒谬的可能性：在这个世界里，气候迁徙不再被视作大型危机，而是一个紧急解决方案。

在这个未来，大多数人不再认为只要出生在某个国家，就要在那里生活一辈子。自由迁移被视作一项基本人权，用边境线限制人们会被当作一种野蛮的过时做法。所有因气候变化而需要迁移的人都会获得资金支持。

这不仅涉及公平的问题，而且还与促进经济增长及创新相关。移民的人越多，就意味着能发挥自身最大潜力的人越多，从而为社会做出最大贡献。而且大多数国家需要更多工人，而不是更少工人。在这个未来世界，各国政府不再考虑如何限制移民，而是考虑如何将其利益最大化。

在世界各地，有些最聪明、最具创意的人正全力解决大规模迁移中的协调问题：我们如何帮助数亿人快速搬到让他们更幸福、更健康的地方？哪些地区的气候最安全？我们如何才能在那里为所有人腾出空间？

在这个未来，并非人人都在迁移。还有一些人正在学习如何让

那些迁移的人在新家园宾至如归。实际上，迎接新移民的艺术如今被线上学习者视为一项最有用且最渴望拥有的实用技能，排名超过了计算机编程、数据科学，甚至医疗保健。事实证明，“软”技能也许是人类未来最重要的技能。

在这个未来，移民不再是一种个人负担或危险的非法旅程。它是经过协调后有意为之的战略行为，全世界将共同努力，构建一个充满活力的繁荣社会。如果你真的搬家了，那么，你选择的气候之旅将为子孙后代创造一段英勇的新历史。

我们怎样才能进入这样一个世界，将危机变成解决方案？哪些新的政治主张和社会运动能引导我们前往这个世界？经历第一波有意为之的协同式大规模移民，会是什么感觉？如果我们决定努力完成一些基础工作，以便让人人都能在安全的气候条件下生活，那么，有哪些方面让我们最能感到幸福、舒适、适应力强？

我们尝试在未来模拟游戏 2：欢迎会（Welcome Party）中找到答案。

让我们开始游戏吧。

就在刚才，有超过 40 亿部手机同时响了起来，这在历史上还是第一次。12 个小时后，当地球另一端的人醒来时，还会再有 40 多亿手机的铃声响起。80 亿部手机，这还不是地球上所有的手机，但绝大多数手机的铃声都响起来了。

你低头查看自己的手机，收到一条紧急通知。你没有恐慌，因为你之前一直在期待着它，而且你知道这并非真正的紧急情况，至少不是传统意义上的紧急状况。当前还没有危险，这是对 10 年后可能发生的事发出的紧急警报。是的，很多人认为，针对 10 年后的事发出警告，“不宜使用全球无线紧急警报系统”，他们的话不无道理。然而，人们在花费数十年谈论气候危机之后，也许用处理危机的方式对待它，并非那么不妥。

警报来自欢迎会。标题为："欢迎会开始！"它听起来并不是什么不祥的预兆。然而，从所有的新闻报道来看，你知道这是一件大事。"欢迎会开始！"是全球数千名政治候选人的竞选口号，也是新颁布的欢迎会联盟的部分纲领。该联盟实现了自己的目标：利用全球足够强大的立法机构，对日益增长的气候迁徙需求做出了全面的人道主义回应。他们之所以这样做，主要是因为 3 年来持续不断的社会抗议活动，以及由"我们都是未来移民"（We Are All Immigrants to the Future）发起的全面罢工产生的影响。

无论你选择如何应对这条紧急警报，都有助于决定 10 亿人的命运。它也会决定你的命运，因为你居住的地区正在发生以下情况：热浪天气时间更长、更极端，停电、停水更加频繁。

紧急警报——欢迎会开始！

恭喜！你被选中参加第一次全球气候风险承受力及移民意愿普查。

未来 10 年，全球将启动有史以来最大规模的人类迁徙。预计有多达 10 亿人申请搬离受气候变化影响严重的地区。

欢迎会是一个由 33 个国家执政党组成的联盟，正在准备通过模型和预测，来协助规划为适应气候变化而引起的移民的路线问题，并让人口快速涌入的那些目的地城市做好准备。

你对以下 10 个问题的回答，将被我们纳入数据模型中，从而让我们能更准确地预测具有气候迁徙需求的地点和时间。

你要在 10 天内提交自己的回复。你也许希望参考家人、朋友和邻居的建议，来得出自己的答案。根据你的回答，你可能会得到提前迁移的机会和资金支持。

我们收集的数据将帮助美国、加拿大、中国、日本、俄罗斯、澳大利亚、新西兰、英国以及欧洲经济区国家（EEA）共计 33 个国家做好准备，欢迎新居民来到地球上气候条件最安全的地区。

点击链接可以立即开始参与问卷。

你点击了链接，快速浏览问题，以便能更好地了解他们想从你这里获得哪些信息。难怪他们给你 10 天的时间考虑。坦白地讲，你根本不知道如何回答其中的部分问题。你开始斟酌自己的选择……

第一次全球气候风险承受力及移民意愿普查

1. **用 1 ~ 10 来打分，如果你需要搬到气候条件更安全的地方，你觉得有多大的自由度？**

（完全不自由）1 2 3 4 5 6 7 8 9 10（完全自由）

2. **是什么原因让你在气候异常危险的情况下，依然愿意留在现在的家里？选择所有符合情况的答案。**

我缺乏搬家所需的资金。

我不知道自己能去哪里。

如果我的大家庭不想搬走，那么我不会抛下他们独自离开。

我对自己的社区情感深厚，无法放弃它。

我担心移民会遭受暴力和歧视。

我相信一定有一种方法，或通过某种技术，让任何地方都变得宜居。

我无法想象自己会住在其他地方。

其他原因________________

3. 如果你因为危险的气候条件被迫离开现在的家，那你是否有心仪的气候条件较为安全的目的地？你想搬去哪里？也许是另一个国家，或是你所在国家的另一个地区，或是地球上其他某个城市。请至少提供3个选择。

第一选择________________

第二选择________________

第三选择________________

4. 你更喜欢季节性迁移还是永久搬迁？

（季节性迁移需要你每年在“离开的季节”期间搬走数月，以避免遭遇极端高温、暴风雨、洪水等恶劣天气。永久搬迁意味着在一个新地方建立永久的家。）

5. 在设法搬到一个气候条件更安全的目的地之前，你每年最多能忍受多少天极端炎热的天气？

（极端炎热标准为温度43℃以上。）

6. 在设法搬到一个气候条件更安全的目的地之前，你每年最多能忍受多少天有严重空气污染的天气？

（严重空气污染指的是当空气质量指数达到200及以上数值时，在此情况下，如果你呼吸5分钟以上户外空气或未经过滤的空气，就有危险。）

7. 在设法搬到一个气候条件更安全的目的地之前，你每年最多能忍受多少天没有自来水或极度缺水的状态？

（极度缺水状态下的用水限额为每人每天 25 升水。）

8. 由于极端天气期间的电网会不稳定，在设法搬到一个气候条件更安全的目的地之前，你最多能忍受多少天断电或断网的状态？

9. 用 1 ～ 10 来打分，你现在在多大程度上会担心：海平面上升、洪水和极端天气导致自己居住地的基础设施崩溃？这些设施包括建筑、道路、桥梁等。你感觉自己在多大程度上面临迫在眉睫的危险？

（完全没有危险）1 2 3 4 5 6 7 8 9 10（特别危险）

10. 用 1 ～ 10 来打分，如果你现在的家园仍然能适应现在的气候，你会在多大程度上欢迎新移民？

（完全不欢迎）1 2 3 4 5 6 7 8 9 10（非常欢迎）

欢迎会平台

人类是一种迁徙物种。我们起源于非洲，如今遍布整个地球。彼时，没有人能阻止我们，现在，我们也不要阻止彼此。

数千年的历史表明，人类在地球上的迁移是自然而然的，并且有利于我们的生存。如今，我们又开始迁移，以躲避极端的炎热、干旱、持续的暴风雨、海平面上升和洪水。而且我们并不孤单。科学家们发现，地球上超过 50% 的生物都在适应气候变化、寻找更安全的家园，并生活在自己从未生活过的地方，例如，小鸟、青蛙、蝴蝶、驼鹿、熊、鲨鱼、真菌、树。

人类向气候条件安全的地方迁移，这行为既无法阻止，也没什么好害怕的。

我们认为，现在是时候把“气候地下铁路网”昭告天下了。

作为欢迎会联盟的成员：

我们宣誓，对那些逃离致命危险和寻找宜居生活环境的人，我们要提高并保护他们的基本人权。

我们承认，在历史上，有些国家比其他国家排放了更多的碳，因此对气候变化负有更大的责任。作为对气候变化的补偿，这些国家需要履行道德上的义务，接受绝大多数气候移民。在过去的300年中，美国的碳排放量占总量的25%，因此需要按照建议吸收2.5亿气候移民；中国占15%，因此要接受1.5亿移民；日本占4%，因此要接受4 000万移民。33个成员国都要参照这一标准施行。

我们将用整整10年的时间，在适应气候变化的目的地城市建设基础设施。通过规划和准备，当人们进行大规模搬迁时，会减少社会冲击，促进经济增长。

今天，我们建议世界各地的每个人：

为搬家做好准备。现在气候条件看起来安全的地方，在未来10年内可能会发生显著的变化。我们必须在物质和心理方面都为自己、家庭、社区做好准备，在必要时启程离开。

为欢迎新居民做好准备。我们在旅途中如何对待彼此，将决定我们在下个世纪会和平地生活，还是会遭受痛苦。让我们现在就做好准备：分享当地的知识，尽自己所能提供援助，热烈欢迎新居民。我们任何一个人都有可能在未来成为气候移民。

花几分钟时间，在日记中写下你对这个场景的第一反应，或者和一个朋友聊一聊：

- 当你收到这份调查问卷时，你会有什么感受？
- 当你阅读它的时候，你的脑海里涌现出什么想法？
- 你觉得自己在多大程度上准备好回答这些问题了？
- 你如何预测其他人收到问卷时的反应？
- 就这个未来时刻而言，是否有让你兴奋的地方？
- 就这个未来时刻而言，你最担心什么？
- 就欢迎会的计划以及为多达 10 亿移民提供后勤保障而言，你有哪些问题？

选择时刻

如果上述情况真的发生了，你在提交答案前最想和谁聊聊这份问卷，以便了解他们的视角和建议，比较一下答案，或是一起制订计划？为什么？把你的答案，以及你对这个场景的总体反应写在日记里。

用日记记录想法

以下是你在“欢迎会”的世界中度过的 10 天里可能会有的想法。选择你最喜欢的，或用你的好奇心和创造力创造你自己的提示：

1. **抽时间参加由欢迎会开展的第一次全球气候风险承受力及移民意愿普查**。每天只回答一个问题。记住，回答问卷的那个人是未来的你。记住，你会住在哪里，和谁一起住，以及你在 2033 年的生活环境是什么样子，这些问题的答案也许和今天一样，也许会大相径庭。为了帮助自己回答每个问题，你也许查阅过一些信息，也许跟别人讨论过，把这些内容都记录在日记中。简单分享一下自己选择如此作答的原因。

2. **选择一个目的地**。想象一些细节，如果你真的为了逃避危险的气候变化而搬到自己的首选目的地，你的生活会是什么样。你也许会发现，有必要了解哪些国家和城市面临着最大的气候变化风险，哪些地区最能适应气候变化。美国圣母大学的全球适应倡议国家指数（Notre Dame Global Adaptation Initiative Country Index）曾结合各个国家为促进气候适应能力所做的准备，总结了各国应对气候变化时的脆弱程度。2021 年，按由强到弱的顺序，世界排名前 10 的国家分别是挪威、新西兰、芬兰、瑞士、瑞典、奥地利、丹麦、冰岛、新加坡和德国。“危险城市”（Cities at Risk）系列项目对全球 576 个面临各种环境及气候威胁的城市中心进行了排名。2021 年，风险最低且从长远看最适合迁入的城市分别是西伯利亚的克拉斯诺亚尔斯克、苏格兰的格拉斯哥以及加拿大的渥太华。其他适应能力强的城市包括孟菲斯、蒙得维的亚和开罗。亚洲风险最低的城市是蒙古国的乌兰巴托和日本的静冈市。

3. **定义自己的“家”**。当前，有哪些风景、声音、气味、味道、体验、传统、人和地点能让你用来定义“家”？如果你因为气候变化不得不搬家，那么，你会如何将其带走？通过头脑风暴提出一些想法，看看你未来搬家时会把哪些东西带回家。如果你有了灵感，那今天就创造一些真实的东西，无论你走到哪里，它都能帮你找到家的感觉。

4. **通过实践来适应一种新文化。**想象一下，为了让某个新地方有家的感觉，你会做些什么。你可以学习一门语言、开发一个新食谱、给自己改个名字、培养一项新的运动爱好，或者加入一个当地的体育或艺术团体。在此，你无须跟其他人说同一种语言就能参与其中。讲述一件你会做的事。如果你有了灵感，那就动手去做，并将自己的体验写下来！
5. **欢迎某人。**在你的社区、学校、工作场所或家里，为了让气候移民感受到自己受欢迎，你能做些什么？过去，是什么让你在某个新地方感到受欢迎？你能否对气候移民做些类似的事？通过头脑风暴提出一些想法，讲述一个你可能采取的行动。如果你有了灵感，那就试试自己当前的欢迎技巧，并将自己的体验写下来！
6. **制作一件未来物品。**在这个场景中，有哪些当前尚不存在的日常物品？也许它是一张手工制作的记录单或记分卡，贴在你家的前门或冰箱上，用来记录 2033 年至今有多少天出现了危险天气。按照上面的标记，有多少天的空气值是危险状态？有多少天的气温达到极端标准？停电的天数呢？也许它是一个标识或视觉符号，可以让当地居民和企业贴在窗户上，表达对气候移民的热烈欢迎。也许它是一件鼓励人们参加欢迎会的 T 恤衫：“欢迎会开始！”也许它是一张海报，来自“我们都是未来移民”的抗议活动。也许它是一张卡片，上面有你所有新邻居的签名，他们欢迎你来到一个能适应气候变化的新城市。无论你想象中的这个“欢迎会”的世界里有哪些东西，都可以尝试将其制成实物，然后把这个新物品放在自己经常能看到的地方，持续激发自己想象的火花。
7. **讲述一个有关季节性迁移的故事。**想象一下，在全球多个地区，包括你居住的地方，“离开季节”成为新常态。每年的那几个月中，几乎所有人都会搬到一个气候条件更安全的地区，以避免遭遇季节性的极端高温、暴风雨、洪水、山火烟雾、限水或停电。在其他三个季节，当气候更加稳定以及更加温和时，所有人都会搬回去，生活恢复如初。虽然并非人人都能搬迁，但绝大多数人都可以。当你在“离开的季节”进行打包和搬家时，会是什么感觉？你要搬去哪里？和谁在一起？如何支付费用？你是可以保持远程工作或学习，还是需要在离家期间寻找季节性的短期工作？你会在每个“离开的季节”都前往同一个地方，还是去不同的地方？在这个世界上，有哪些服务和支持系统能帮助那些无法离开的人在每个离开季节安全撤离？你可以在互联网上搜索名为“每个国家都存在自己的气候风险。你面临哪种风险？”（*Every Country Has Its Own Climate Risks. What's Yours？*）的互动地图，它由《纽约时报》创建，标明了洪水、高温威胁、干旱、山火、飓风和海平面上升等风险，以便让你更好地了解自己要预防什么。

8. **请随意深入探索这个未来**。如果数十亿人参加了第一次全球气候风险承受力及移民意愿普查，你愿意看到哪种结果？你能想象到的最好结果是什么？在 2043 年，当 10 亿人最终按照计划开始迁移，并启动全球“欢迎会”时，最佳新闻标题是什么？或者，哪种结果让人们无须进行大规模气候迁徙？从现在到未来来临的那一刻，你最喜欢的城市或你的家乡如何提升气候适应能力？讲述一个气候迁徙或气候适应力的故事，描述一下你想要在一个什么样的世界醒来。

这个未来真的会发生吗？让我们来看看“欢迎会”背后的变化信号和未来力量。

气候迁徙是本世纪最强大的未来事件之一。根据专家估计，到 2100 年，有 2 亿至 15 亿人将因气候变化而被迫跨境迁移。在这场迁移中，主要原因是极端高温和干旱，及其对电网、供水和基础设施造成的影响。一项刊登在《美国国家科学院院刊》（*Proceedings of the National Academy of Sciences*）上的重大研究预测，到 2070 年，多达 30 亿人将发现自己生活在“不适合人类生活的条件”下。可以想象，鉴于这一数字，世界各国的领导人也许很快就会开始积极地制定规划，将至少 10 亿人搬迁至更具气候适应性的地区。

这种有计划的迁移可以采用两种形式。最有可能使用的解决方案，是最近由哈佛法学院、耶鲁法学院等组织机构的专家所倡导的方案：立法者可以为因气候变化而流离失所的人发放临时签证，为他们提供一个获得绿卡或公民身份的途径。如果几十个国家实施这样的计划，可能为数量空前的来自东南亚、中美和南美洲以及撒哈拉以南的非洲等气候条件最恶劣地区的人们，打开一扇有限的、长达 10 年的机会之窗，让他们穿越国境，并改变国籍。

在规划此类大规模移民的相关政策文件中，“气候补偿”一词开始出现得更为频繁。根据这种观点，过去碳排放量最多的国家，如今应该接收一定比例的气候移民。做出赔偿的国家还将承担多项居民重新安置的费用。从政治层面来看，这个想法似乎无法实现，因为当前的政治特别强调加强边境管控，且右翼群体的反移民情绪也日益高涨。然而，这个问题也许会出现代际转变，因为在当前 35 岁以下的美国人中，几乎一半人都支持政府为过去的不公正行为进行赔偿，无论是奴隶制、经济剥削和殖民统治，还是气候破坏。

当我们目睹更严重的人道主义危机及其对地缘政治稳定和全球经济造成的连锁反应时，气候补偿会成为一种道德责任，被各个党派进一步广泛认可。想想看，在2020年，全球有500多万人死于气候变化导致的极端温度；与之相比，同年因新冠疫情死亡的人数约为350万人。人们有理由希望，随着气候变化对全球居民健康造成更大的威胁，全世界将行动起来，不再用边境线限制人们。

另一种解决方案甚至比气候补偿更为激进。有越来越多的政治运动都支持永久开放各国边境，政府应承认人类自由迁移及寻求安全环境是一项基本人权。开放边境的倡导者提出了一种制度，让任何通过犯罪背景调查的个人都能自由地从一个国家搬到另一个国家，就像美国人现在能从一个州搬到另一个州一样。无论持有哪国国籍，人们都将能在任何一个地方工作，以及享受教育、基本医疗保健等社会服务，但有些权利和服务，如投票或全民基本收入保障，则仅限于本国公民。有些经济学家认为，开放边境的政策不仅是人权和公平的问题，而且还能让人们转移至能够得到最大发展并为社会做出最大贡献的地方，从而大幅度提升全球的生产力和财富。

发放数十亿张临时签证，或完全开放边境，这两种选择已被摆在桌面上。无论政策如何，人类迁移几乎一定会被视作一种解决方案，而不是一场需要担忧的“危机”。很多面临人口老龄化、死亡人数高于出生人数的国家，如美国、日本、俄罗斯和英国等，实际上会发现自己在争夺移民，而且不仅仅是“技术”移民。这些国家将很乐意为年轻人提供教育和技能培训，也许还会提供免费的住房，因为若没有大量年轻移民填补劳动力空缺以及照顾老年人，那么这些国家将无法维持目前的生活水平。

因此，有些领导人正在呼吁，要实现极为远大的移民目标。世纪倡议（Century Initiative）是一个多样化的无党派网络，由加拿大的商界、学界人士和慈善部门组成。该组织呼吁，到2100年，加拿大要将人口从3 800万增加到1亿，从而提升加拿大人的创新力，促进经济稳定，并在世界舞台上提升自身的影响力。畅销书也提倡这种思维转变，以《10 亿美国人》（*One Billion Americans*）一书为例，作者马修·伊格莱西亚斯（Matthew Yglesias）提出，为了提升全球竞争力，美国要敞开大门，欢迎近 7 亿新移民；再以《大迁徙》（*The Next Great Migration*）为例，作者索尼娅·沙阿指出，所有生物都会通过迁移来应对来自环境的压力，在我们应对气候变化的过程中，人类也应该全心全意地接受这种进化适应性。这些思考大规模移民好处的新方式也反映在我们想象中的欢迎会平台上，而且它们很可能更会变成主流。

在这个场景中，第一次全球气候风险承受力及移民意愿普查的灵感来自现实世界最近出现的一个现象。许多从未想过自己会被不宜居气候影响的人，开始意识到自己正面临着危险。2021 年夏天，史上最强的致命“热穹顶”显然让太平洋西北地区的居民颇为痛苦，有些地区的温度连续多日超过了 49℃，未来，这种以前难以想象的高温不仅是可能出现的，而且频率也许会更高。我的一个朋友带着家人暂时逃离了俄勒冈州波特兰市，她给我发信息说：“今后，我们的生活要变成这样吗？要随时准备离开？”此外，一位加利福尼亚州中部的居民在接受《卫报》采访时，曾提及该州极端炎热的天数正日益增多，“汗水浸湿了一切。有时我开始头疼，然后感到头晕。此时，我就开始怀疑，强烈地怀疑：我们为什么非要住在这里？”现实情况是，在未来的 10 年中，全球将有数亿人会衡量自己到底能承受多少痛苦。在美国，预计有 9 300 万人可能面临不宜居气候导致的严重危害。他们都将不得不从战略上重新考虑搬迁。

另外，气候未来学家亚历克斯·斯蒂芬（Alex Steffen）指出，“在地球的危机中，搬迁并非避难所”。他提出了一个很棒的观点。尝试预测气候条件更安全的地区，也许是徒劳的，因为曾被视作安全的地区到头来却面临新的风险，局部地区危机的连锁效应会蔓延到全球。回想 2021 年夏天，俄勒冈州的有毒山火烟雾蔓延至美国中西部地区和数千千米外的东北部地区，这些地区的气候条件原本较为安全，但这些过去不存在任何山火风险的城市却产生了最严重的空气污染。即使如此，拥有搬迁资金和流动自由的人肯定会尝试在风险之前采取行动。大规模移民也许无法成为逃避气候变化的一种长期战略，尤其是在缺乏激进的全球可持续性措施的情况下，但它肯定会发生。

有些人已经决定，即使缺乏资源或法律支持，自己除了离开也别无选择，当前也确实存在着“气候地下铁路网”。这是一种人道主义援助和社会行动，旨在帮助人们跨境流动，支持并藏匿那些面临被驱逐出境或遭遇反移民暴力威胁的人。社会活动家用这个词来描述自己的工作，它源于 19 世纪美国的地下铁路网，这是一个由秘密路线和安全屋组成的网络，用来帮助被奴役的非裔美国人逃到自由的美国北部地区和加拿大。

正如移民学者莫里斯·施蒂尔（Maurice Stierl）所写的那样：

> 冲突、迫害、贫困或环境破坏让人们大规模流离失所，而且问题日益严重，偏偏又出现了更加严格的签证制度和边境管控。作为回应，用不同形式支持和庇护移民，已变得越来越普遍……
>
> 今天，“最初的地下铁路网”精神以数不清的方式被人们传承至今，沿着致命的边境线对迁移活动进行直接干预，如地中海、美国边境沿线的索诺拉沙漠以及非洲的撒哈拉沙漠，一直为那些仍在尝试迁移的人提供指导。它还存在于反驱逐和反拘留运动中，存在于创建迁移后的避难空间及城市的网络中。

如果政府不大规模地增加移民，帮助那些处于不适合人类生活的条件下的人们，那么，“气候地下铁路网”可能会发展为一场声势浩大的全球社会运动，类似“黑命攸关”运动。

这种社会运动会是什么样子？“亚利桑那全员”活动（All Hands AZ）就是一个大型地下网络的案例。同名的志愿者组织位于亚利桑那州菲尼克斯市，他们的活动面向被美国移民海关执法局逮捕或拘留的移民家庭，或已被释放并等待法庭听证会的移民家庭，帮助他们协调住房、食物、衣服和旅行安排。在一次媒体采访中，该志愿者组织的负责人要求隐去自己的姓氏，只公布名字珍，因为她曾收到过仇恨信息和死亡威胁。为了躲避抗议者，他们会对外保密此类家庭的地址，并不断更改当天的密码。“亚利桑那全员”有 500 多名志愿者，其中很多人曾热情接待了数百个移民家庭，让他们在自己家中暂住一两个晚上，以便确定下一步的行动。你能否想象，在未来，如果这种志愿者活动或欢迎会的规模进一步扩大，并完全公开，从而让每个气候移民都能遇到一个准备提供建议、资源和热情接待的家庭？

在我们想象中的 2033 年的“我们都是未来移民”这一全球性的社会运动中，虽然目前它还未成真，但它的灵感来自未来研究所执行主任玛丽娜·戈尔比斯所写的一篇文章，她本人就是从苏联移民到美国的。她写道：

> 对未来而言，我们都是移民；在那片土地，没有人是原住民……我们的社会和制度的根本基础正在以深刻的方式被重塑，从我们的工作方式到我们创造价值、管理、贸易、学习和创新的方式……我们所有人确实都要迁移到一片新的土地上，应该从移民角度看待出现在我们面前的新景观：准备学习一种新的语言，一种新的做事方式，兴奋地期待新的开始，也许还带有些许可以理解的恐惧。

虽然不存在有关未来的事实，但通过以下方式，你却能够尽可能接近事实：有一天，我们会在一个奇怪又陌生的世界中醒来，因为这就是未来的运作方式。即使我们自己没有成为气候移民，但我们也需要学习、适应、寻求帮助，以便帮助彼此顺利度过未来的所有冲击。在“欢迎会”想象的世界中，大多数人都谦逊地承认，接下来轮到自己去寻求帮助了。你能否想象自己在那个未来醒来？

继续寻找线索。要比这个场景再往前一步。你可以在社交媒体上找到并关注一些专家，并通过调查以下关键词来发现新的变化信号：

- “气候迁徙”
- “气候赔偿”
- “气候地下铁路”
- “适应气候变化的城市”

未来模拟游戏 3：10 年寒冬

Imaginable

> 虽然人类目前正处于严峻的气候变化进程中，但如果研究者关注到那些看起来几乎不可能实现的目标，这场灾难就能被逆转。我们满怀希望，因为工程师和科学家有时的确实现了不可能完成的目标。
>
> ——戴维·福克（David Fork），
>
> 罗斯·科宁斯坦（Ross Koningstein），研究工程师

今天，全球变暖是我们面临的最大气候挑战。然而，要是我们

在一个倒置的未来苏醒，发现自己面临全球寒冬，该怎么办？

想象一下：在这个未来，全世界能获得一种突破性的地球工程技术，它能阻挡部分太阳光线，为地球降温。它可能会逆转长达数十年的全球变暖问题。它为全世界争取了时间，以便全面过渡到使用 100% 可再生能源之时。然而，这就需要人们在阳光显著减少、更多降雨以及有洪水暴发隐患的情况下生活数年。这项技术以前从未应用于全球范围内。没有人确切知道，地球会变得多寒冷或多潮湿，也不知道一旦停用该技术，当阳光再次照射进来时，人们会出现哪些并发症。

对此，科学家们很乐观，他们正敦促各国政府和联合国批准一项全方位的全球越冬计划。这确实可以结束我们的气候噩梦，也能着手解决气候问题。然而，哪些人具备法律及道德上的权威，能做出此类极端的地球工程决策呢？在此过程中，普通人应该发表哪些意见？如何才能将科学知识传达给公众？它是否可信？对这次冒险而言，大多数人是赞成，还是反对？至少持续 10 年的全球寒冬会是什么感觉？

我们尝试在模拟游戏 3 中找到答案：“10 年寒冬。”

让我们开始玩游戏。

一整晚你都盯着屏幕，你已经刷新了 100 多次，屏幕上仍然显示着相同的信息：“结果待定。”

刷新。还是这两个词。

刷新。依然没有消息。

刷新。你不得不提醒自己放轻松。

刷新。

有结果了：“赞成。”

原来如此。我们真的要这么做。

世界各国投了赞成票，同意减少光照，同意用地球工程来摆脱气候危机。

2016 年，英国脱离了欧盟。2029 年，加州脱离了美国。如今，在 2033 年，我们要减少光照（Sun Exit）。

这必须是一个经绝大多数人同意的决定，至少要超过总人口数的 60%，未经人民同意你不能做太过分的事，例如将硫酸盐颗粒注入平流层这类激进的操作方式。投票结果也接近以上数字：根据页面显示，在 71 亿投票人中，有 62% 赞成，38% 反对。

整个投票过程用了将近 1 年的时间。它本身就是一项历史性的成就：在近 200 个国家中安全地完成了一项选举，包括以前从未实行民主的地区，而且孩子们也有资格投票，因为他们面临的风险比任何人都要大。

现在，屏幕出现了一个倒计时时钟。10 天后，地球将进入 10 年寒冬。

肯定会有人抗议。黑客们将试图破坏太阳辐射管理系统。但据你目前所知，人们必须遵守这次投票的结果。一个由气候科学家和工程师组成的全球联盟将实施一个计划，自联合国大会于 2027 年批准首个减少光照的地域性实验以来，他们一直在模拟这个计划并降低它的风险。

人们对这一计划的设想是这样的：硫酸盐颗粒将模拟火山爆发的效果，将阳光反射回太空。“我们正借助技术，实现这样一个自然进程。”“赞成运动”的人解释说，“所有的冷却过程都是有益的，不会产生致病的有害灰尘。”然而，如果你喜欢明亮的蓝天、喜欢阳光照在皮肤上的感觉，那么你不会喜欢接下来的 10 年。那时，天空将变成灰色，降雨会更频繁，而且会持续更长时间，温度会显著降低。在大多数地方，未来的平均高温将与以前的平均低温持平，降温幅度可能会达到 20℃。它要比地球工程师们在 21 世纪初谈论的干预措施更为极端，当时这一领域还刚刚起步。但最终，人们需要使用所有最强大的气候超级计算机做出预测，从美国国家航空航天局气候模拟中心，到地球预测创新中心，再到美国能源部的能源百万兆级地球系统模型，从而保障地球大部分区域适宜人类居住。

谢天谢地，寒冬不会一直持续下去。但愿它会在 2043 年的某个时候结束。在 21 世纪 30 年代初，特大干旱、极端高温和无休止的山火甚至会比之前预测到的更可怕，这些自然灾害会变得更严重、传播得更快，一旦地球从灾害中恢复过来，地球工程师们就会停止往云层中播撒硫酸盐。如果情况不是那么严重，地球工程也许依然不在讨论的范围内。然而，“若不这么做，就得去火星”，大概是因为这样的玩笑话流行开来，才导致人们发起了“减少光照”的投票。从现实的角度看，只有万分之一的人有希望在有生之年进入火星定居点。无论如何，对大多数人来说，与尝试定居在距地球约 3.77 亿千米之外的一个新星球相比，在地球上度过 10 年寒冬听起来要好得多。

与此同时，人类依然必须共同促进可持续发展。就像你已经听过无数次的那句话：“地球工程并非减少碳排放的替代品，而是一种争取宝贵时间的方式。”而且“赞成运动”也承诺会充分利用这段时间。“一个长达 10 年的寒冬将为全世界提供足够的时间，用于达成我们全面过渡至清洁能源的目标，一劳永逸地结束地球上所有由人类导致的碳排放问题。”等到恢复全部光照时，每个国家的能源的 90% 必须为可再生能源。再见，石化燃料；你好，太阳能发电厂和风力涡轮机。波浪能发电设备将捕获海洋运动的能量。来自火山、间歇泉和温泉的热量将被提取出来，并用于取暖。航空业曾承诺，将 70% 的食物垃圾或挥发性脂肪酸用于航空燃料。那些未能将其国内的肉类和乳制品行业缩减一半的国家，可能会面临贸易制裁。最后一批坚持不合作的国家将被施压，禁止制造并销售由非可再生能源驱动的汽车。毕竟，如果人类再次回到地球变暖的时代，那么，用减少光照来争取几年时间又有什么意义呢？

这计划会奏效吗？安全吗？过去，真正的火山爆发使整个地球的气温降低了16℃。1815年，位于印度尼西亚的坦博拉火山爆发，世界因此出现了一个“没有夏天的年份”。农作物的损失引发了饥荒，世界各地的洪水导致疾病暴发，还有一些报告指出，持续阴霾引发了人们的心理健康危机。“但现在，我们的交通、食品和人道主义基础设施比19世纪初要好得多。”“赞成运动”如此承诺。按照计划，农业和食品链将被重塑，在洪水高风险地区做好防洪工作，为所有人免费提供维生素D保健品，并建立一个名为“阳光中心”的全球性网络，提供人工阳光疗法。每个人都将按要求向他人伸出援手，帮助其他人适应新气候。人们若想忍受一个10年没有夏天的世界，将需要极大的牺牲和韧性。

随着投票结果的公布，太多的情绪已在社交媒体上发酵。那些投反对票的人感到愤怒，投赞成票的人则心存感激，认为人类做出了艰难的抉择并愿意采取行动，避免让地球燃烧。有人觉得恐慌，如果地球真的降温，那人们就无法养活自己。有人则担心，硫酸盐颗粒会对健康产生意料之外的副作用。有人感到悲伤，认为孩子们在未来10年无法享受季节分明的自然生活。有种近乎疯狂的创造力开始重塑社区，以便帮助彼此度过未来的10年。还有人满怀希望，如果全世界能挺过未来的10年寒冬，地球将会被治愈。

人们不再争执，不再抗争。“减少光照”已经是板上钉钉的事。在地球工程师们开始往大气层中播撒硫酸盐颗粒之前，你有10天的时间。用这10天制订计划、采买物资，开始思考如何为他人提供帮助，同时抓紧时间享受阳光。

将你对这个场景的第一反应捕捉下来，或者和朋友聊一聊这个场景。在第一次对话或第一条日记中，你可能想要回答以下与这个未来相关的问题：

- 在“减少光照”投票中，你投了什么票？
- 当投票结果出来时，你有什么感受？
- 你的脑海中涌现出哪些想法？
- 关于接下来会发生的事，你有哪些问题？
- 你如何预测其他人在收到问卷时的反应？家人有什么反应？朋友有什么反应？
- 在得知结果后，你会立即采取哪些行动？

选择时刻

讲一个你在“减少光照”投票中如何投票的故事，并谈谈你听到结果后的反应。把你的答案写在未来日记中。

用日记记录想法

如果你要在“10 年寒冬”的世界中度过 10 天，可以参考以下想法，请根据自己的喜好进行选择，或利用你的好奇心和创造力创造自己的提示：

1. **想象一下，在“减少阳光”的结果公布后，社交媒体有哪些动态：**人们有哪些反应？出现了哪些热门话题和标签？人们在寻找哪些信息？你会发布哪些消息？去社交媒体上发布有关这个未来的帖子，就像你在 2033 年与朋友们、家人或关注你的人们分享想法、感受和新闻一样。
2. **讲述一个准备过冬的故事：**“减少阳光”投票结果公布后，

再过 10 天，就会迎来减少阳光的第一天，在这 10 天中，你会做些什么？你会和谁讨论即将发生的事？趁还有机会，你会抓紧时间做些什么？试着想象一下你会做哪些具体而实在的事情，开始为自己、家人或社区进入 10 年寒冬做准备。将想象中的细节捕捉下来，写在日记中：“今天，我……”

3. **描述一下你所在地区的新气候：**为了更好地了解这个场景会对你产生哪些影响，可以查看一下你居住的地区在不同季节的平均高温和低温。在 10 年寒冬期间，未来的平均高温将与以前的平均低温持平。就我居住的加利福尼亚州地区而言，在这个场景中，1 月的平均高温为 6℃，8 月则约为 11℃。无论你发现哪些信息，无论你对新的气候现状有哪些想法，都将它们写在日记中。想到这种更凉爽、更潮湿的阴霾天气会持续整整 10 年，你有什么感觉？你会怀念什么？你会多做些什么？你预计自己会如何应对它？
4. **制作一件未来物品：**在这个场景中，有哪些日常物品是当前不存在的？也许是一张传达信息的传单，解释太阳能地球工程如何发挥作用，顶部有一条手写信息：“科学是真实的！为‘减少光照’投赞成票。”实际上你现在就能轻松地在网上下载一份，并打印出来。也许是一张贴纸，贴在维生素 D 软糖的瓶身上，上面写着：“由太阳辐射全球管理特别工作组提供。每日一颗，直到 2043 年。”也许是一张海报，写明公共图书馆有十几个光照治疗箱，现在可以免费体验 15 分钟。也许是一件具有讽刺意味的 T 恤衫：“太阳将在 10 年后的明天升起。”也许是减少阳光运动遗留下来的几个标语：“为‘减少光照’投反对票”以及“请不要夺走我的阳光”。无论在你想象中的这个“10 年寒冬”的世界里存在哪些东西，都尝试将其制成实物，然后把这个新物品放在你能经常看到的地方，从而持续激发自己想象的火花。描述一下自己制作了什么，以及把它放在哪里，把这件物品写在今天的日记中。

5. **成为一名记者，报道 2033 年正在发生的事**：想象一下，10 年寒冬将如何影响人们在某个特定地点所做的事。选择一个你当下花很多时间停留的地方：公园、学校、工作场所、礼拜场所、公共交通、杂货店或其他商店、健身房、餐厅或咖啡店、你提供志愿者服务的网站。这个场景如何在这个地方显现出来？在 2033 年，你看到的、听到的、感受到的、遭遇或体验到的与今天有什么不同？你会发现，当自己位于要想象的场所时，会更容易想象这个场景。
6. **列出人们在 10 年寒冬期间需要和想要的东西**。随着社会适应了新的现实，全世界也感受到了地球工程的影响……有哪些常见的新问题？人们会寻求哪些帮助或支持？人们将会面临哪些心理健康方面的挑战？人们会寻找哪类信息？在这个场景下，有哪些东西会成为基本生活用品？全世界会突然缺少什么？在一个长达 10 年的寒冬中，哪些人将更难适应环境，或遭受更多的痛苦？哪些社区或群体可能需要额外的帮助？

   将上述你需要和想要的新东西写在日记里。通过头脑风暴列出一些关于提供帮助的想法或政策。如果你有了灵感，就简单讲述一个你或家人在 10 年寒冬期间可能会碰到的新问题或新诉求。
7. **使用自己的独特技能、知识和激情**。既然你已经在这个新世界待了一段时间，你觉得这个未来会召唤自己做些什么？你能制作或创造什么？你可以开启哪些业务或服务呢？你将如何动员自己的社区？你能教别人做些什么？你的哪些想法能让这个未来变得更美好？

8. **从 10 年寒冬中的 2038 年给现在写封信。**想象一下，你已经度过了全球降温的前半段时间（恭喜你！）。你是如何应对的？世界其他地区的人们是如何应对的？当你展望未来 5 年时，你有什么感觉？写一封信，寄给现在的你，或是寄给家人或你爱的人、你的城镇或整个世界。你想让他们从哪些方面了解被地球工程改变了的地球生活？你会如何鼓励他们为这样的一个未来做好准备？你能分享哪些来自 2038 年的智慧或建议？
9. **请随意深入探索这个未来。**对全球越冬而言，你能想象的最好结果是什么？这 10年让整个世界变得更具可持续性，能更好地适应气候变化，在此期间，人们取得了哪些进展？在这个未来，有哪些好消息？在停用该技术并让所有阳光再次照进地球时，你会如何庆祝？你现在对这个未来抱有的最大希望是什么？

这样的未来真的会发生吗？让我们来看看“10 年寒冬”背后的一些变化信号和未来力量。

最明显的变化信号是，地球工程曾经被视作一种边缘想法，但如今正成为一个严肃的科学学科。牛津地球工程项目（Oxford Geoengineering Programme）将其定义为“为了抵御气候变化，有意对地球气候的自然系统进行大规模干预”。在过去 5 年内，以地球工程为主题的同行评议科学论文已发表了 13 500 多篇。相关建议包括：将一面巨大的镜子送入轨道，让太阳光从地球反射出去；用基因编辑技术干预大肠杆菌的作用机制，使其产生一种将二氧化碳转化为危害较小的物质的酶；向海上的云层喷洒盐水，使其变得更大、更亮，只要足够冷却地球的特定区域即可，其余区域保持不变。

最遥不可及的地球工程理念，同时也是拥有最大的潜在影响力的一个变化信号是太阳辐射管理（SRM），主张将硫酸盐颗粒注入大气中，就像“10 年寒冬”中所描述的那样。它也被称为“调暗阳光”工程，并获得了科学管理机构的支持。2021 年 3 月，美国国家科学院、美国国家工程院和美国国家医学院建议美国政府设立一个 2 亿美元的联邦项目，用于研究太阳能地球工程。

另一个变化信号是太阳辐射管理治理倡议（Solar Radiation Management Governance Initiative）：它推动并资助南半球气候最脆弱的国家开展地球工程研究。自 2018 年以来，它已为太阳辐射管理研究提供了价值 50 万美元的资助，涵盖 8 个国家：阿根廷、孟加拉国、贝宁、印度尼西亚、伊朗、科特迪瓦、牙买加和南非。与此同时，硅谷最大的孵化器 Y Combinator 正在征集来自地球工程初创企业的提案。电气与电子工程师协会（IEEE）是全球致力于研究工程及应用科学的最大组织，它旗下的旗舰杂志及网站《科技纵览》（*IEEE Spectrum*）在 2021 年夏天刊登了一篇文章，标题为：《工程师：你可以颠覆气候变化；脱碳、碳捕获和太阳辐射管理将在未来几十年内提供工作岗位》这是另一个明确的信号，表明太阳辐射管理不再是激进的想法，而是一个值得尊敬的想法，具有职业发展的潜力。

尽管如此，各国政府才刚刚开始尝试了解如何规范及协调地球工程工作。2015 年，联合国《生物多样性公约》就地球工程活动发布了禁令，有 196 个国家签约。该禁令列出了单个国家采取单边行动改变地球气候存在的道德风险，以及其他潜在风险，如对健康和环境会产生意外的影响。关键在于，就是你不喜欢这些结果，太阳辐射管理行动也无法被直接“撤消”。但这份禁令不适用于“合理的小规模科学研究，这些研究需要收集具体的科学数据，并需要对其环境的潜在影响进行全面的预先评估”。第一次此类研究大约在2020年启动，当时，哈佛大学的科学家们正在进行平流层控制扰动实验，他们计划在瑞典最北部的城镇上空发射一个测试气球，用于往大气中注入粒子。实验的目的是了解载有重物的气球在稀薄的大气中的运行状态。如果实验成功，那么测试气球将被用来把矿物粉播撒到大气中，形成第一个长达1 000米、厚度为100米的太阳辐射管理减光云层。然而，这项测试遭到了环保人士的反对，在对潜在风险进行进一步研究之前，都处于暂停状态。

卡内基气候治理倡议（Carnegie Climate Governance Initiative，C2G）是一家倡议组织，总部位于纽约市，它目前主要的工作方向是在2023年的联合国大会上再次讨论太阳能地球工程。它着眼于推进一个架构，用于批准较大规模的战略实验，并减轻相关风险。在一份针对平流层注入的声明中，卡内基气候治理倡议提出：“部署成本相对较低，而且见效快。但它也会带来巨大的风险。目前，没有任何可用又有效的全球系统能监管它。我们没有时间可以浪费了。建立有效治理的窗口也许正在关闭，这种治理要考虑到所有潜在的可用工具……在情况失控前，我们需要了解更多信息，并设立监管。”

我必须强调一个重要的事实：与太阳辐射管理研究人员现在的提案相比，“10年寒冬”中描述的激进的调暗阳光计划要极端得多。当我与该领域的专家讨论时，他们提到，太阳辐射管理对光线和天气质量的日常影响要更温和、更不易察觉。在理想状态下，控制良好的太阳辐射管理会导致全球温度波动1～2℃，而不是20℃。从这个角度看，如果地球工程师能够实施自己的预期计划，真正出现的结果将与 2033 年的未来场景存在极大的差异，因为后者带有明显的幻想色彩。在最佳情况下，太阳辐射管理不会让地球大幅度降温，它只会暂时阻止全球变暖进一步升级，同时采取其他具有可持续性的长期措施。因此，当你思考如何真正地为未来做准备时，可以消除这个场景的戏剧性，想象一个更为温和的过冬场景。只要地球工程师继续呼吁保守的气候干预措施，这就是一个更有可能发生的未来。

然而，有关太阳辐射管理的建议当然也会变得更激进。2021 年，德国暴发了史无前例的洪水，美国位于太平洋西北部的区域也出现了破纪录的高温天气，因此，有些气候科学家提出，该领域在预测和建议方面不应该如此保守。迈克尔·韦纳（Michael Wehner）在劳伦斯伯克利国家实验室（Lawrence Berkeley National Laboratory）研究极端天气，他对网络媒体艾嗅（Axios）表示，气候科学家在发表“预测和因果言论”时，往往会保持谨慎，以避免被当作是危言耸听。但他指出，随着气候危机的加剧，他们会变得不再那么保守。

当然，即使我们真的认为，为了拯救地球，有必要花 10 年的时间全力实施调暗阳光计划，但人们可能要再多忍受数十年的苦难，才会同意尝试这种做法。最后，如果说在 2033 年实现这个场景，可能还为时过早。那 2043 年呢？或者 2053 年？乍一看，这并不是一个太荒谬的想法。如果你能将自己的想象拓展得如此深远，那就值得用这些可能的想法玩游戏。

“10 年寒冬”描述了一种具有戏剧性的地球工程工作，科学家们最终如何得知应该在何时采取这种措施呢？这个场景中提到的气候超级计算机是真实存在的，更多此类计算机也正在开发中。它们能够每秒完成数十亿次计算，只用几个小时就能完成一台普通计算机 150 年的工作量。在模拟地球的气候变化时，其细节程度可以达到令人难以置信的水平：对地球上的海洋、大气和陆地来说，每 25 千米的区域都能用一组不同的现实世界数据点来表示。超级计算机会结合温度变化、大气气体、阳光和波浪运动的复杂模型，以及数千个动态的可变因素，同时分析整个地球上所有数据点之间的相互作用。

这些由人工智能驱动的模拟程序往往会产生令人惊讶的结果，预测到地球各个复杂系统可能会长期以灾难性的方式互动。未来 10 年，研究者会日益期待公众能理解并信任这些超级计算系统做出的预测。大多数人在多大程度上愿意根据难以解释的超级计算机数据模型，在现实世界中采取行动？这依然是有待观察的。如今，在偏护性媒体和社交媒体阴谋论的鼓动下，人们对各种科学共识的抵制也日益严重。未来，超级计算机及其超级预测很可能会成为一个虚假信息及表达党派分歧的新领域。你真的信任超级计算机吗？你会按照它的建议行事吗，即使它与你的直觉相矛盾？你可以期待，此类辩论，以及来自研究人员和政府为提升人们对超级计算机的信任而开展的协调工作，在未来 10 年会变成令人司空见惯的事。

地球工程会像“10 年寒冬”中那样接受公众投票吗？据我所知，目前还没有任何一种应对地球紧急问题的机制接受过全球民主投票。然而，我遇到了越来越多的专家，他们都想要创造新的方式，以便让公众同意用卓越的科学行动来影响人类的长期命运。以“功能增益”病毒研究为例，有人将其视作新冠疫情暴发的原因，曾引发过棘手的伦理问题。为了发现导致人类患上新疾病的原因，此类研究对自然存在的动物病毒进行了基因编辑，使其具有更大的传染性或致病性。它原本应该帮助人类预防未来的传染病，但具有讽刺意味的是，它实际上会引发传染病。真的有必要开展这种危险的科学研究吗？考虑到实验室事故会导致新病毒暴发，可能对全球造成影响，难道不应该为世界其他地区提供一种方式，来权衡潜在的利弊吗？

同样，CRISPR 基因编辑技术也能改变人类的命运。难道不应该让更多科研机构或政府官员有机会权衡我们接受哪种实验和编辑，以及哪些实验远远超出了我们的道德界限吗？

或者，想想“搜寻地外文明计划”（Search for Extraterrestrial Intelligence，SETI）及其分支“外星信息情报中心”（Messaging Extraterrestrial-Terrestrial Intelligence，METI）的工作。外星信息情报中心是一个非常小的科学家联盟，它已经开始向太空深处发送信息，希望让宇宙中的其他生命形式知道我们的存在。然而，有越来越多的天体物理学家和伦理学家呼吁，应该禁止这种向太空深处传递信息的做法，至少要等到人类能对此达成共识之后。他们指出，在我们主动向外星人打招呼之前，我们需要回答下列问题：

- 我们是否应该接触那些比我们发达得多但也许不友好的外星社会？如果是，谁能代表我们的物种发声？
- 如果收到外星信息，谁又将决定我们要回复什么内容？

人们对共同治理全球挑战的新方法越来越感兴趣，上述辩论只是其中的一部分。今天，我们有联合国、国际刑事法院、世界贸易组织、世界卫生组织和世界银行。然而，随着问题及其潜在解决方案涵盖的范围越来越广，我们将需要建立更具包容性的新系统，以便做出艰难的决定，并让公众有发言权。在你对未来几十年的想象中，还可以创建哪些政治、经济、社会和环境方面的合作架构？需要明确指出的是，我们不是在谈论建立“一个全球政府”，这种毫无根据的阴谋论很常见。但可以肯定的是，未来会出现打破国界的民主投票机会，尤其是当地方行动对全球产生影响时。

2016 年，一个名为“全球投票”的线上项目就测试了这个方案，邀请许多国家的公民参与假想的投票，包括英国脱欧公投，以及希拉里·克林顿与唐纳德·特朗普之间的美国总统选举。有来自 149 个国家和地区、超过 10 万人通过投票思考了这些结果将如何影响自己的生活。随后，他们在真正选举的前几周进行了线上模拟投票。在全球投票中的替代性现实里，英国继续留在欧盟，希拉里当选为总统。

“10 年寒冬”也许是最合理的，因为它揭示出，10 年后我们所有人都生活在一个与之前环境大相径庭的地球上，并因此而过着迥然不同的生活。正如气候未来学家亚历克斯·斯蒂芬在个人简报《向前看》（*The Snap Forward*）中写的那样：“有人说气候变化不是一个问题，而是一个时代缩影，当我们第一次发现这种言论隐含的意思时，我们会感到头晕目眩。毕竟，如果说我们不再生活在自己曾经了解的地球上，就意味着我们不再拥有自己过去的生活。”无论未来的实际气候是什么样的，无论地球工程师的干预结果如何，关键在于我们现在必须练习预先感受它。想象自己生活在一个“10 年寒冬”这样的戏剧性场景中，可以让我们学习如何更自信地前进，抵达一个人类从未抵达过的世界。

继续寻找线索，要比这个场景再向前一步。你可以在社交媒体上找到并关注一些专家，并通过调查以下关键词来发现新的变化信号：

- “太阳辐射管理”
- “气候超级计算机”
- “全球治理”
- “地球工程伦理学”

你刚刚探索了 2033 年的 3 种可能性：

1. 几乎在一夜之间，垃圾成为非法物品，而我们所知的垃圾处理已经“寿终正寝”。
2. 地球上最富有的国家开始了一个长达 10 年的项目，以认真、谨慎、公平的方式把 10 亿人跨边境转移到气候条件更安全的家园。
3. 全球投票通过了一项前所未有的地球工程计划，而且整个世界都自愿进入了一个长达 10 年的寒冬。

没有任何一个未来学家会认真预测这些事情，此时，我们所说的“预测”，是指自信地宣布某件事可能会发生。

总之，即使我们不预测这些未来，我们也应该想象它们。

模拟 2033 年的场景，并不是要为一场特定的危机做好准备，而是要强化人的心理韧性，提高心理上的灵活性，并在任何难以置信的事件发生时，强化习得性帮助的心理机制。神经学家埃里克·赫尔在《过度拟合的大脑》（*The Overfitted Brain*）一文中写道，他受到人工智能的启发，解释了人类的梦为何如此奇怪又魔幻：“它看似矛盾，但天马行空的梦实际上能帮助你保持平衡。”此外，对不可能发生的未来进行心理模拟，会帮助你在面对真正的未来冲击时，保持冷静、稳定以及紧迫乐观主义。

当你真的抵达 2033 年时，你可能会体验到一种怪异的既视感，因为你曾用“通往零垃圾的快乐之路”“欢迎会”和“10 年寒冬”这 3 个场景玩过游戏。不是因为这些场景会发生，而是因为你能接受未来的感受：摇摇欲坠的社会在不得已的情况下，突然采取了极端行为。人们虽然希望当前有解决方案，但又不确定它是否真的奏效。人们开始认识到，影响全人类的重大决策不应由来自一两个国家的少数科学家或现任领导者随心所欲地决定，而是应该由全球公众进行讨论和投票。这是一个千斤重担，意味着漫长的集体牺牲。

即使很难，我们也要用和平又理智的方式做出正确的选择。

当你面对一个新挑战时，有些许既视感是一件好事。这种预知性体验会让你增强信心。我曾看见它的到来，我曾感知它的到来。最有可能出现的情况是，你能轻松应对这个英勇时刻，准备好帮助自己和他人。

我曾想象一个如此奇怪的时刻。

我曾练习如何面对一个如此难以置信的世界。

未来无论发生什么，都将不同于你之前经历的任何事情。这是不可避免的。然而，通过用最后这 3 个场景以及本书中的其他场景玩游戏，你将能严肃又生动地想象出各种新奇的世界。你会和其他人一起想象它们。你会让自己的大脑适应它最疯狂的潜在形态。

因此，送给自己一个模拟未来的礼物吧。无论在哪里醒来，你都不会被固有的做事方式困住。你会为与众不同的情况做好准备。

结 语

用游戏中掌握的技能，创造出能想象到的一切

我要去拓展未来的可能性了！再见！

——亨利克·易卜生（Henrik Ibsen），剧作家

你完成的所有心理时间之旅，你玩过的所有场景游戏，你提出的所有一开始看起来荒谬的想法，你收集的所有变化信号，你跟踪的所有未来力量，你练习过的所有社会模拟游戏技能，所有这些习惯和练习都是构成紧迫乐观主义的基石。

因此，现在花点时间，感受一下这种成功在即的紧迫感，并培养它。

是的，未来 10 年将出现巨大的挑战和风险。然而，在面对这些挑战和风险时，你能做出重要贡献。无论接下来会发生哪些难以置信的事，你都已准备好

为他人提供帮助。你具备动力和能力，利用自己独特的才能、技能和生活经验，来创造一个自己想要生活的世界。

在本书的开头，你曾回答过 3 个有关自己未来心态的问题。是时候让你再次回答这 3 个问题了。现在，你可以利用想象训练的成果。

当你思考未来 10 年时，你是认为事物几乎会保持不变，并继续正常运作，还是认为，大多数人会发生显著的变化，重新思考并重新创造自己做事的方式？用 1 ～ 10 来为你的愿景打分。1 是一切都保持不变，10 是一切都会有显著差异。

当你思考这个世界和你的生活将在未来 10 年中发生哪些变化时，你更多的是担心还是乐观？用 1 ～ 10 来为你的愿景打分。1 是极为担心，10 是极为乐观。

在决定这个世界以及你的生活在未来 10 年中如何变化时，你觉得自己有多大的控制力或影响力？用 1 ～ 10 来为你的愿景打分。1 是没有任何控制力或影响力，10 是能完全掌控或产生影响。

如果你记录了现在的答案和最初的答案，那就比较一下它们。你的分数提高了吗？你是否发现，自己的紧迫乐观主义就像我承诺过的那样，多了 1 分？

- 也许你至少多了 1 分，是因为自己正期待出现更显著的变化。
- 也许你至少多了 1 分，是因为自己对未来 10 年的变化更为乐观。
- 也许你至少多了 1 分，是觉得自己能更好地掌控接下来发生的事。

或者，我敢打包票，你在以上 3 个方面都至少多了 1 分。希望如此，期待如此。因为你不仅想象未来，而且还学会在黑暗中洞悉事物。

我们常说，未来是光明的，因为它充满让我们心怀希望的理由。然而，未来也是黑暗的，因为它无法预测、无法知晓。它很神奇，我们无法确切知晓未来的样子，未来有无限的可能性。尽管如此，我们依然能改变它、塑造它，积极地创造出自己能想象到的一切。尝试预测未来，是在浪费未来带给你的真正的福利，未来带给你真正的福利是创造力。

当我们努力解决个人和集体面临的最大挑战时，我们不想被今天显得正常或合理的事物限制。因此，我们开启心理时间之旅，运行未来社会模拟游戏。若想创造一些新东西，或做出改变，我们必须先要有能力去想象事情将如何改变。

让我们再开启一次简短的未来旅行，一起前往 10 年后。

想象一下，今天是 2033 年 9 月 29 日星期四。你正参加一个线上读书会，这不是一个普通的读书会，而是《像未来学家一样思考和判断》这本书的官方读书会，我是主持人。

2033 年 9 月 29 日，你和我再次见面，并对彼此说道：“干得漂亮！我们经历了 10 年的难以置信的变化，而且变化并非只发生在我们身上。在变化的各个阶段，我们都曾展望它、塑造它、影响它。”

尽可能生动地想象我们未来的读书会。当你加入我们的会议时，你位于哪个地点？在什么样的房间或户外空间？你在使用哪些技术？谁和你在一起？天气怎样？在参加读书会前，你今天都在做什么？当你加入会议时，你感觉如何？

无论你刚想象了什么，都把它当作未来记忆保存起来，以便让我们能将其与真正的 2033 年进行比较。因为在 2033 年 9 月 29 日，我真的会主持一场《像未来学家一样思考和判断》的官方读书会，而且你真的会收到邀请。我已经在日历上添加了一个提醒，标记了《像未来学家一样思考和判断》官方读书会的活动，你也可以把它添加到自己的日历中。提前 10 年制订一个活动计划，当然需要一点紧迫乐观主义。但它不仅仅是一个有趣的想法，它背后还有一个目的：为遥远的未来规划一次真实、具体的活动，能帮助你感受到你与未来自我之间存在着更紧密的联系，我希望你不再觉得未来的自己是个陌生人。

当我们在 2033 年的读书会重逢时，我会问你们两个问题。也许你现在就可以开始想象自己如何回答这些问题。

- 你预料到哪些“令人惊讶”的事情的发生，并为此做好了准备？举一个例子。
- 在你的生活中，在你的社团中，或在这个世界上，你做出哪些重要的改变，或是帮助他人做出哪些重要的改变？举一个例子。

我迫不及待地想要听到你的故事。

我也会尽力给你讲述一些好故事。

在此期间，如果你想为他人和这个世界的生活带来改变，那就继续用未来场景玩游戏，继续开启那些心理时间之旅。记住：“改变”是指让某个事物产生变化。正如你用自己的想象已经证明的那样，在未来，任何 1 个事物，或者 100 个事物，或者所有事物，都会发生变化，即使它们当前看起来不可能有任何改变。

未来，属于终身学习者

我们正在亲历前所未有的变革——互联网改变了信息传递的方式，指数级技术快速发展并颠覆商业世界，人工智能正在侵占越来越多的人类领地。

面对这些变化，我们需要问自己：未来需要什么样的人才？

答案是，成为终身学习者。终身学习意味着永不停歇地追求全面的知识结构、强大的逻辑思考能力和敏锐的感知力。这是一种能够在不断变化中随时重建、更新认知体系的能力。阅读，无疑是帮助我们提高这种能力的最佳途径。

在充满不确定性的时代，答案并不总是简单地出现在书本之中。“读万卷书”不仅要亲自阅读、广泛阅读，也需要我们深入探索好书的内部世界，让知识不再局限于书本之中。

湛庐阅读 App：与最聪明的人共同进化

我们现在推出全新的湛庐阅读 App，它将成为您在书本之外，践行终身学习的场所。

- 不用考虑“读什么”。这里汇集了湛庐所有纸质书、电子书、有声书和各种阅读服务。
- 可以学习“怎么读”。我们提供包括课程、精读班和讲书在内的全方位阅读解决方案。
- 谁来领读？您能最先了解到作者、译者、专家等大咖的前沿洞见，他们是高质量思想的源泉。
- 与谁共读？您将加入优秀的读者和终身学习者的行列，他们对阅读和学习具有持久的热情和源源不断的动力。

在湛庐阅读 App 首页，编辑为您精选了经典书目和优质音视频内容，每天早、中、晚更新，满足您不间断的阅读需求。

【特别专题】【主题书单】【人物特写】等原创专栏，提供专业、深度的解读和选书参考，回应社会议题，是您了解湛庐近千位重要作者思想的独家渠道。

在每本图书的详情页，您将通过深度导读栏目【专家视点】【深度访谈】和【书评】读懂、读透一本好书。

通过这个不设限的学习平台，您在任何时间、任何地点都能获得有价值的思想，并通过阅读实现终身学习。我们邀您共建一个与最聪明的人共同进化的社区，使其成为先进思想交汇的聚集地，这正是我们的使命和价值所在。

北京市版权局著作权合同登记号　图字：01-2024-0206

图书在版编目（CIP）数据

游戏改变未来 /（美）简・麦戈尼格尔（Jane McGonigal）著；孙静译．-- 北京：中国财政经济出版社，2024.3
书名原文：Imaginable
ISBN 978-7-5223-2807-2

Ⅰ．①游…　Ⅱ．①简…　②孙…　Ⅲ．①思维方法一通俗读物　Ⅳ．①B804-49

中国国家版本馆 CIP 数据核字（2024）第 022120 号

责任编辑：罗亚洪　　　　责任校对：胡永立
封面设计：ablackcover.com　　　　责任印制：张　健

游戏改变未来
YOUXI GAIBIAN WEILAI

中国财政经济出版社 出版
URL: http://www.cfeph.cn
E-mail:cfeph@cfemg.cn

社址：北京市海淀区阜成路甲 28 号　　邮政编码：100142
营销中心电话：010-88191522
天猫网店：中国财政经济出版社旗舰店
网址：https: //zgczjjcbs.tmall.com
天津中印联印务有限公司印装　　各地新华书店经销
成品尺寸：170mm×230mm　　16 开　　27.25 印张　　388 000 字
2024 年 3 月第 1 版　　2024 年 3 月天津第 1 次印刷
定价：139.90 元
ISBN 978-7-5223-2807-2
（图书出现印装问题，本社负责调换，电话：010-88190548）
本社图书质量投诉电话：010-88190744
打击盗版举报热线：010-88191661　　QQ：2242791300